G. Prede · D. Scholz

Elektropneumatik

FESTO

Springer-Verlag Berlin Heidelberg GmbH

G.Prede · D.Scholz

Elektropneumatik

Grundstufe

Zweite Auflage

Springer

FESTO DIDACTIC GmbH & Co
Rechbergstraße 3
73770 Denkendorf

Die Deutsche Bibliothek - CIP-Einheitsaufnahme
Prede, G.:
Elektropneumatik: Grundstufe / G. Prede; D. Scholz. [Festo Didactic GmbH & Co.]
Berlin; Heidelberg; New York; Barcelona; Hongkong; London; Mailand; Paris; Singapur; Tokio: Springer
1.-2. Aufl. - 2001

ISBN 978-3-540-41446-9   ISBN 978-3-642-56527-4 (eBook)
DOI 10.1007/978-3-642-56527-4

Einband-Entwurf: Struve & Partner, Heidelberg
Satz: Digitale Druckvorlage vom Autor
Gedruckt auf säurefreiem Papier   68 /3111 - 5 4 3   SPIN 11366829

Kapitel 1 Einleitung 5

1.1 Anwendungen der Pneumatik 6
1.2 Grundbegriffe der Steuerungstechnik 8
1.3 Pneumatische und elektropneumatische Steuerungen . . 14
1.4 Vorteile elektropneumatischer Steuerungen 17

Kapitel 2 Grundlagen der Elektrotechnik 19

2.1 Gleichstrom und Wechselstrom 20
2.2 Ohmsches Gesetz 22
2.3 Funktionsweise eines Elektromagneten 24
2.4 Funktionsweise eines elektrischen Kondensators 26
2.5 Funktionsweise einer Diode 27
2.6 Messungen im elektrischen Stromkreis 28

**Kapitel 3 Bauelemente und Baugruppen des
elektrischen Signalsteuerteils** 35

3.1 Netzteil 36
3.2 Tastschalter und Stellschalter 37
3.3 Sensoren zur Weg- und Druckerfassung 39
3.4 Relais und Schütz 49
3.5 Speicherprogrammierbare Steuerung 55
3.6 Gesamtaufbau des Signalsteuerteils 56

Kapitel 4 Elektrisch betätigte Wegeventile 59

4.1 Aufgaben 60
4.2 Aufbau und Funktionsweise 62
4.3 Bauarten und pneumatische Leistungsdaten 74
4.4 Leistungsdaten von Magnetspulen 83
4.5 Elektrischer Anschluss von Magnetspulen 86

**Kapitel 5 Entwicklung einer
elektropneumatischen Steuerungen** 89

5.1 Vorgehensweise bei der Steuerungsentwicklung 90
5.2 Vorgehensweise bei der Steuerungsprojektierung 92
5.3 Anwendungsbeispiel: Projektierung einer Hubvorrichtung . 96
5.4 Vorgehensweise bei der Steuerungsrealisierung 109

Kapitel 6   Dokumentation einer
elektropneumatischen Steuerung   113
6.1   Funktionsdiagramm   115
6.2   Funktionsplan   119
6.3   Pneumatischer Schaltplan   127
6.4   Elektrischer Schaltplan   144
6.5   Klemmenanschlußplan   158

Kapitel 7   Sicherheitsmaßnahmen bei
elektropneumatischen Steuerungen   169
7.1   Gefahren und Schutzmaßnahmen   170
7.2   Wirkung des elektrischen Stromes
auf den Menschen   172
7.3   Schutzmaßnahmen gegen Unfälle
durch elektrischen Strom   175
7.4   Bedienfeld und Meldeeinrichtungen   176
7.5   Schutz elektrischer Betriebsmittel
gegen Umwelteinflüsse   181

Kapitel 8 Relaissteuerungen   185
8.1   Anwendungen von Relaissteuerungen
in der Elektropneumatik   186
8.2   Direkte und indirekte Ansteuerung   186
8.3   Logische Verknüpfungen   189
8.4   Signalspeicherung   192
8.5   Verzögerung   198
8.6   Ablaufsteuerung mit Signalspeicherung
durch Magnetimpulsventile   199
8.7   Schaltung zur Auswertung der
Bedienelemente   208
8.8   Ablaufsteuerung für eine Hubvorrichtung   211

Kapitel 9 Aufbau moderner elektropneumatischer Steuerungen 235

9.1 Trends und Entwicklungen in der Elektropneumatik 236
9.2 Pneumatische Antriebe 237
9.3 Sensorik 245
9.4 Signalverarbeitung 246
9.5 Wegeventile 247
9.6 Moderne Installationskonzepte 251
9.7 Reduzierung des Verschlauchungsaufwands 261
9.8 Reduzierung des Verdrahtungsaufwands 261
9.9 Proportionalpneumatik 270

Anhang 279
Stichwortverzeichnis 281
Normen 291

Vorwort

Die Elektropneumatik wird in vielen Bereichen der industriellen Automatisierungstechnik erfolgreich eingesetzt. Fertigungs-, Montage- und Verpackungsanlagen werden weltweit mit elektropneumatischen Steuerungen betrieben.

Der Wandel in den Anforderungen und die technischen Entwicklungen haben das Aussehen der Steuerungen deutlich verändert. Im Signalsteuerteil ist das Relais in vielen Anwendungsbereichen zunehmend durch die speicherprogrammierbare Steuerung ersetzt worden, um der gestiegenen Anforderung nach Flexibilität gerecht zu werden. Moderne elektropneumatische Steuerungen weisen auch im Leistungsteil den Ansprüchen der industriellen Praxis angepasste neue Konzepte auf. Als Beispiele seien hier nur die Schlagworte Ventilinsel, Busvernetzung und Proportionalpneumatik genannt.

Zur Einführung in das Thema erläutert das vorliegende Lehrbuch zuerst den Aufbau und die Funktionsweise der Komponenten, die beim Aufbau einer elektropneumatischen Steuerung verwendet werden. In den folgenden Kapiteln wird die Vorgehensweise bei der Projektierung und Realisierung elektropneumatischer Steuerungen anhand vollständig ausgearbeiteter Beispiele beschrieben. In einem abschließenden Kapitel werden Trends und Entwicklungen in der Elektropneumatik aufgezeigt.

Jede Leserin und jeder Leser dieses Buches sind eingeladen, durch Tips, Kritik und Anregungen zur Verbesserung des Buches beizutragen.

November 1997   Die Verfasser

Kapitel 1

Einleitung

1.1 Anwendungen der Pneumatik

Die Pneumatik befasst sich mit den Anwendungen der Druckluft. Am häufigsten wird Druckluft eingesetzt, um mechanische Arbeit zu verrichten, d. h. um Bewegungen auszuführen und um Kräfte zu erzeugen. Pneumatische Antriebe haben die Aufgabe, die in der Druckluft gespeicherte Energie in Bewegungsenergie umzuwandeln.

Als pneumatische Antriebe finden meist Zylinder Verwendung. Sie zeichnen sich aus durch robusten Aufbau, große Variantenvielfalt, einfache Installation und günstiges Preis-Leistungsverhältnis. Diese Vorteile haben der Pneumatik ein weites Anwendungsfeld erschlossen.

Bild 1.1:
Pneumatischer
Linearzylinder
und pneumatischer
Schwenkzylinder

Einige Anwendungsgebiete der Pneumatik sind nachfolgend aufgelistet:

- Handhaben von Werkstücken (z. B. Spannen, Positionieren, Vereinzeln, Stapeln, Drehen)
- Verpacken
- Befüllen
- Öffnen und Schließen von Türen (z. B. bei Omnibussen und Eisenbahnwagen)
- Umformen (Prägen, Pressen)
- Stempeln.

Bei der Bearbeitungsstation in Bild 1.2 werden Rundschalttisch, Zuführ-, Spann- und Ausstoßvorrichtung sowie die Vorschübe für die verschiedenen Werkzeuge pneumatisch angetrieben.

Anwendungsbeispiel

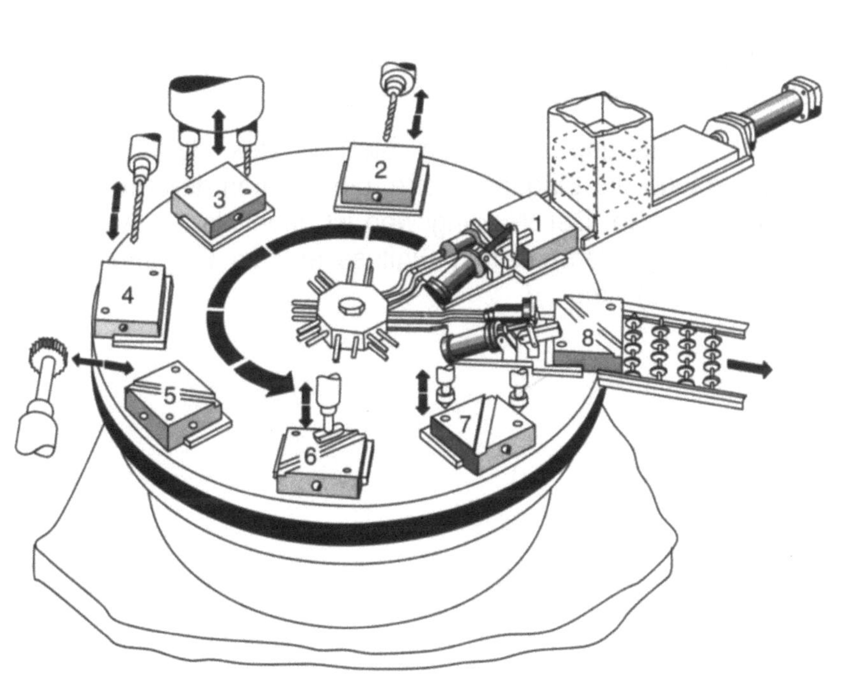

Bild 1.2:
Bearbeitungsstation

1.2 Grundbegriffe der Steuerungstechnik

Pneumatische Antriebe können nur dann nutzbringend eingesetzt werden, wenn sie ihre Bewegungen genau zum richtigen Zeitpunkt und in der richtigen Reihenfolge ausführen. Diese Aufgaben der Bewegungskoordination werden von einer Steuerung übernommen.

Die Steuerungstechnik beschäftigt sich damit, wie man Steuerungen konzipiert und aufbaut. Nachfolgend werden Grundbegriffe der Steuerungstechnik erläutert.

Steuerung
(DIN 19226, Teil1)

Das Steuern, die Steuerung ist der Vorgang in einem System, bei dem eine oder mehrere Größen als Eingangsgrößen andere Größen als Ausgangsgrößen aufgrund der dem System eigentümlichen Gesetzesmäßigkeiten beeinflussen. Kennzeichen für die Steuerung ist der offene Wirkungsablauf.

Der Begriff Steuerung wird vielfach nicht nur für den Vorgang des Steuerns, sondern auch für die Gesamtanlage verwendet.

Anwendungsbeispiel

In einer Vorrichtung werden Metalldosen mit einem Stülpdeckel verschlossen. Der Schließvorgang wird durch Betätigen eines Handtasters am Montageplatz ausgelöst. Nach Loslassen des Tasters fährt die Kolbenstange in die hintere Endlage zurück.

Bei dieser Steuerung bildet die Stellung des Bedientasters (betätigt/nicht betätigt) die Eingangsgröße, die Position des Pressenzylinders die Ausgangsgröße. Der Wirkungsweg ist offen, da die Ausgangsgröße (Position des Zylinders) keinen Einfluss auf die Eingangsgröße (Stellung des Tasters) hat.

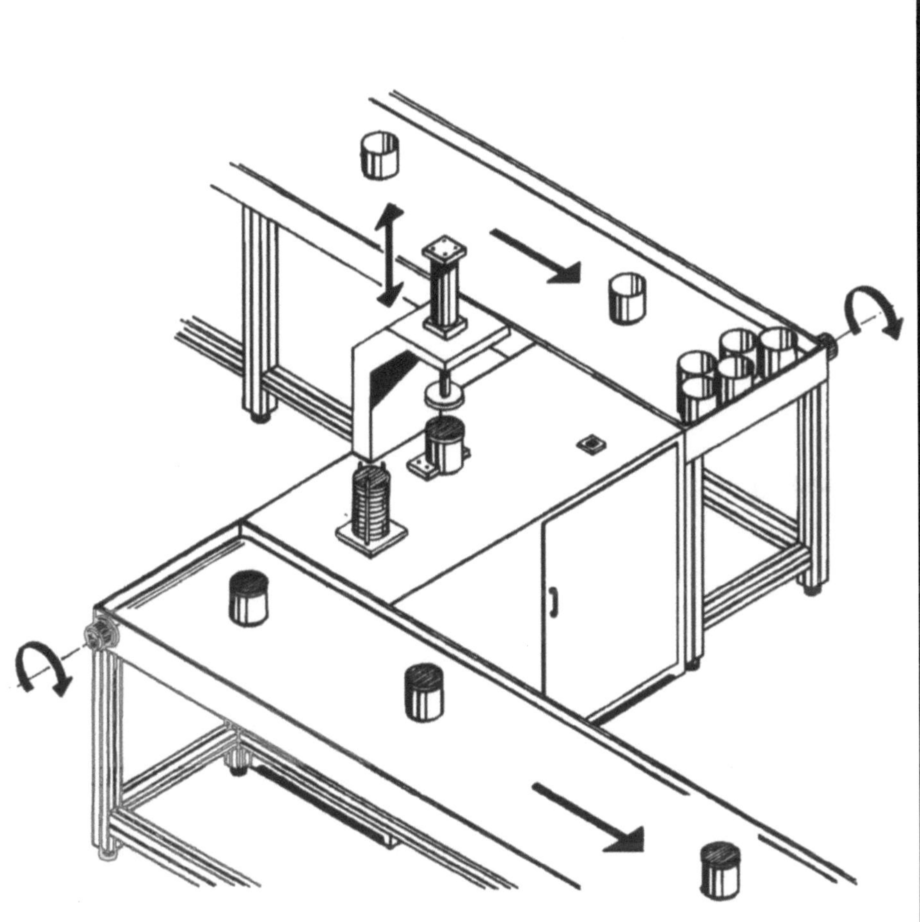

Bild 1.3:
Montagevorrichtung
zum Verschließen
von Metalldosen

Steuerungen müssen Informationen (z. B. Taster betätigt bzw. nicht betätigt) auswerten und weiterverarbeiten. Die Information wird deshalb durch Signale dargestellt. Ein Signal ist eine physikalische Größe, z.B.:

- der Druck an einer bestimmten Stelle einer pneumatischen Anlage,

- die Spannung an einer bestimmten Stelle einer elektrischen Schaltung.

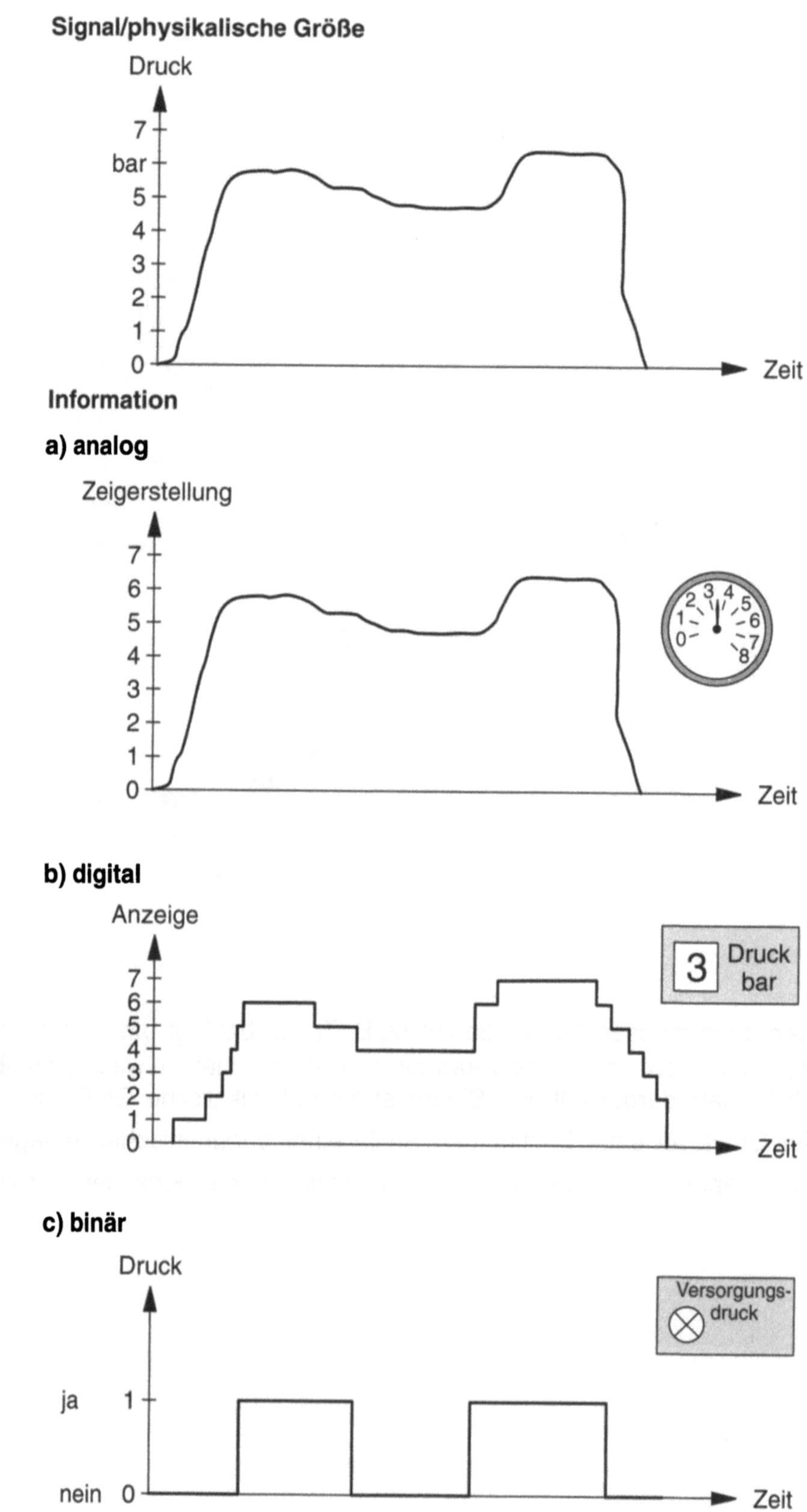

Bild 1.4:
Signal und Information

Ein Signal ist die Darstellung von Informationen. Die Darstellung erfolgt durch den Wert oder den Werteverlauf einer physikalischen Größe.

Ein analoges Signal ist ein Signal, bei dem einem kontinuierlichen Wertebereich des Informationsparameters Punkt für Punkt unterschiedliche Information zugeordnet sind (DIN 19226, Teil 5).

Analoges Signal

Bei einem Manometer ist jedem Wert des Druckes (= Informations parameter) eine bestimmte Anzeige (= Information) zugeordnet. Steigt oder fällt das Signal, ändert sich die Information kontinuierlich.

Anwendungsbeispiel

Ein digitales Signal ist ein Signal mit einer endlichen Zahl von Wertebereichen des Informationsparameters. Jedem Wertebereich ist eine bestimmte Information zugeordnet (DIN 19226, Teil 5).

Digitales Signal

Eine Druckmesseinrichtung mit Digitalanzeige zeigt den Druck in Schritten von 1 bar an. Bei einem Druckbereich von 7 bar ergeben sich 8 mögliche Anzeigewerte (0 bar bis 7 bar), d. h. 8 mögliche Wertebereiche des Informationsparameters. Steigt oder fällt das Signal, ändert sich die Information stufenförmig.

Anwendungsbeispiel

Ein binäres Signal ist ein digitales Signal mit nur zwei Wertebereichen des Informationsparameters, die meist als 0 und 1 bezeichnet werden (DIN 19226, Teil 5).

Binäres Signal

Mit einer Kontrolleuchte wird angezeigt, ob eine pneumatische Anlage ordnungsgemäß mit Druckluft versorgt wird. Liegt der Versorgungsdruck (= Signal) unter 5 bar, so ist die Kontrolleuchte ausgeschaltet (Schaltzustand 0). Liegt der Druck über 5 bar, ist die Kontrolleuchte eingeschaltet (Schaltzustand 1).

Anwendungsbeispiel

Einteilung von Steuerungen nach Art der Informationsdarstellung

Steuerungen lassen sich nach Art der Informationsdarstellung in analoge, digitale und binäre Steuerungen einteilen (DIN 19226, Teil 5).

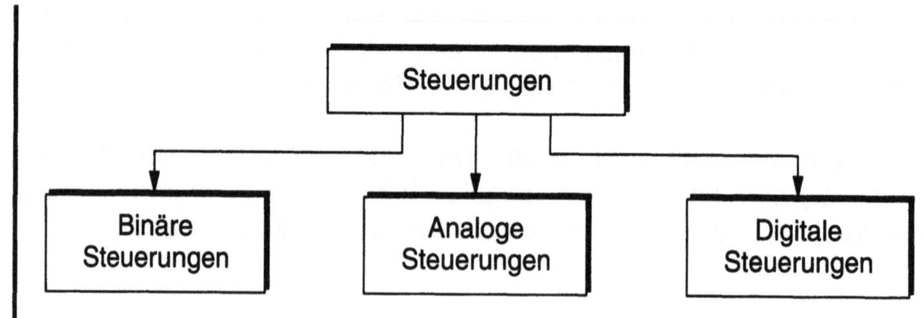

Bild 1.5:
Einteilung von Steuerungen nach Art der Informationsdarstellung

Verknüpfungssteuerung

Bei einer Verknüpfungssteuerung werden die Ausgangssignale gebildet, indem die Eingangssignale durch logische Funktionen verknüpft werden.

Anwendungsbeispiel

Die Montagevorrichtung in Bild 1.3 wird erweitert, so dass sie von zwei Stellen aus bedient werden kann. Die beiden Eingangssignale werden verknüpft. Die Kolbenstange fährt aus, wenn entweder nur Taster 1 oder nur Taster 2 oder beide Taster betätigt werden.

Ablaufsteuerung

Eine Ablaufsteuerung zeichnet sich durch einen zwangsweise schrittweisen Ablauf aus. Der Übergang zum nächsten Schritt erfolgt abhängig von Übergangsbedingungen.

Anwendungsbeispiel

Bei einer Bohrvorrichtung wird im ersten Schritt das Werkstück gespannt. Sobald die Kolbenstange des Spannzylinders die vorderen Endlage erreicht, ist dieser Schritt beendet. Als zweiter Schritt folgt das Ausfahren des Bohrers. Nach Beendigung dieses Vorgangs (Kolbenstange des Vorschubzylinders im vorderen Anschlag) wird der dritte Schritt ausgelöst, usw.

Eine Steuerung lässt sich in die Funktionen Signaleingabe, Signalverarbeitung, Signalausgabe und Befehlsausführung unterteilen. Die gegenseitige Beeinflussung wird durch den Signalfluss dargestellt.

- Ausgehend von der Signaleingabe werden die Signale miteinander verknüpft (Signalverarbeitung). Zur Signaleingabe und zur Signalverarbeitung weisen die Signale nur eine niedrige Leistung auf. Beide Funktionen zählen zum Signalsteuerteil.

- Bei der Signalausgabe werden die Signale von einem niedrigen auf ein hohes Leistungsniveau verstärkt. Die Signalausgabe bildet die Schnittstelle zwischen Signalsteuerteil und Leistungsteil.

- Die Befehlsausführung erfolgt auf einem hohen Leistungsniveau, z.B. um eine hohe Geschwindigkeit zu erreichen (z. B. schnelles Ausstoßen von Werkstücken aus einer Maschine) oder um eine große Kraft auszuüben (z. B. Presse). Die Befehlsausführung zählt zum Leistungsteil einer Steuerung.

Signalfluss
in einer Steuerung

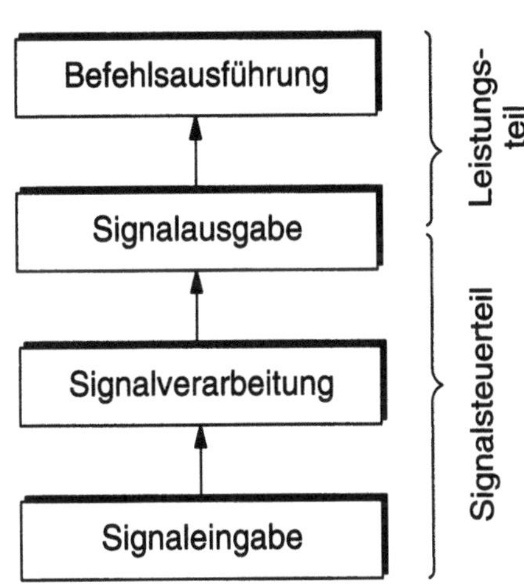

Bild 1.6:
*Signalfluss in einer
Steuerung*

Die Bauelemente im Schaltplan einer rein pneumatischen Steuerung werden so angeordnet, dass der Signalfluss deutlich wird: zuunterst die Eingabeelemente (z. B. handbetätigte Ventile), darüber die Verknüpfungselemente (z. B. Zweidruckventile), dann die Signalausgabeelemente (Leistungsventile, z. B. 5/2-Wegeventile) und zuoberst die Elemente zur Befehlsausführung (z. B. Zylinder).

1.3 Pneumatische und elektropneumatische Steuerungen

Pneumatische und elektropneumatische Steuerungen weisen beide einen pneumatischen Leistungsteil auf (Bilder 1.7 und 1.8). Der Signalsteuerteil ist hingegen unterschiedlich aufgebaut.

- Bei einer pneumatischen Steuerung werden pneumatische Bauelemente eingesetzt, d. h. verschiedene Ventiltypen, Luftschranken, Taktketten usw.

- Bei einer elektropneumatischen Steuerung wird der Signalsteuerteil mit elektrischen Komponenten aufgebaut, z. B. mit elektrischen Eingabetastern, Näherungsschaltern, Relais oder einer speicherprogrammierbaren Steuerung.

Die Wegeventile bilden bei beiden Steuerungsformen die Schnittstelle zwischen dem Signalsteuerteil und dem pneumatischen Leistungsteil.

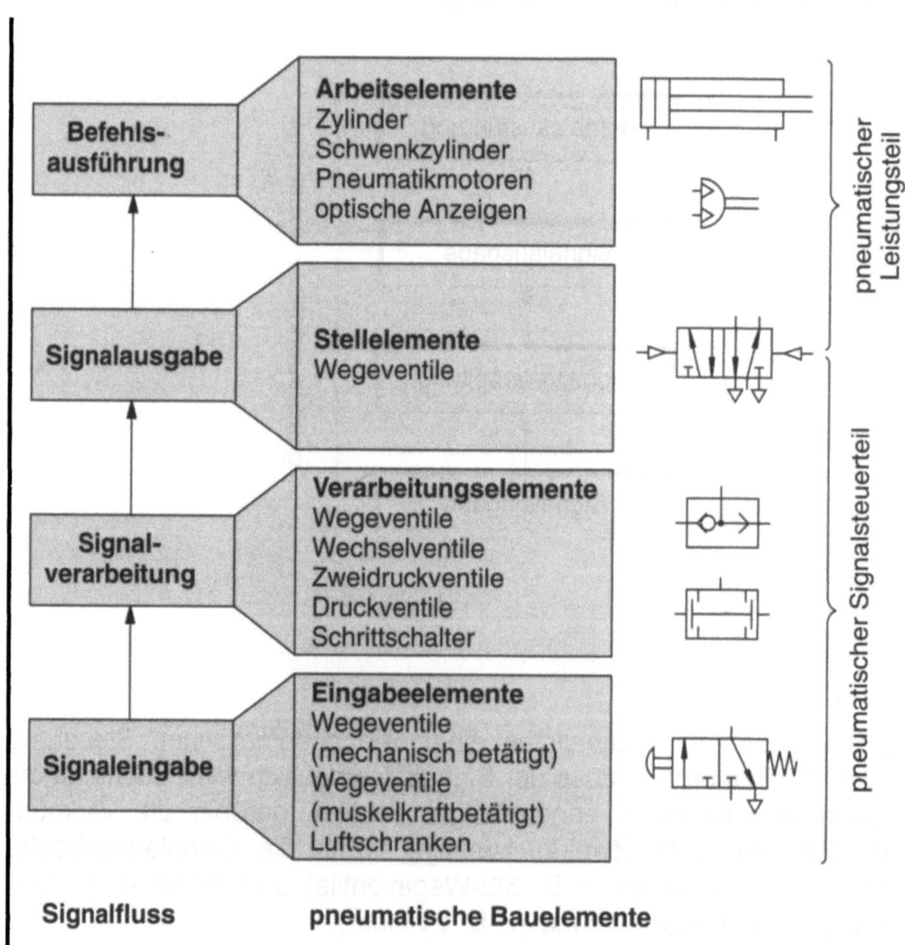

Bild 1.7:
Signalfluss und
Bauelemente einer
pneumatischen Steuerung

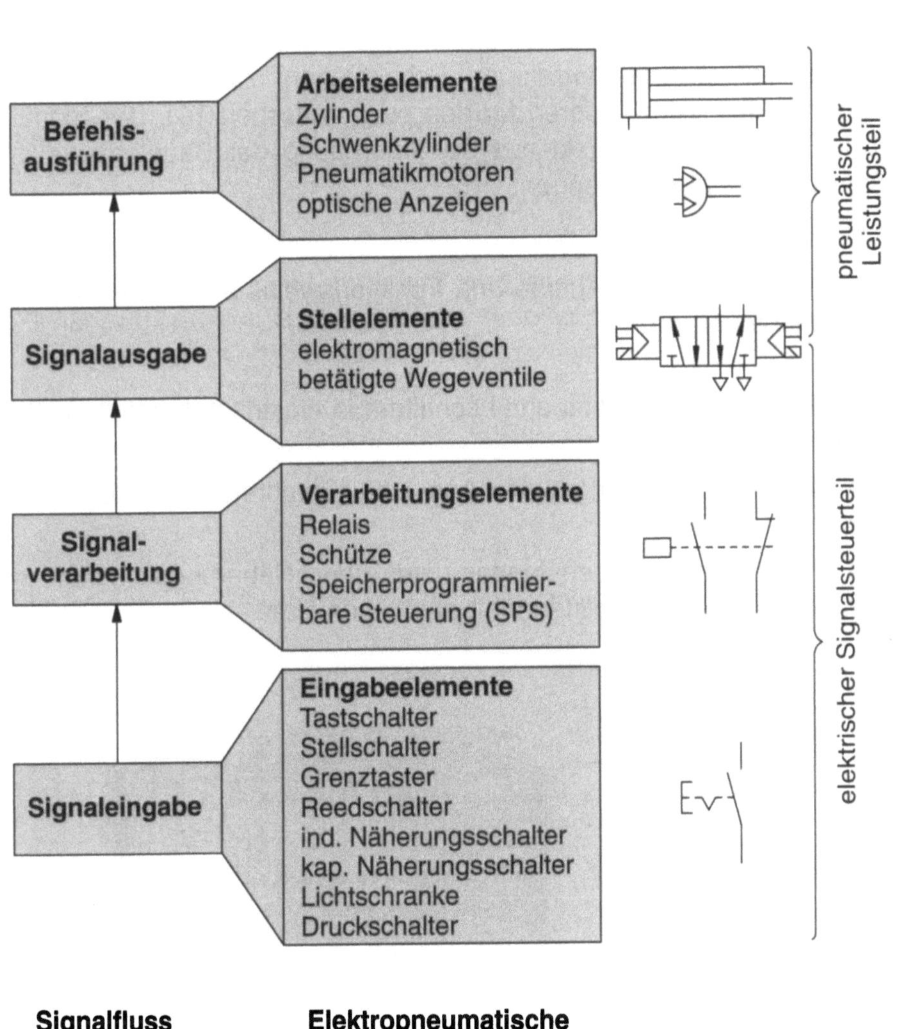

Bild 1.8:
Signalfluss und
Bauelemente einer
elektropneumatischen
Steuerung

Im Gegensatz zur rein pneumatischen Steuerung wird die elektropneumatische Steuerung nicht in einem einzigen Gesamtschaltplan dargestellt, sondern in zwei getrennten Schaltplänen, zum einen für den elektrischen Teil, zum anderen für den pneumatischen Teil. Der Signalfluss ist deshalb nicht direkt aus der Anordnung der Bauelemente im Gesamtschaltplan zu erkennen.

Aufbau und Funktionsweise einer elektropneumatischen Steuerung

Bild 1.9 veranschaulicht Aufbau und Funktionsweise einer elektropneumatischen Steuerung.

- Der elektrische Signalsteuerteil schaltet die elektrisch betätigten Wegeventile.
- Die Wegeventile bewirken das Aus- und Einfahren der Kolbenstangen.
- Die Position der Kolbenstangen wird über Näherungsschalter an den elektrischen Signalsteuerteil zurückgemeldet.

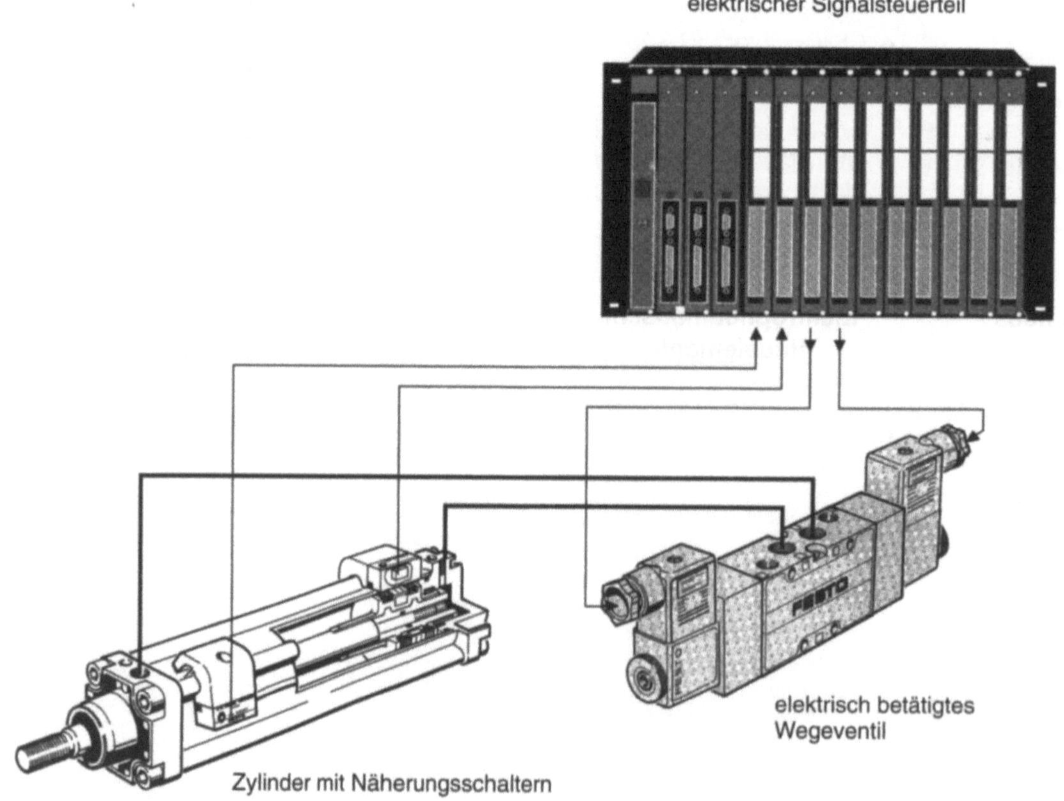

Bild 1.9:
Aufbau einer modernen elektropneumatischen Steuerung

Elektropneumatische Steuerungen weisen, verglichen mit rein pneumatischen Steuerungen, folgende Vorteile auf:

- höhere Zuverlässigkeit (weniger verschleißbehaftete, mechanisch bewegte Bauelemente),
- verringerter Planungs- und Inbetriebnahmeaufwand, insbesondere bei umfangreichen Steuerungen,
- verringerter Installationsaufwand, insbesondere wenn moderne Baueinheiten, wie z. B. Ventilinseln eingesetzt werden,
- einfacherer Austausch von Informationen zwischen mehreren Steuerungen.

Heute haben sich elektropneumatische Steuerungen in der industriellen Praxis auf breiter Basis durchgesetzt, und der Einsatz rein pneumatischer Steuerungen beschränkt sich auf wenige, spezielle Anwendungen.

1.4 Vorteile elektropneumatischer Steuerungen

Kapitel 2

Grundlagen der Elektrotechnik

2.1 Gleichstrom und Wechselstrom

Ein einfacher elektrischer Stromkreis besteht aus einer Spannungsquelle, einem Verbraucher sowie den Verbindungsleitungen.

Physikalisch gesehen bewegen sich im elektrischen Stromkreis negative Ladungsträger, die Elektronen, über den elektrischen Leiter vom Minuspol der Spannungsquelle zum Pluspol. Diese Bewegung der Ladungsträger wird als elektrischer Strom bezeichnet. Ein elektrischer Strom kann nur fließen, wenn der Stromkreis geschlossen ist.

Man unterscheidet zwischen Gleich- und Wechselstrom:

- Wirkt eine Spannung im Stromkreis immer in der gleichen Richtung, so fließt ein Strom, der ebenfalls stets die gleiche Richtung hat. Es handelt sich um Gleichstrom bzw. um einen Gleichstromkreis.

- Beim Wechselstrom bzw. im Wechselstromkreis ändern Spannung und Strom ihre Richtung und Stärke in einem bestimmten Takt.

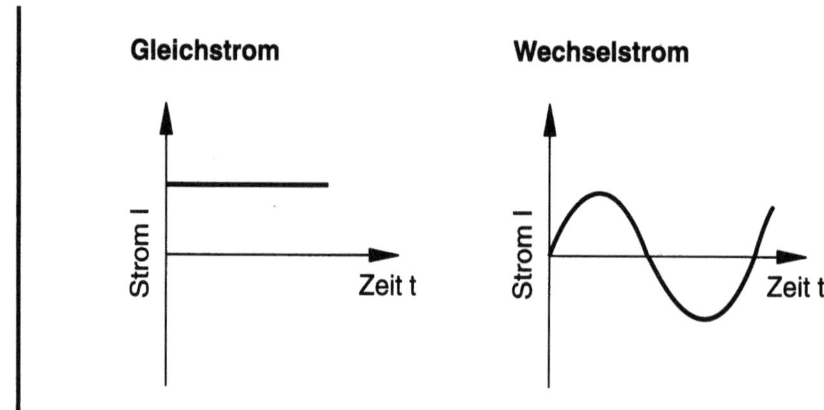

Bild 2.1:
Zeitlicher Verlauf von
Gleichstrom und
Wechselstrom

Bild 2.2 zeigt einen einfachen elektrischen Gleichstromkreis, bestehend aus einer Spannungsquelle, elektrischen Leitungen, einem Stellschalter und einem Verbraucher (im Beispiel eine Lampe).

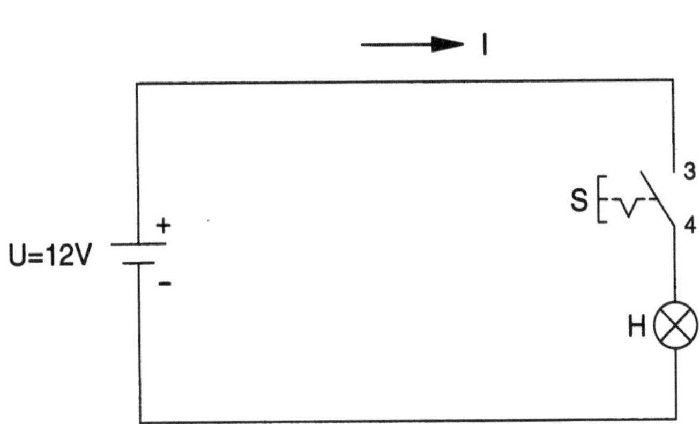

Bild 2.2:
Gleichstromkreis

Wird der Stellschalter geschlossen, fließt ein Strom I über den Verbraucher. Die Elektronen bewegen sich vom Minus- zum Pluspol der Spannungsquelle. Bevor die Existenz der Elektronen bekannt war, wurde die Stromrichtung von "plus" nach "minus" festgelegt. Diese Definition ist in der Praxis auch heute noch gültig. Man bezeichnet sie als technische Stromrichtung.

Technische Stromrichtung

2.2 Ohmsches Gesetz

Elektrischer Leiter

Unter einem elektrischen Strom versteht man die gerichtete Bewegung von Ladungsträgern. Ein Strom kann in einem Werkstoff nur fließen, wenn dort genügend freie Elektronen vorhanden sind. Werkstoffe, für die dies zutrifft, heißen elektrische Leiter. Besonders gute elektrische Leiter sind die Metalle Kupfer, Aluminium und Silber. In der Steuerungstechnik wird hauptsächlich Kupfer als Leitermaterial eingesetzt.

Elektrischer Widerstand

Jeder Werkstoff setzt dem elektrischen Strom einen Widerstand entgegen. Er kommt dadurch zustande, dass die frei beweglichen Elektronen mit den Atomen des Leitermaterials zusammenstoßen und dadurch in ihrer Bewegung behindert werden. Bei elektrischen Leitern ist der Widerstand gering. Werkstoffe, die dem elektrischen Strom einen besonders hohen Widerstand entgegensetzen, heißen elektrische Isolatoren. Zur Isolation elektrischer Leitungen und Kabel verwendet man Werkstoffe auf Gummi- und Kunststoffbasis.

Quellenspannung

Am Minuspol einer Spannungsquelle herrscht Elektronenüberschuss, am Pluspol Elektronenmangel. Durch diesen Effekt entsteht die Quellenspannung.

Ohmsches Gesetz

Der Zusammenhang zwischen Spannung, Stromstärke und Widerstand wird durch das Ohmsche Gesetz beschrieben. Es besagt, dass sich in einem Stromkreis mit gegebenem elektrischen Widerstand die Stromstärke im gleichen Verhältnis wie die Spannung ändert, d. h.:

- Wächst die Spannung, steigt auch die Stromstärke an.

- Sinkt die Spannung, geht auch die Stromstärke zurück.

$$U = R \cdot I$$

U = Spannung;	Einheit: Volt (V)
R = Widerstand;	Einheit: Ohm (Ω)
I = Stromstärke;	Einheit: Ampère (A)

Bild 2.3:
Ohmsches Gesetz

In der Mechanik lässt sich die Leistung über die Arbeit definieren. Je schneller eine Arbeit verrichtet wird, umso größer ist die erforderliche Leistung. Leistung bedeutet also: Arbeit pro Zeit.

Bei einem Verbraucher in einem Stromkreis wird elektrische Energie in Bewegungsenergie (z. B. Elektromotor), Lichtstrahlung (z. B. elektrische Lampe) oder Wärmeenergie (z. B. elektrische Heizung, elektrische Lampe) umgewandelt. Je schneller die Energie umgesetzt wird, umso höher ist die elektrische Leistung. Leistung bedeutet hier also: umgewandelte Energie pro Zeit. Sie steigt mit wachsendem Strom und wachsender Spannung an.

Die elektrische Leistung eines Verbrauchers wird auch als elektrische Leistungsaufnahme bezeichnet.

Elektrische Leistung

$$P = U \cdot I$$

P = Leistung;	Einheit; Watt (W)
U = Spannung;	Einheit; Volt (V)
I = Stromstärke;	Einheit; Ampère (A)

Bild 2.4:
Elektrische Leistung

Elektrische Leistung einer Spule

Anwendungsbeispiel

Die Magnetspule eines pneumatischen 5/2-Wegeventils wird mit 24 V Gleichspannung versorgt. Der Widerstand der Spule beträgt 60 Ohm. Wie groß ist die elektrische Leistungsaufnahme?

Die Stromstärke wird mit dem Ohmschen Gesetz errechnet:

$$I = \frac{U}{R} = \frac{24\,V}{60\,\Omega} = 0{,}4\,A$$

Die elektrische Leistungsaufnahme ergibt sich aus dem Produkt von Stromstärke und Spannung:

$$P = U \cdot I = 24\,V \cdot 0{,}4\,A = 9{,}6\,W$$

2.3 Funktionsweise eines Elektromagneten

In der Umgebung jedes stromdurchflossenen elektrischen Leiters baut sich ein Magnetfeld auf. Wird die Stromstärke erhöht, vergrößert sich das Magnetfeld. Magnetfelder üben auf Werkstücke aus Eisen, Nickel oder Kobalt eine anziehende Kraft aus. Diese Kraft steigt mit wachsendem Magnetfeld.

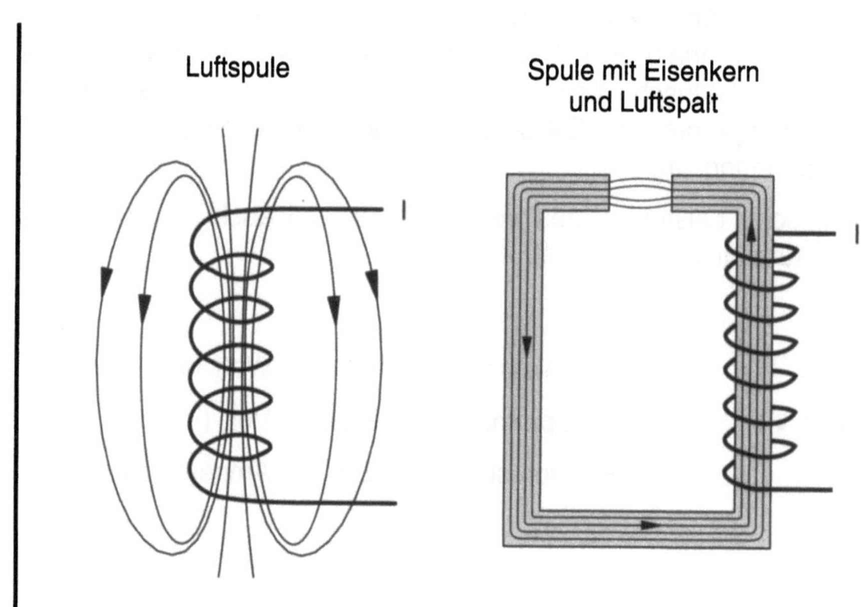

Bild 2.5:
Elektrische Spule
und
magnetische Feldlinien

Aufbau eines Elektromagneten

Ein Elektromagnet ist folgendermaßen aufgebaut:

- Der stromdurchflossene Leiter wird in Form einer Spule gewickelt. Durch Überlagerung der Feldlinien aller Spulenwindungen verstärkt sich das Magnetfeld, und es bildet sich eine Hauptfeldrichtung aus.
- In der Spule wird ein Eisenkern angebracht. Fließt ein elektrischer Strom, wird zusätzlich das Eisen magnetisiert. Dadurch lässt sich bei gleicher Stromstärke ein wesentlich höheres Magnetfeld erzeugen als mit einer Luftspule.

Beide Maßnahmen sorgen dafür, dass ein Elektromagnet schon mit einer kleinen Stromstärke eine hohe Kraft auf eisenhaltige Werkstücke ausübt.

In elektropneumatischen Steuerungen dienen Elektromagneten in erster Linie dazu, die Schaltstellung von Ventilen, Relais oder Schützen zu beeinflussen. Dies soll am Beispiel eines federrückgestellten Wegeventils verdeutlicht werden:

- Fließt ein elektrischer Strom durch die Magnetspule, so wird der Kolben des Ventils betätigt.
- Wird der Stromfluss unterbrochen, drückt eine Feder den Ventilkolben in die Ausgangsstellung zurück.

Anwendungen von Elektromagneten

Legt man bei einer Spule eine Wechselspannung an, so fließt ein Wechselstrom (vgl. Bild 2.1). Das bedeutet: Strom und Magnetfeld verändern sich ständig. Durch die Änderung des Magnetfeldes wird in der Spule ein Strom induziert. Der induzierte Strom wirkt dem Strom, der das Magnetfeld erzeugt, entgegen. Die Spule setzt dem Wechselstrom also einen Widerstand entgegen. Dieser Widerstand wird als induktiver Widerstand bezeichnet. Der induktive Widerstand ist umso größer, je schneller sich die elektrische Spannung ändert und je größer die Induktivität der Spule ist. Die Einheit der Induktivität ist "Henry" (H).

Induktiver Widerstand bei Wechselspannung

$$1H \; = \; 1\frac{Vs}{A} \; = \; 1\Omega\,s$$

Bei Gleichspannung ändern sich Strom, Spannung und Magnetfeld nur beim Einschalten. Aus diesem Grund ist der induktive Widerstand hier nur zum Zeitpunkt des Einschaltens wirksam.

Zusätzlich zum induktiven Widerstand weist eine Spule einen Ohmschen Widerstand auf. Dieser Widerstand ist sowohl bei Gleichspannung als auch bei Wechselspannung wirksam.

Induktiver Widerstand bei Gleichspannung

2.4 Funktionsweise eines elektrischen Kondensators

Ein Kondensator besteht aus zwei Leiterplatten, zwischen denen sich eine Isolierschicht (Dielektrikum) befindet. Verbindet man einen Kondensator mit einer Gleichspannungsquelle (Schließen des Tastschalters S1 in Bild 2.6), so fließt kurzzeitig ein Ladestrom. Die beiden Platten werden dadurch elektrisch geladen. Unterbricht man anschließend die Verbindung zur Spannungsquelle, so bleibt die Ladung im Kondensator gespeichert. Je größer die Kapazität eines Kondensators ist, desto mehr elektrische Ladungsträger speichert er bei gleicher Spannung.

Die Einheit der Kapazität ist "Farad" (F):

$$1F \;=\; 1\frac{As}{V}$$

Verbindet man den elektrisch geladenen Kondensator mit einem Verbraucher (Schließen des Tastschalters S2 in Bild 2.6), findet ein Ladungsausgleich statt. Es fließt ein elektrischer Strom durch den Verbraucher, bis der Kondensator vollständig entladen ist.

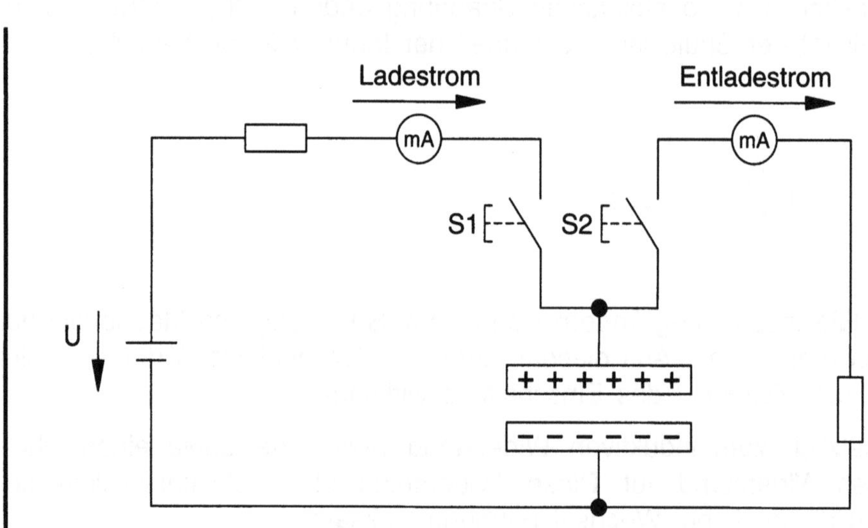

Bild 2.6:
Funktionsweise eines
Kondensators

Dioden sind elektrische Bauelemente, die je nach Richtung des elektrischen Stromes einen unterschiedlichen Widerstand haben:

- In Durchlassrichtung ist der Widerstand sehr gering, so dass der elektrische Strom ungehindert fließt.
- In Sperrichtung ist der Widerstand extrem hoch, so dass kein Strom fließt.

Wird eine Diode in einen Wechselstromkreis eingebaut, so kann der Strom nur in einer Richtung fließen. Der elektrische Strom ist gleichgerichtet.

Die Wirkung einer Diode auf den elektrischen Strom lässt sich vergleichen mit der Wirkung eines Rückschlagventils auf den Durchfluss in einer pneumatischen Schaltung.

2.5 Funktionsweise einer Diode

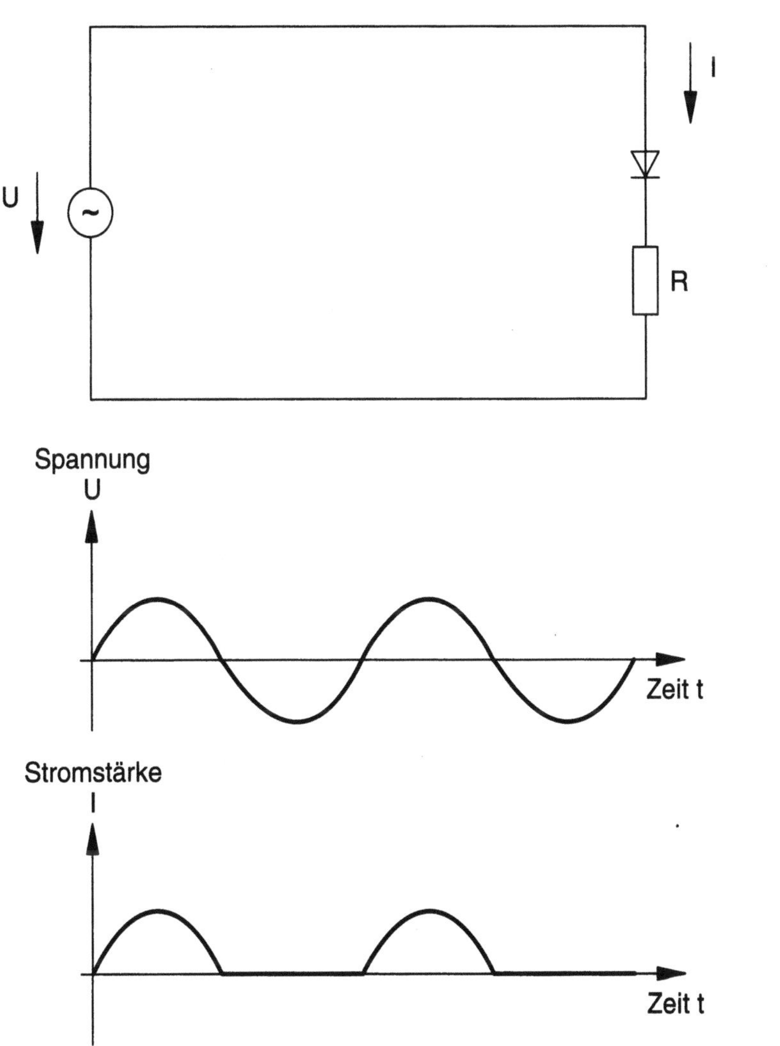

Bild 2.7:
Funktionsweise einer Diode

2.6 Messungen im elektrischen Stromkreis

Messen

Messen bedeutet, eine unbekannte Größe (z. B. die Länge eines Pneumatikzylinders) mit einer bekannten Größe (z. B. mit der Skala eines Maßbandes) zu vergleichen. Ein Messgerät (z. B. ein Zollstock) erlaubt es, diesen Vergleich durchzuführen. Das Ergebnis, der Messwert, besteht aus Zahlenwert und Einheit (z. B. 30,4 cm).

Messen im elektrischen Stromkreis

Elektrische Ströme, Spannungen und Widerstände werden meist mit Vielfachmessgeräten gemessen. Diese Messgeräte können zwischen verschiedenen Betriebsarten umgeschaltet werden:

- Wechselspannung/Wechselstrom und Gleichspannung/Gleichstrom.
- Strommessung, Spannungsmessung und Widerstandsmessung.

Es kann nur dann korrekt gemessen werden, wenn die richtige Betriebsart eingestellt ist.

Ein Messgerät zur Spannungsmessung wird auch als Voltmeter, ein Messgerät zur Strommessung auch als Amperemeter bezeichnet.

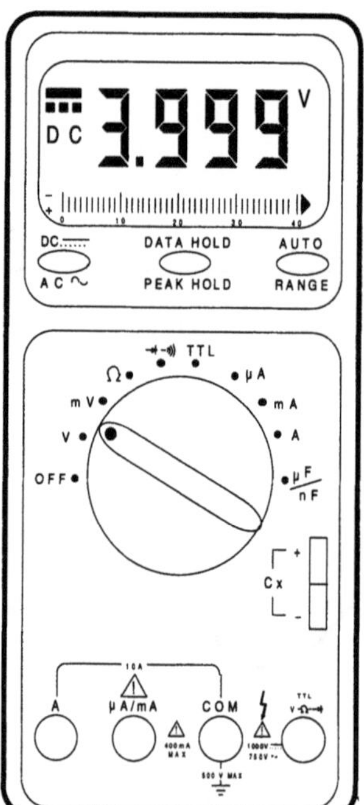

Bild 2.8:
Vielfachmessgerät

Vergewissern Sie sich vor dem Messen, dass der Teil der Steuerung, an dem Sie messen wollen, nur mit einer elektrischen Spannung von maximal 24 V arbeitet! Messungen an Teilen einer Steuerung, die mit höherer Spannung arbeiten (z. B. 230 V), dürfen nur von Personen mit entsprechender Ausbildung bzw. Unterweisung durchgeführt werden. Bei unsachgemäßer Durchführung der Messung besteht Lebensgefahr! Beachten Sie dazu die Sicherheitshinweise in den Kapiteln 3 und 7!

Sicherheitshinweis

Beim Messen im elektrischen Stromkreis ist in folgender Reihenfolge vorzugehen:

Vorgehensweise beim Messen im elektrischen Stromkreis

- Versorgungsspannung des Stromkreises abschalten.
- Gewünschte Betriebsart am Vielfachmessgerät einstellen (Strom- oder Spannungsmessung, Gleich- oder Wechselspannung, bzw. Widerstandsmessung).
- Bei Zeigermessinstrumenten Nullpunkt kontrollieren und, falls erforderlich, abgleichen.
- Beim Messen von Gleichspannung/Gleichstrom Messgerät richtig gepolt anklemmen (Klemme "+" des Messgeräts an Pluspol der Spannungsquelle).
- Größten Messbereich wählen.
- Spannungsversorgung des Stromkreises einschalten.
- Zeiger bzw. Anzeige beobachten und schrittweise in kleineren Messbereich umschalten.
- Bei größtmöglichem Zeigerausschlag (kleinstmöglichem Messbereich) Anzeige ablesen.
- Bei Zeigerinstrumenten stets senkrecht auf die Anzeige schauen, um Ablesefehler zu vermeiden.

Spannungsmessung

Bei der Spannungsmessung wird das Messgerät parallel zum Verbraucher angeschlossen. Der Spannungsabfall über dem Verbraucher entspricht dem Spannungsabfall über dem Messgerät. Jedes Spannungsmessgerät (Voltmeter) besitzt einen Innenwiderstand. Um das Messergebnis möglichst wenig zu verfälschen, darf durch das Messgerät nur ein sehr kleiner Strom fließen, d. h.: Der Innenwiderstand des Voltmeters muß möglichst groß sein.

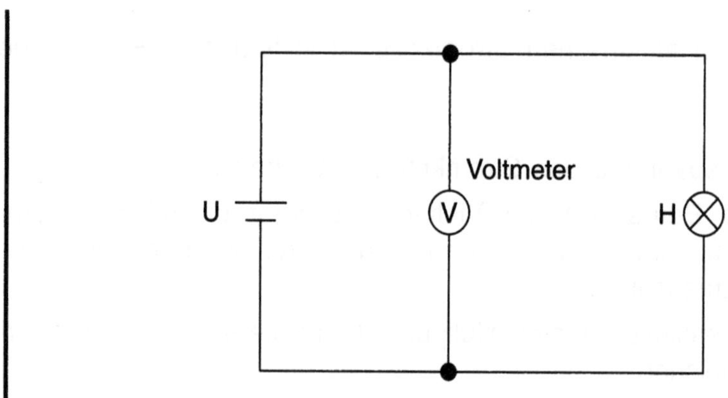

Bild 2.9:
Spannungsmessung

Strommessung

Bei der Strommessung wird das Messgerät in Reihe zum Verbraucher angeschlossen. Der Verbraucherstrom fließt vollständig durch das Messgerät.
Jedes Strommessgerät (Ampèremeter) besitzt einen Innenwiderstand. Dieser zusätzliche Widerstand verringert den Stromfluss. Um den Messfehler möglichst klein zu halten, darf ein Strommessgerät nur einen sehr kleinen Innenwiderstand aufweisen.

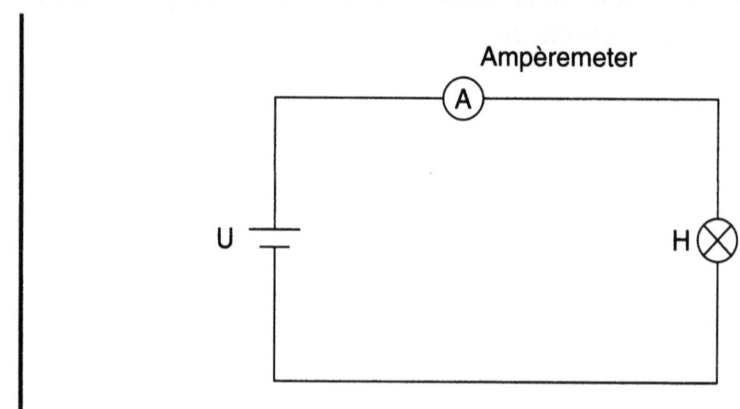

Bild 2.10:
Strommessung

Der Widerstand eines Verbrauchers im Gleichstromkreis kann entweder direkt oder indirekt gemessen werden.

Widerstandsmessung

- Bei der indirekten Messung werden der Strom durch den Verbraucher und der Spannungsabfall über dem Verbraucher gemessen (Bild 2.11a). Beide Messungen können entweder nacheinander oder gleichzeitig durchgeführt werden. Anschließend wird der Widerstand nach dem Ohmschen Gesetz berechnet.

- Bei der direkten Messung wird der Verbraucher vom restlichen Stromkreis getrennt (Bild 2.11b). Das Messgerät wird in den Betriebsbereich "Widerstandsmessung" geschaltet und mit den beiden Klemmen des Verbrauchers verbunden. Der Wert des Widerstands wird abgelesen.

Ist der Verbraucher defekt (z. B. die Magnetspule eines Ventils durchgebrannt), so ergibt die Messung des Widerstands entweder einen unendlich hohen Wert oder den Wert Null (Kurzschluss).

Achtung
Der Ohmsche Widerstand eines Verbrauchers im Wechselstromkreis ist nach der direkten Methode zu bestimmen!

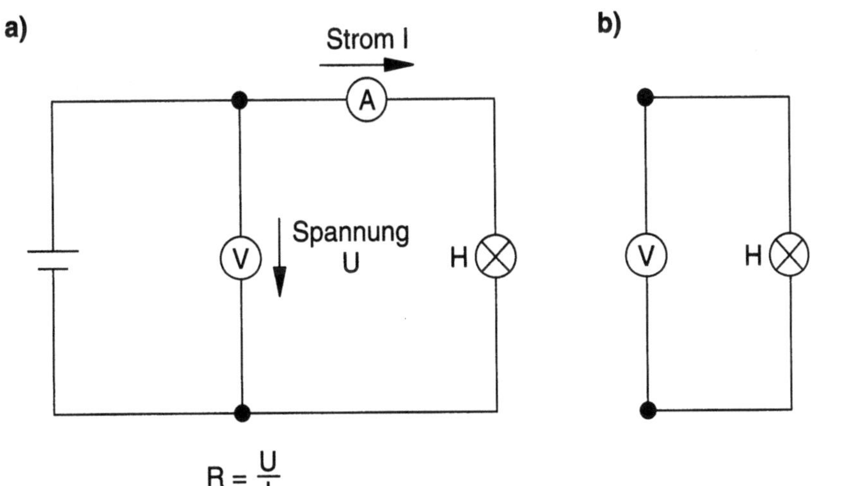

Bild 2.11:
Widerstandsmessung

Fehlerquellen beim Messen im elektrischen Stromkreis

Messgeräte können elektrische Spannungen, Ströme und Widerstände nicht beliebig genau messen. Zum einen beeinflusst das Messgerät selbst den elektrischen Stromkreis, zum anderen zeigt kein Messgerät wirklich exakt an. Der zulässige Anzeigefehler eines Messgeräts wird in Prozent des Messbereichsendwerts angegeben. Wird für ein Messgerät z. B. als Genauigkeitsklasse 0,5 angegeben, so darf der Anzeigefehler maximal 0,5 % des Messbereichsendwerts betragen.

Anwendungsbeispiel

Anzeigefehler

Mit einem Messgerät der Klasse 1,5 wird die Spannung einer 9 V-Batterie gemessen. Der Messbereich wird einmal auf 10 V und einmal auf 100 V eingestellt. Wie groß ist der maximal zulässige Anzeigefehler für jeden der beiden Messbereiche?

Mess-bereich	Zulässiger Anzeigefehler	Prozentualer Fehler
10 V	$10\ \text{V} \cdot \dfrac{1{,}5}{100} = 0{,}15\ \text{V}$	$\dfrac{0{,}15\ \text{V}}{9\ \text{V}} \cdot 100 = 1{,}66\ \%$
100 V	$100\ \text{V} \cdot \dfrac{1{,}5}{100} = 1{,}5\ \text{V}$	$\dfrac{1{,}5\ \text{V}}{9\ \text{V}} \cdot 100 = 16{,}6\ \%$

Tabelle 2.1:
Berechnung des Anzeigefehlers

Die Beispielrechnung zeigt deutlich, dass der zulässige Anzeigefehler bei dem kleineren Messbereich geringer ist. Außerdem lässt sich das Messgerät besser ablesen. Es sollte also stets der kleinstmögliche Messbereich eingestellt werden.

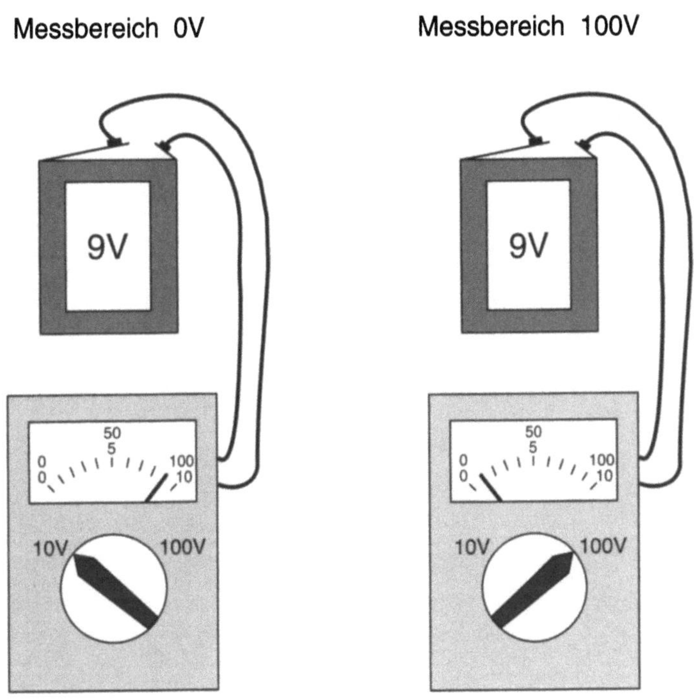

Bild 2.12:
Spannungsmessung an
einer Batterie
(mit unterschiedlichen
Bereichseinstellungen am
Messgerät)

Kapitel 3

Bauelemente und Baugruppen
des elektrischen Signalsteuerteils

3.1 Netzteil

Der Signalsteuerteil einer elektropneumatischen Steuerung wird über das elektrische Netz mit Energie versorgt. Zu diesem Zweck verfügt die Steuerung über ein Netzteil (Bild 3.1). Die einzelnen Baugruppen des Netzteils haben folgende Aufgaben:

- Der Transformator dient zur Reduzierung der Betriebsspannung. Am Eingang des Transformators liegt die Netzspannung an (z. B. 230 V Wechselspannung), am Ausgang eine verringerte Spannung (z. B. 24 V Wechselspannung).

- Der Gleichrichter wandelt die Wechselspannung in eine Gleichspannung um. Der Kondensator am Gleichrichterausgang dient zur Spannungsglättung.

- Die Spannungsregelung am Ausgang des Netzteils ist erforderlich, um die elektrische Spannung unabhängig vom fließenden Strom konstant zu halten.

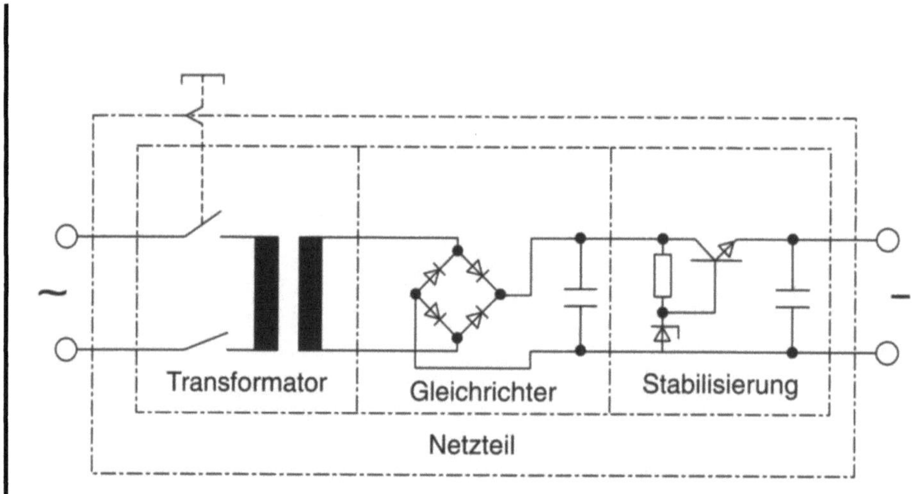

Bild 3.1:
Baugruppen des Netzteils einer elektro-pneumatischen Steuerung

Sicherheitshinweis

Achtung
Wegen der hohen Eingangsspannung sind Netzteile Bestandteile der Starkstromanlage (DIN/VDE 100). Die Sicherheitsvorschriften für Starkstromanlagen sind zu beachten. Arbeiten am Netzteil dürfen nur von dazu berechtigten Personen durchgeführt werden.

Um einen Verbraucher im elektrischen Stromkreis mit Strom zu beaufschlagen oder um den Stromfluss zu unterbrechen, werden in den Stromkreis Schalter eingebaut. Diese Schalter werden in die Bauarten Tastschalter und Stellschalter eingeteilt.

3.2 Tastschalter und Stellschalter

- Beim Stellschalter werden beide Schaltstellungen mechanisch verriegelt. Eine Schaltstellung bleibt also immer so lange erhalten, bis der Schalter erneut betätigt wird. Ein Anwendungsbeispiel sind Lichtschalter in Wohnräumen.

- Bei einem Tastschalter bleibt die gewählte Schaltstellung nur erhalten, solange er betätigt ist. Angewendet werden Tastschalter z. B. zur Betätigung von Klingeln.

Bei einem Schließer ist der Stromkreis in der Ruhestellung des Tasterschalters, d. h. im unbetätigten Zustand, unterbrochen. Durch Betätigen des Schaltstößels wird der Stromkreis geschlossen, und Strom fließt zum Verbraucher. Nach Loslassen des Schaltstößels bewegt sich der Tastschalter durch die Federkraft in seine Ruhestellung zurück, so dass der Stromkreis unterbrochen wird.

Schließer

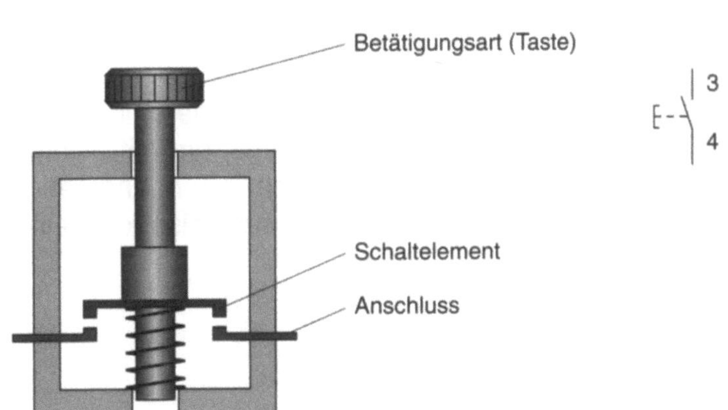

Bild 3.2:
Schließer – Schnittbild und Schaltzeichen

Öffner   Bei einem Öffner ist der Stromkreis in der Ruhestellung des Tastschalters durch Federkraft geschlossen. Bei Betätigen des Tastschalters wird der Stromkreis unterbrochen.

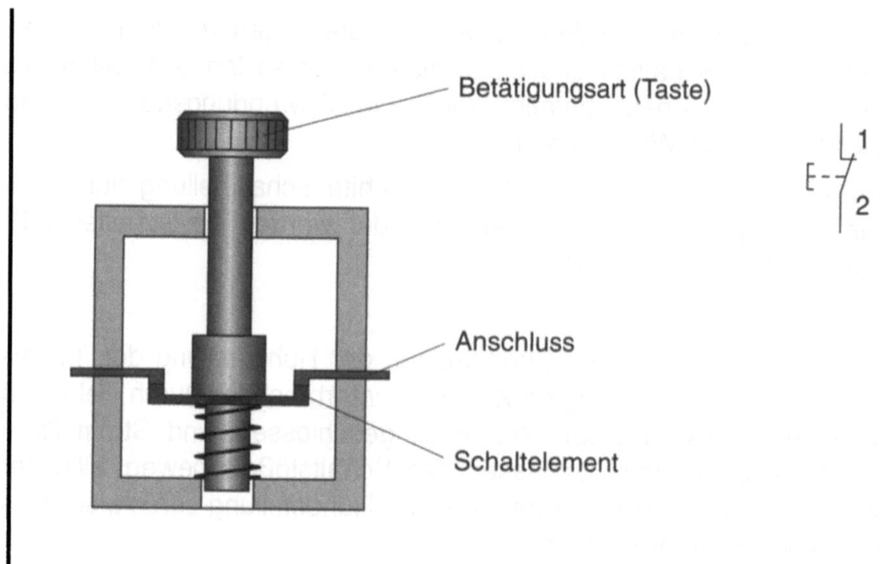

Bild 3.3:
Öffner – Schnittbild und
Schaltzeichen

Wechsler   Der Wechsler vereinigt die Funktionen des Öffners und des Schließers in einem Gerät. Wechsler werden eingesetzt, um mit einem Schaltvorgang einen Stromkreis zu schließen und einen anderen zu öffnen. Während des Umschaltens sind beide Stromkreise kurzzeitig unterbrochen.

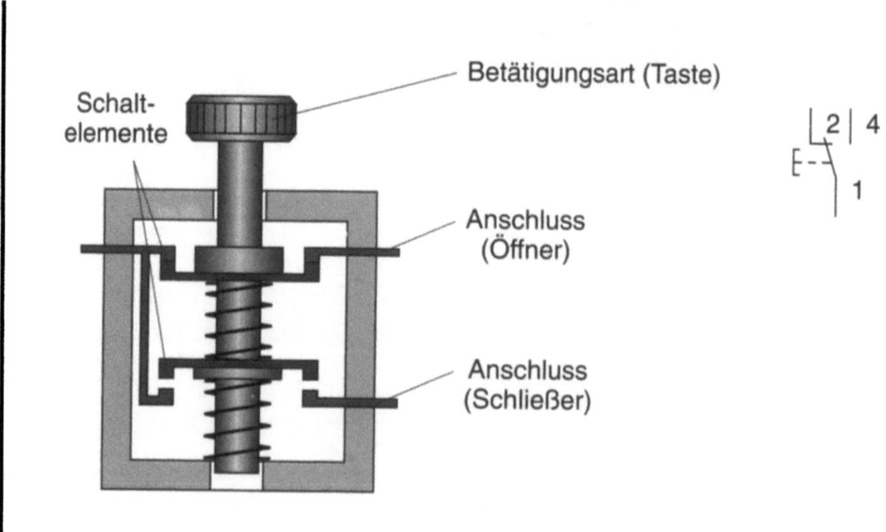

Bild 3.4:
Wechsler – Schnittbild und
Schaltzeichen

Sensoren haben die Aufgabe, Informationen zu erfassen und diese Information in leicht auswertbarer Form an die Signalverarbeitung weiterzuleiten. In elektropneumatischen Steuerungen werden Sensoren hauptsächlich eingesetzt,

- um die vordere und hintere Endlage der Kolbenstange bei Zylinderantrieben zu erfassen,
- um das Vorhandensein und die Position von Werkstücken zu ermitteln,
- um den Druck zu messen und zu überwachen.

Ein Grenztaster wird betätigt, wenn sich ein Maschinenteil oder ein Werkstück in einer bestimmten Position befindet. In der Regel geschieht dies durch einen Nocken. Grenztaster sind meist als Wechsler ausgelegt. Sie können, je nach Bedarf, als Öffner, als Schließer oder als Wechsler angeschlossen werden.

3.3 Sensoren zur Weg- und Druckerfassung

Grenztaster

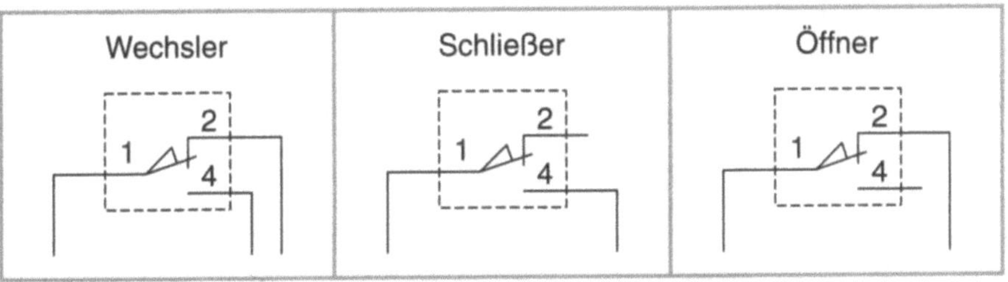

1 Druckfeder
2 Gehäuse
3 Zwangstrennungshebel
4 Führungsbolzen
5 gebogene Blattfeder
6 Kontaktdruckfeder
7 Kontaktzunge

Bild 3.5:
Mechanischer Grenztaster:
Aufbau und
Anschlussmöglichkeiten

Näherungsschalter   Im Gegensatz zu Grenztastern werden Näherungsschalter berührungsfrei und ohne äußere mechanische Betätigungskraft geschaltet.

Dadurch weisen Näherungsschalter eine hohe Lebensdauer auf und sie schalten zuverlässig. Man unterscheidet:

- Reedschalter,
- induktive Näherungsschalter,
- kapazitive Näherungsschalter,
- optische Näherungsschalter.

Reedschalter   Reedschalter sind magnetisch betätigte Näherungsschalter. Sie bestehen aus zwei Kontaktzungen, die sich in einem schutzgasgefüllten Glasröhrchen befinden. Durch Einwirkung eines Magneten wird der Kontakt zwischen den beiden Zungen geschlossen, so dass ein elektrischer Strom fließen kann. Bei Reedschaltern, die als Öffner arbeiten, werden die Kontaktzungen mit kleinen Magneten vorgespannt. Diese Vorspannung wird durch den wesentlich stärkeren Schaltmagneten überwunden.

Reedschalter weisen eine hohe Lebensdauer und eine geringe Schaltzeit (ca. 0,2 ms) auf. Sie sind wartungsfrei, dürfen aber nicht an Orten mit starken Magnetfeldern (z. B. in der Umgebung von Widerstandsschweißmaschinen) verwendet werden.

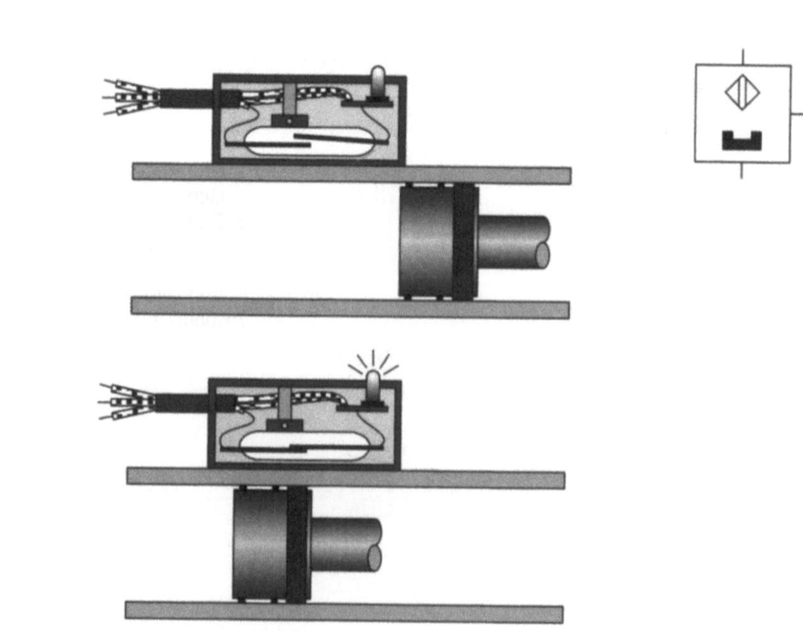

Bild 3.6:
Reedschalter (Schließer)

Induktive, optische und kapazitive Näherungsschalter zählen zu den elektronischen Sensoren. Sie weisen im Regelfall drei elektrische Anschlüsse auf:

- den Anschluss für die Versorgungsspannung,
- den Anschluss für die Masse,
- den Anschluss für das Ausgangssignal.

Bei diesen Sensoren wird kein beweglicher Kontakt umgeschaltet. Stattdessen wird der Ausgang elektronisch entweder mit der Versorgungsspannung verbunden oder auf Masse gelegt (= Ausgangsspannung 0 V).

Bezüglich der Polarität des Ausgangssignals gibt es zwei verschiedene Bauarten elektronischer Näherungsschalter:

- Bei positiv schaltenden Sensoren hat der Ausgang die Spannung Null, wenn sich kein Teil im Ansprechbereich des Sensors befindet. Annäherung eines Werkstücks oder Maschinenteils führt zum Umschalten des Ausgangs, so dass Versorgungsspannung anliegt.
- Bei negativ schaltenden Sensoren liegt am Ausgang Versorgungsspannung an, wenn sich kein Teil im Ansprechbereich des Sensors befindet. Annäherung führt zum Umschalten des Ausgangs auf die Spannung 0 V.

Elektrische Sensoren

Positiv und negativ
schaltende Sensoren

Ein induktiver Näherungsschalter besteht aus einem elektrischen Schwingkreis (1), einer Kippstufe (2) und einem Verstärker (3). Bei Anlegen der Spannung an die Anschlüsse erzeugt der Schwingkreis ein hochfrequentes magnetisches Wechselfeld, das aus der Stirnseite des Sensors austritt. Wird ein elektrischer Leiter in dieses Wechselfeld gebracht, wird der Schwingkreis gedämpft. Die nachgeschaltete Elektronik, bestehend aus Kippstufe und Verstärker, wertet das Verhalten des Schwingkreises aus und betätigt den Ausgang.

Mit induktiven Näherungsschaltern lassen sich alle elektrisch gut leitenden Materialien erkennen, neben Metallen beispielsweise auch Graphit.

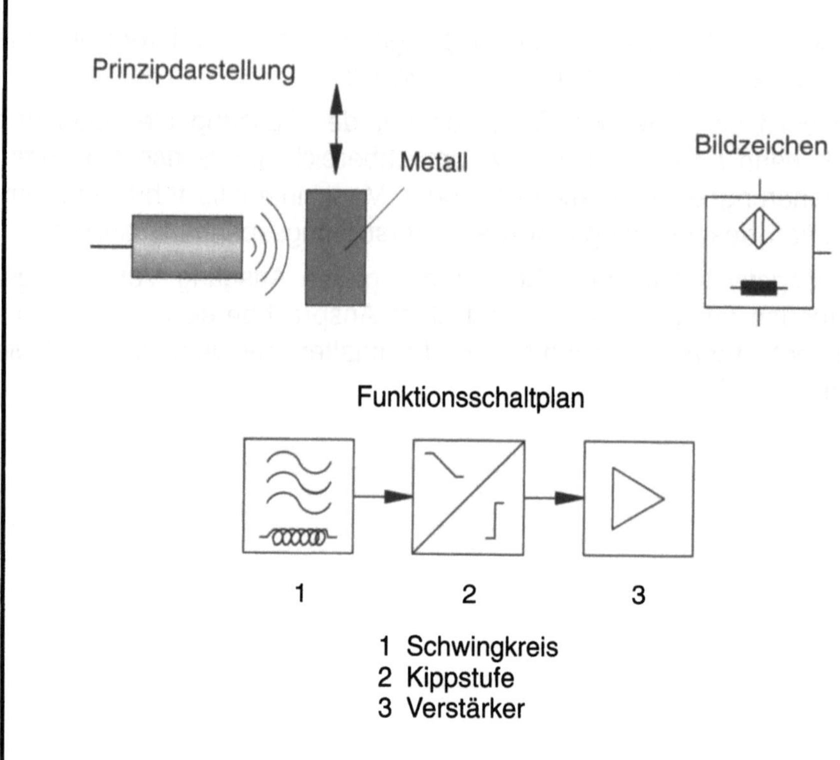

Bild 3.7:
Induktiver
Näherungsschalter

Ein kapazitiver Näherungsschalter besteht aus einem Kondensator und einem elektrischen Widerstand, die zusammen einen RC-Schwingkreis bilden, sowie einer elektronischen Schaltung zur Auswertung der Schwingung. Zwischen der aktiven und der Masseelektrode des Kondensators wird ein elektrostatisches Feld aufgebaut. Auf der Stirnseite des Sensors bildet sich ein Streufeld. Wird ein Gegenstand in dieses Streufeld gebracht, so ändert sich die Kapazität des Kondensators. Der Schwingkreis wird gedämpft. Die nachgeschaltete Elektronik betätigt den Ausgang.

Kapazitive Näherungsschalter reagieren nicht nur auf Materialien mit hoher elektrischer Leitfähigkeit (z. B. Metalle), sondern darüber hinaus auf alle Isolatoren mit großer Dielektrizitätskonstante, z. B. Kunststoffe, Glas, Keramik, Flüssigkeiten und Holz.

Kapazitive
Näherungsschalter

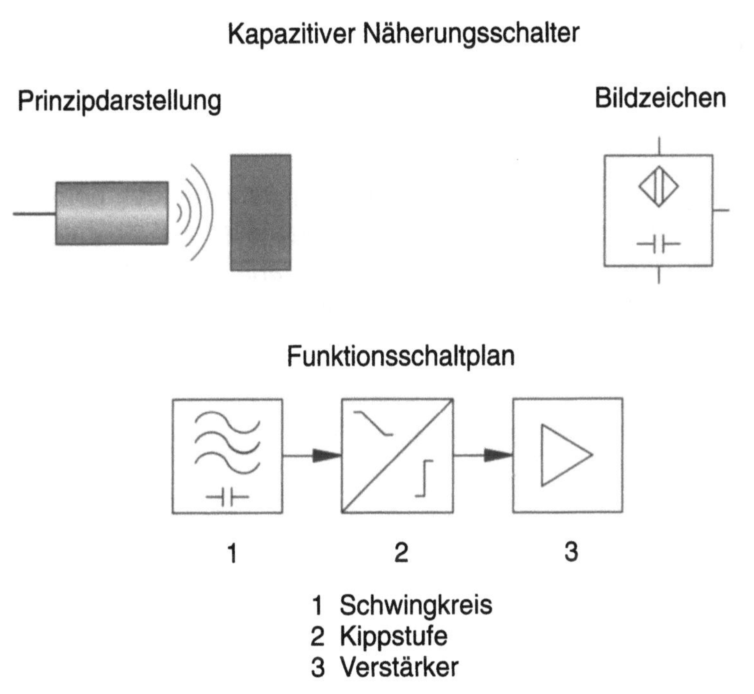

Bild 3.8:
Kapazitiver
Näherungsschalter

Optische Näherungsschalter setzen optische und elektronische Mittel zur Objekterkennung ein. Dazu wird rotes oder infrarotes Licht verwendet. Besonders zuverlässige Quellen für rotes und infrarotes Licht sind Halbleiter-Leuchtdioden (LED´s). Sie sind klein und robust, von langer Lebensdauer und einfach modulierbar. Als Empfangselemente werden Fotodioden oder Fototransistoren eingesetzt. Rotes Licht hat den Vorteil, dass es bei der Justierung der optischen Achsen der verwendeten Näherungsschalter mit bloßem Auge erkannt werden kann. Außerdem sind Polymerlichtleiter wegen ihrer geringen Dämpfung von Licht in diesem Wellenlängenbereich gut einsetzbar.

Optische Näherungsschalter

Man unterscheidet drei Arten von optischen Näherungsschaltern:

- Einweg-Lichtschranke,
- Reflexions-Lichtschranke,
- Reflexions-Lichttaster.

Einweg-Lichtschranke

Die Einweg-Lichtschranke weist räumlich voneinander getrennte Sender- und Empfängereinheiten auf. Die Bauteile sind so montiert, dass der Sender direkt auf den Empfänger strahlt. Bei Unterbrechung des Lichtstrahls wird der Ausgang geschaltet.

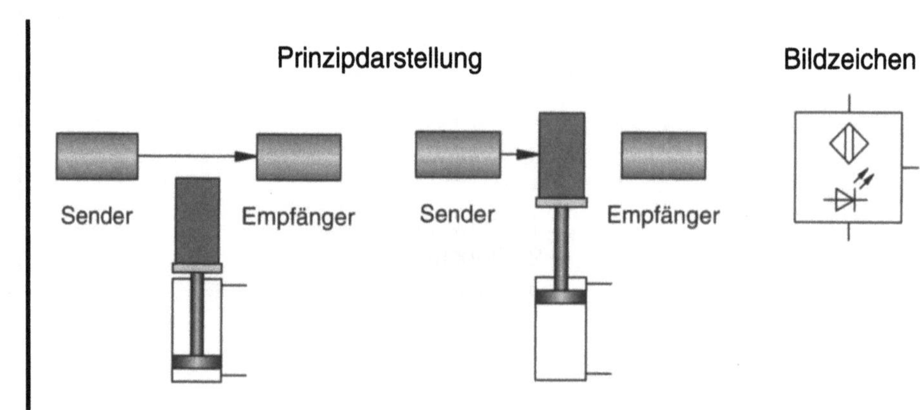

Bild 3.9:
Einweg-Lichtschranke

Bei der Reflexions-Lichtschranke sind Sender und Empfänger nebeneinander in einem Gehäuse angeordnet. Der Reflektor wird so montiert,
dass der vom Sender ausgesandte Lichtstrahl praktisch vollständig auf
den Empfänger reflektiert wird. Bei Unterbrechung des Lichtstrahls wird
der Ausgang geschaltet.

Reflexions-
Lichtschranke

Prinzipdarstellung

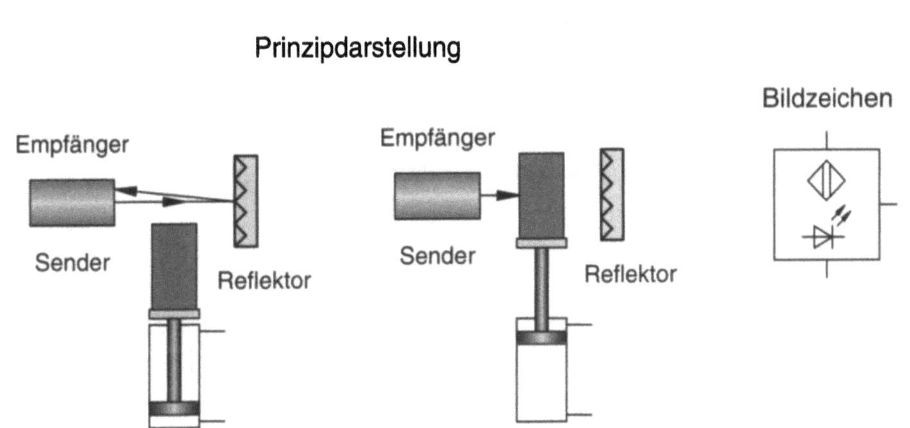

Bild 3.10:
Reflexions-Lichtschranke

Sender und Empfänger des Reflexions-Lichttasters sind nebeneinander
in einem Bauteil angeordnet. Trifft das Licht auf einen reflektierenden
Körper, so wird es zum Empfänger umgelenkt, und der Ausgang des
Sensors wird geschaltet. Aufgrund des Funktionsprinzips kann ein
Lichttaster nur dann eingesetzt werden, wenn das zu erkennende
Werkstück bzw. Maschinenteil ein hohes Reflexionsvermögen (z. B. me-
tallische Oberflächen, helle Farben) aufweist.

Reflexions-Lichttaster

Prinzipdarstellung

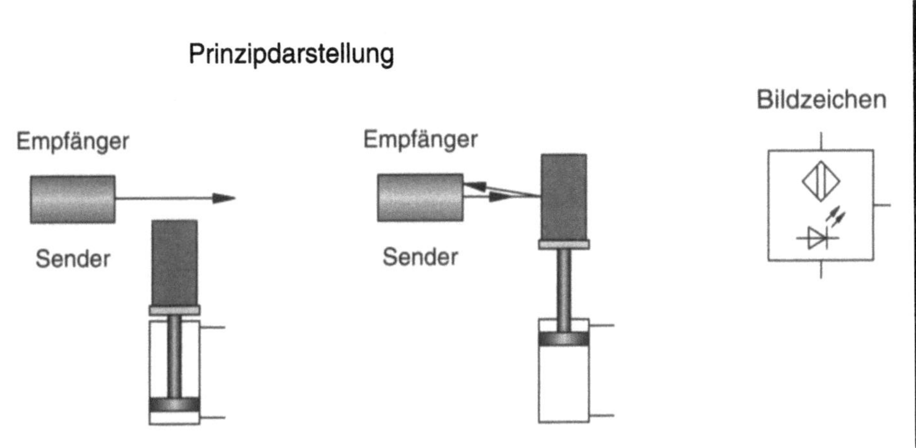

Bild 3.11:
Reflexions-Lichttaster

Drucksensoren Druckempfindliche Sensoren gibt es in unterschiedlichen Bauformen:

- Druckschalter mit mechanischem Kontakt (binäres Ausgangssignal),
- Druckschalter mit elektronischer Umschaltung (binäres Ausgangssignal),
- elektronische Drucksensoren mit analogem Ausgangssignal.

Mechanische Druckschalter Beim mechanisch arbeitenden Druckschalter wirkt der Druck auf eine Kolbenfläche. Übersteigt die vom Druck ausgeübte Kraft die Federkraft, so bewegt sich der Kolben und betätigt den Kontaktsatz.

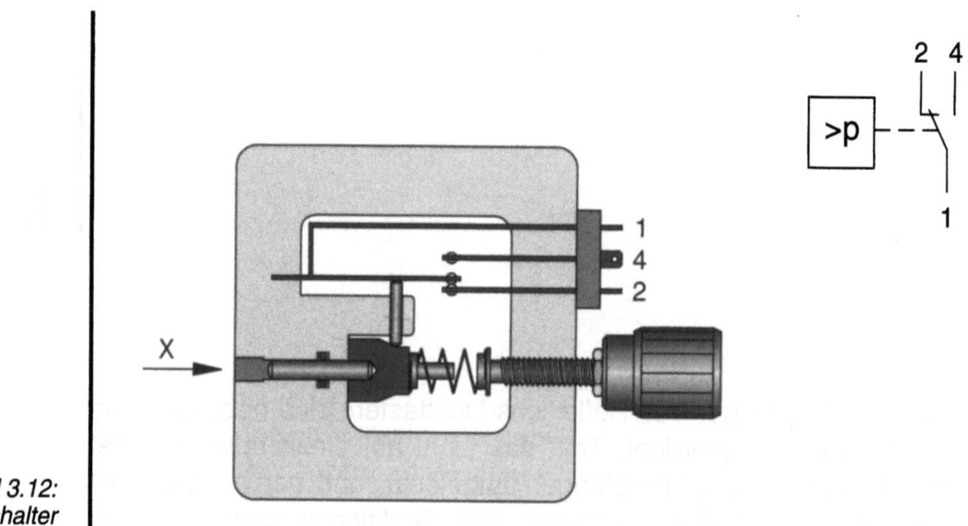

Bild 3.12:
Kolbendruckschalter

Eine wachsende Bedeutung haben Membrandruckschalter. Statt einen Kontakt mechanisch zu betätigen, wird der Ausgang elektronisch geschaltet. Dazu werden druck- oder kraftempfindliche Sensoren auf die Membran aufgebracht. Das Sensorsignal wird von einer elektronischen Schaltung ausgewertet. Sobald der Druck einen bestimmten Wert überschreitet, schaltet der Ausgang.

Elektronische Druckschalter

Der Aufbau und die Funktionsweise eines analogen Drucksensors werden am Beispiel des Sensors Festo SDE-10-10V/20mA erläutert.

Analoge Drucksensoren

Bild 3.13a zeigt die piezoresistive Messzelle des Drucksensors. Der elektrische Widerstand 1 ändert seinen Wert, sobald ein Druck auf die Mebran 3 wirkt. Über die Kontakte 2 ist der Widerstand mit der Auswerteelektronik verbunden, die das Ausgangssignal erzeugt.

In Bild 3.13b ist der Gesamtaufbau des Sensors dargestellt.

Bild 3.13c zeigt die Sensorkennlinie. Sie stellt den Zusammenhang zwischen dem Druck und dem elektrischen Ausgangssignal dar. Ein wachsender Druck hat eine wachsende elektrische Spannung am Sensorausgang zur Folge. Ein Druck von 1 bar erzeugt eine Ausgangsspannung von 1 V, ein Druck von 2 bar eine Ausgangsspannung von 2 V usw.

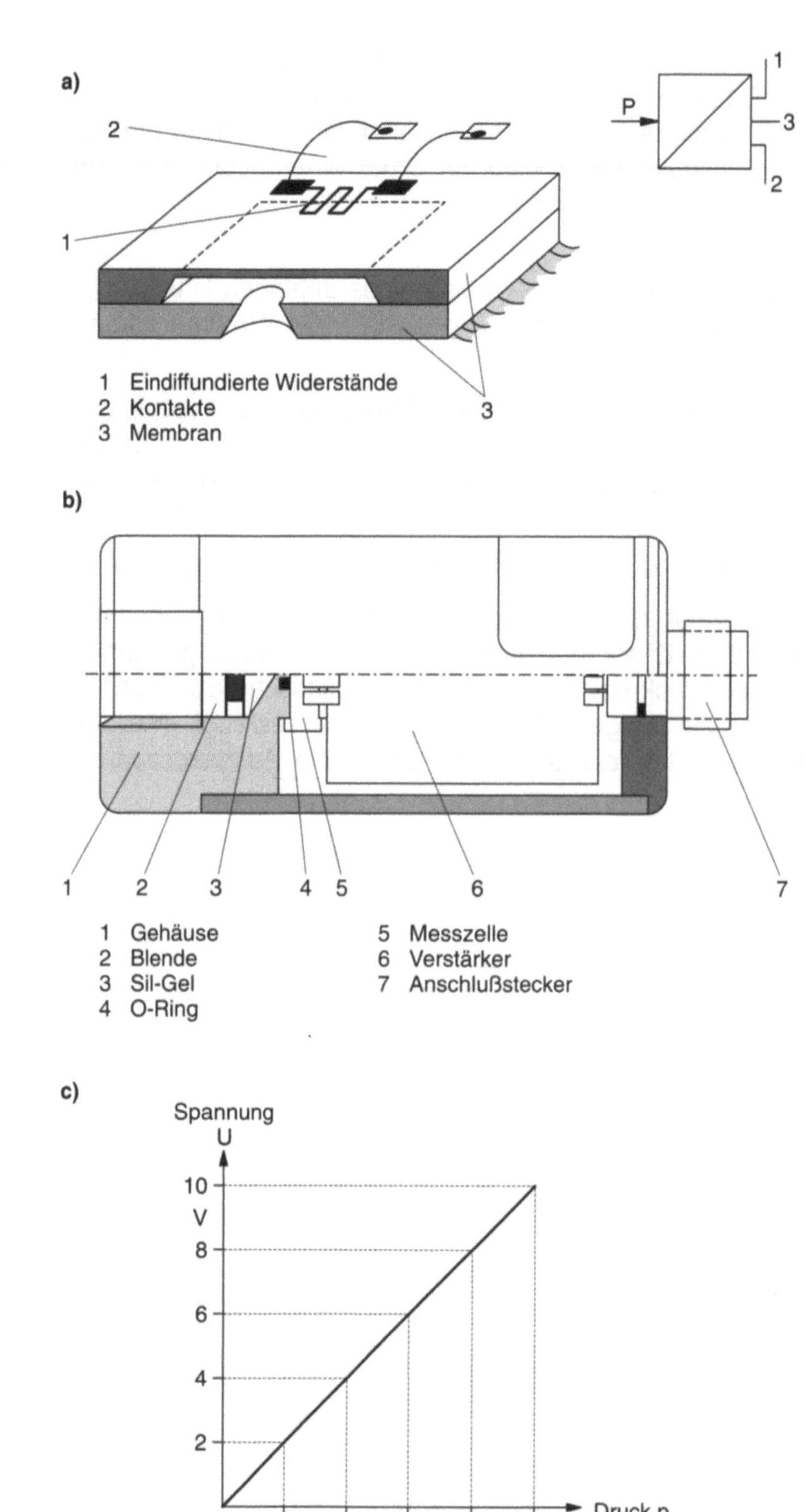

Bild 3.13:
*Aufbau und Kennlinie eines
analogen Drucksensors
(Festo SDE10-10V/20mA)*

Ein Relais ist ein elektromagnetisch betätigter Schalter. Beim Anlegen einer Spannung an die Spule des Elektromagneten entsteht ein elektromagnetisches Feld. Dadurch wird der bewegliche Anker zum Spulenkern hingezogen. Der Anker wirkt auf die Kontakte des Relais, die je nach Anordnung geöffnet oder geschlossen werden. Wird der Stromfluss durch die Spule unterbrochen, bewirkt eine Feder die Rückstellung des Ankers in die Ausgangsstellung.

3.4 Relais und Schütze

Aufbau eines Relais

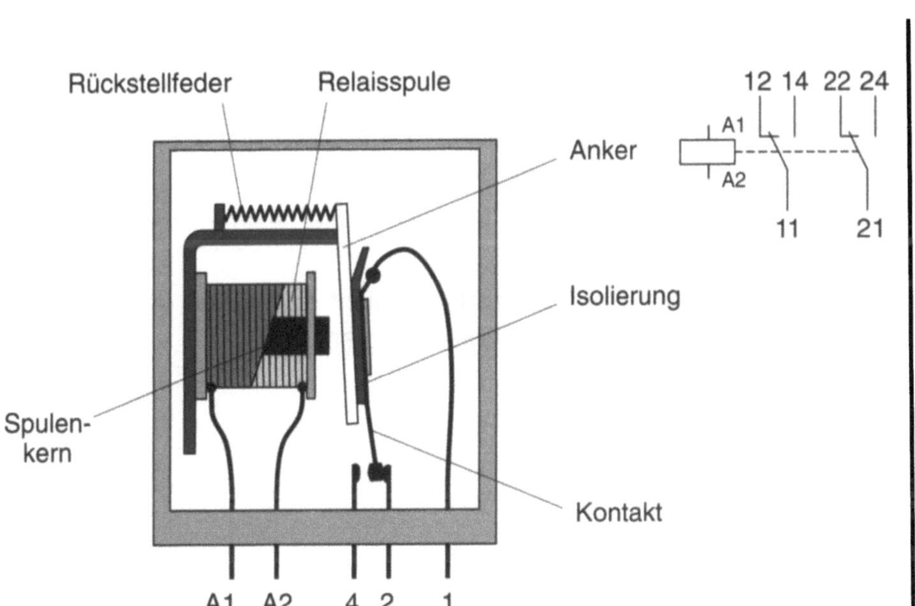

Bild 3.14:
Aufbau eines Relais

Von einer Relaisspule können ein oder mehrere Kontakte geschaltet werden. Neben dem oben beschriebenen Relaistyp gibt es weitere Bauformen elektromagnetisch betätigter Schalter, z. B. das Remanenzrelais, das Zeitrelais und das Schütz.

Anwendungen von Relais

In elektropneumatischen Steuerungen werden Relais für folgende Funktionen eingesetzt:

- zur Signalvervielfachung,
- zum Verzögern und Wandeln von Signalen,
- zum Verknüpfen von Informationen,
- zum Trennen von Steuer- und Hauptstromkreis.

In rein elektrischen Steuerungen werden Relais zusätzlich zur Trennung von Gleich- und Wechselstromkreisen verwendet.

Remanenzrelais

Das Remanenzrelais reagiert auf Stromimpulse.

- Bei einem positiven Impuls zieht der Anker des Relais an.
- Bei einem negativen Impuls fällt der Anker ab.
- Liegt kein Eingangssignal an, wird die einmal eingenommene Schaltstellung beibehalten.

Das Verhalten eines Remanenzrelais gleicht dem eines pneumatischen Impulsventils, das auf Druckimpulse reagiert.

Bei Zeitrelais unterscheidet man zwischen anzugs- und abfallverzöger-
ten Relais.

Beim anzugsverzögerten Relais zieht der Anker um die Zeitspanne
verzögert an, das Abfallen erfolgt verzögerungsfrei. Beim abfallverzö-
gerten Relais ist es umgekehrt. Entsprechend schalten die Kontakte
(Bild 3.15, 3.16). Die Verzögerungszeit t_V kann eingestellt werden.

Zeitrelais

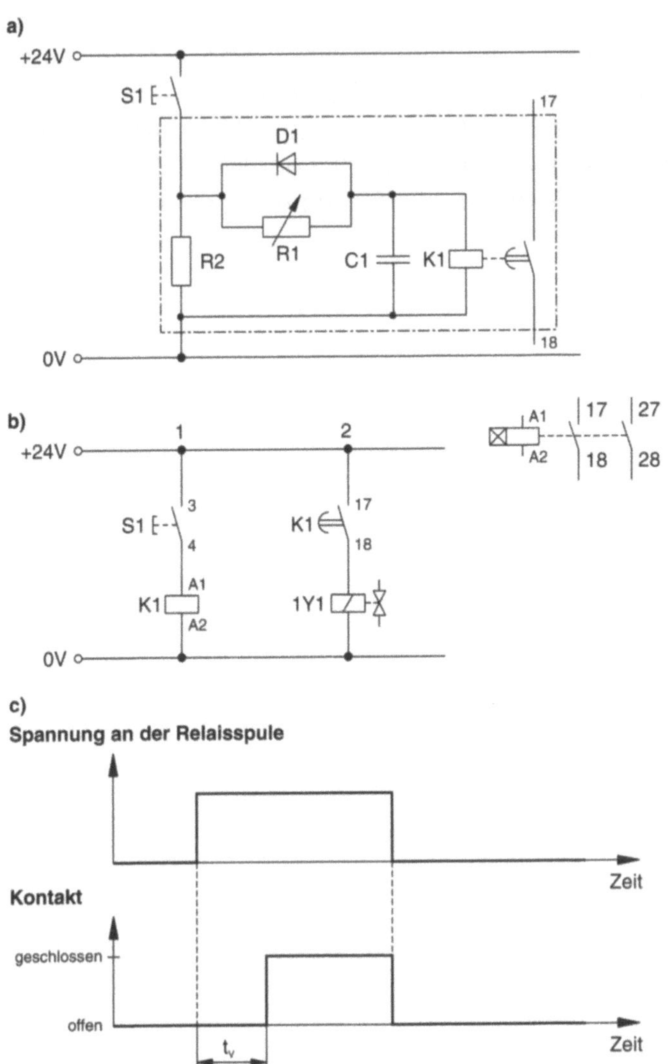

Bild 3.15:
Anzugsverzögertes Relais

a) interner Aufbau
b) Darstellung im Schaltplan
c) Signalverhalten

Funktionsprinzip

Bei Betätigung von S1 fließt Strom über den einstellbaren Widerstand R1 zum Kondensator C1. Die parallelgeschaltete Diode D1 lässt in dieser Richtung keinen Strom durch. Über den Entladewiderstand R2 fließt ebenfalls ein Strom, der jedoch zunächst ohne Bedeutung ist. Nachdem sich der Kondensator C1 auf die Schaltstellung des Relais K1 aufgeladen hat, schaltet das Relais.

Nach Loslassen von S1 wird der Stromkreis unterbrochen, und der Kondensator entlädt sich über die Diode D1 und den Widerstand R2 sehr schnell. Dadurch geht das Relais sofort in seine Ruhestellung.

Am Widerstand R1 kann der Ladestrom eines Kondensators und damit die Zeit bis zum Erreichen der Schaltspannung für K1 eingestellt werden. Wird ein großer Widerstand eingestellt, fließt ein kleiner Strom, und die Verzögerungszeit ist lang. Ist der Widerstand R1 dagegen klein, fließt ein großer Strom, und Verzögerungszeit ist entsprechend kurz.

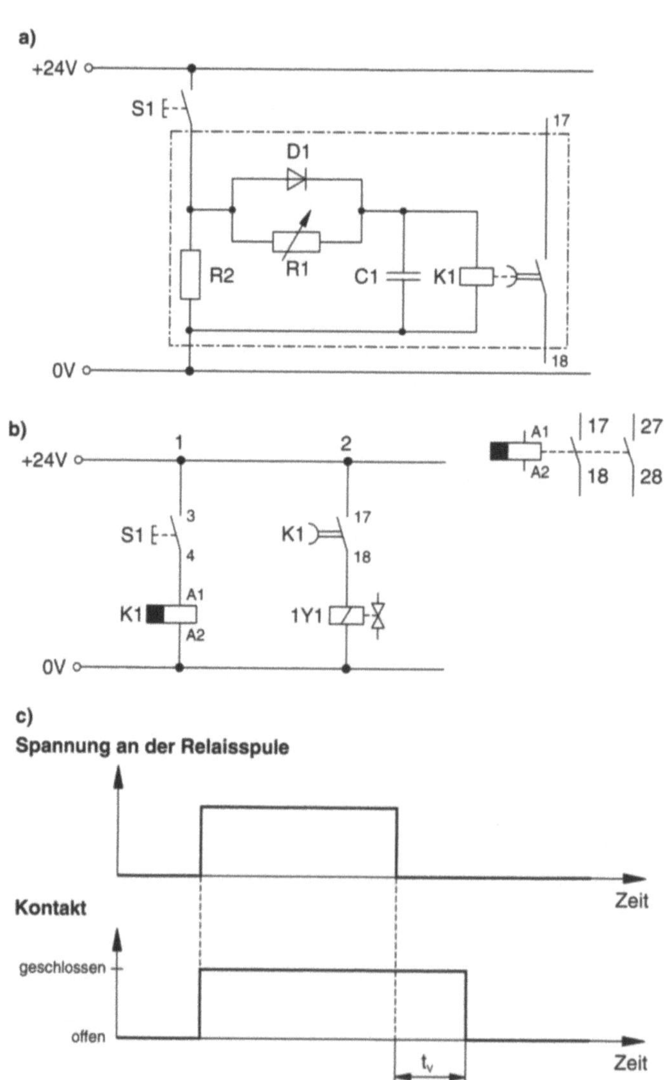

Bild 3.16:
Abfallverzögertes Relais

a) interner Aufbau
b) Darstellung im Schaltplan
c) Signalverhalten

Schütze arbeiten nach dem gleichen Prinzip wie Relais.
Typische Merkmale eines Schützes sind:

- Doppelunterbrechung (je Kontakt zwei Unterbrechungsstellen),
- zwangsgeführte Kontakte,
- geschlossene Kammern (Lichtbogenlöschkammern).

Durch diese konstruktiven Besonderheiten können mit Schützen höhere
Ströme geschaltet werden als mit Relais.

Aufbau eines
Schützes

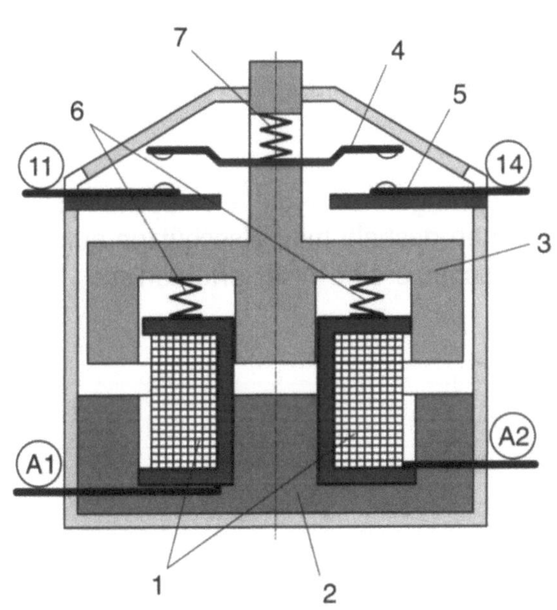

1 Spule
2 Eisenkern (Magnet)
3 Anker
4 Bewegliches Schaltstück
   mit Kontakten
5 Festes Schaltstück mit
   Kontakten
6 Druckfeder
7 Kontaktdruckfeder

Bild 3.17:
Aufbau eines Schützes

Ein Schütz besitzt mehrere Schaltglieder, üblich sind vier bis zehn Kontakte. Bei Schützen gibt es ebenso wie bei Relais verschiedene Bauarten mit Kombinationen von Öffnern, Schließern, Wechslern, Spätöffnern usw. Bei den Kontakten unterscheidet man Haupt- und Hilfsschaltglieder. Schütze, die nur Hilfsschaltglieder (Steuerkontakte) schalten, nennt man Hilfsschütze. Schütze mit Haupt- und Hilfsschaltgliedern werden als Haupt- oder Leistungsschütze bezeichnet.

Anwendungen von Schützen

Schütze werden für folgende Anwendungen eingesetzt:

- Leistungen von 4 bis 30 kW werden über die Hauptschaltglieder von Leistungsschützen geschaltet.
- Steuerfunktionen und logische Verknüpfungen werden über Hilfsschaltglieder geschaltet.

Bei elektropneumatischen Steuerungen sind die elektrischen Ströme und Leistungen gering. Sie können deshalb mit Hilfsschützen aufgebaut werden. Haupt- oder Leistungsschütze sind nicht erforderlich.

Speicherprogrammierbare Steuerungen (SPS) werden zur Signalverarbeitung bei Binärsteuerungen eingesetzt. Besonders vorteilhaft ist die Verwendung einer SPS, wenn eine Binärsteuerung mit zahlreichen Eingangs- und Ausgangssignalen und umfangreichen Signalverknüpfungen realisiert werden muss.

3.5 Speicherprogrammierbare Steuerung

Bild 3.18:
SPS (Festo 101)

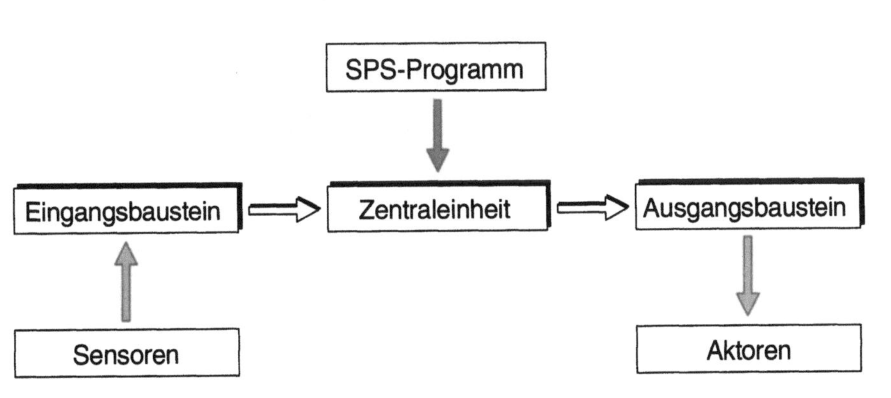

Bild 3.19:
Systemkomponenten einer SPS

<table>
<tr><td>Aufbau und
Funktionsweise
einer SPS</td><td>Bild 3.19 zeigt den prinzipiellen Aufbau einer SPS. Hauptbestandteil ist ein Mikroprozessorsystem. Durch Programmierung des Mikroprozessors wird festgelegt,</td></tr>
</table>

- welche Steuerungseingänge (E1, E2, usw.) in welcher Reihenfolge eingelesen werden,

- wie diese Eingangssignale verknüpft werden,

- auf welche Ausgänge (A1, A2, usw.) die Ergebnisse der Signalverarbeitung ausgegeben werden.

Bei einer SPS wird das Verhalten der Steuerung demnach nicht durch die Verschaltung von elektrischen Bauelementen (=Hardware), sondern durch ein Programm (=Software) bestimmt.

3.6 Gesamtaufbau des Signalsteuerteils

Der Signalsteuerteil einer elektropneumatischen Steuerung umfasst drei Funktionsblöcke. Sein Aufbau lässt sich anhand von Bild 3.20 veranschaulichen.

- Die Signaleingabe erfolgt durch Sensoren bzw. durch Tast- und Stellschalter. In Bild 3.20 sind zwei Näherungsschalter zur Signaleingabe dargestellt.

- Zur Signalverarbeitung dient meist eine Relaissteuerung oder eine speicherprogrammierbare Steuerung. Andere Formen der Signalverarbeitung fallen zahlenmäßig nicht ins Gewicht. In Bild 3.20 übernimmt eine Relaissteuerung diese Aufgabe.

- Die Signalausgabe geschieht mittels elektromagnetisch betätigter Wegeventile.

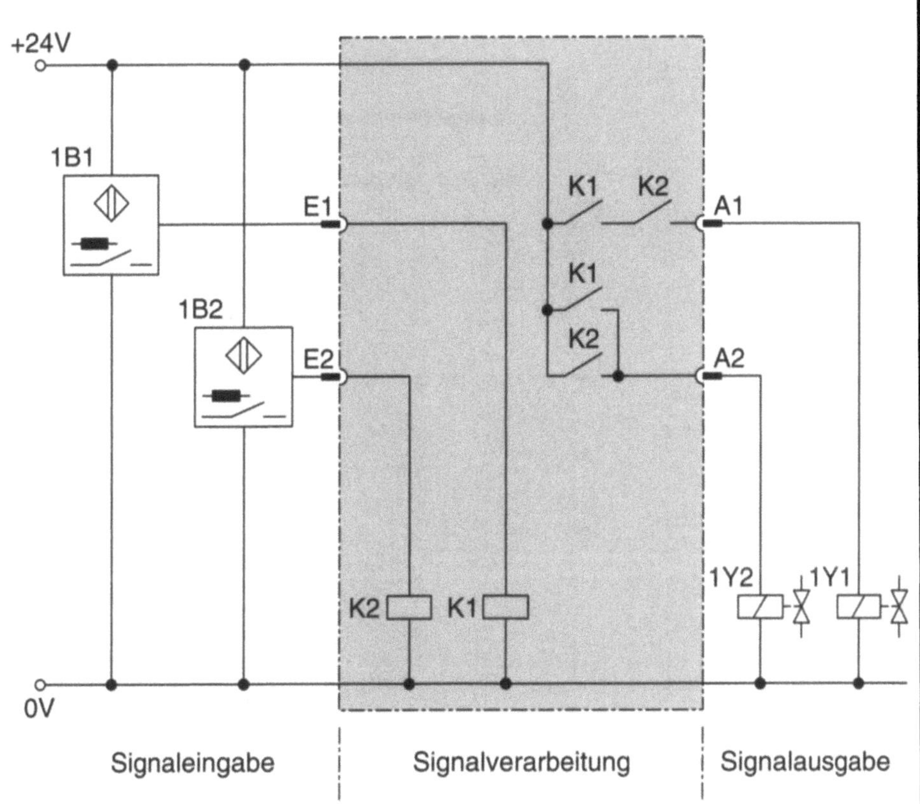

Bild 3.20:
Signalsteuerteil mit
Relaissteuerung
(schematisch, Schaltplan
nicht normgerecht)

Bild 3.20 zeigt schematisch den Signalsteuerteil einer elektropneumatischen Steuerung, bei der Relais zur Signalverarbeitung Verwendung finden.

- Die Bauelemente zur Signaleingabe (in Bild 3.20: induktive Näherungsschalter 1B1 und 1B2) werden über die Steuerungseingänge (E1, E2, usw.) mit den Relaisspulen (K1, K2, usw.) verbunden.

- Die Signalverarbeitung wird durch geeignete Verschaltung von mehreren Relaisspulen und -kontakten realisiert.

- Die Bauelemente zur Signalausgabe (in Bild 3.20: Wegeventil-Magnetspulen 1Y1 und 1Y2) werden an die Steuerungsausgänge (A1, A2 usw.) angeschlossen. Sie werden über die Kontakte von Relais betätigt.

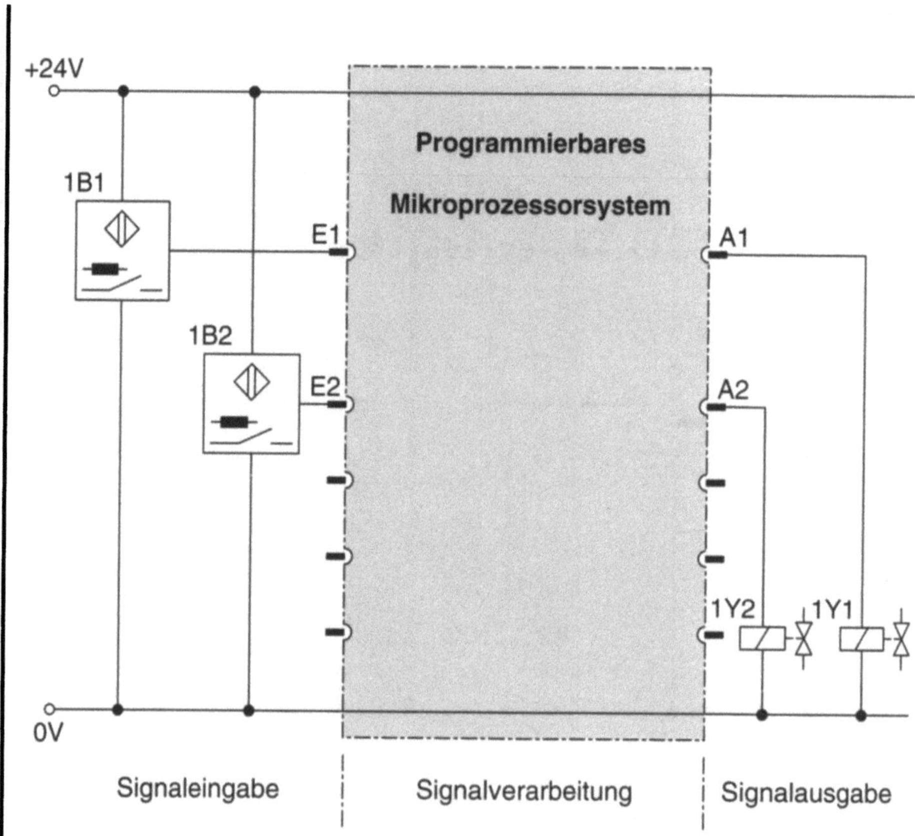

Bild 3.21:
Signalsteuerteil mit
speicherprogrammierbarer
Steuerung (SPS)

In Bild 3.21 ist der Signalsteuerteil einer elektropneumatischen Steuerung dargestellt, bei der eine SPS zur Signalverarbeitung eingesetzt wird.

■ Die Bauelemente zur Signaleingabe (in Bild 3.21: induktive Näherungsschalter 1B1 und 1B2) sind mit den Eingängen der SPS (E1, E2) verbunden.

■ Das programmierbare Mikroprozessorsystem der SPS übernimmt sämtliche Aufgaben der Signalverarbeitung.

■ Die Bauelemente zur Signalausgabe (in Bild 3.21: Wegeventil-Magnetspulen 1Y1 und 1Y2) sind mit den Ausgängen der SPS (A1, A2) verbunden. Die Betätigung erfolgt durch eine elektronische Schaltung, die Bestandteil des Mikroprozessorsystems ist.

Elektropneumatische Steuerungen mit Relais werden in Kapitel 8, elektropneumatische Steuerungen mit SPS in Kapitel 9 behandelt.

Kapitel 4

Elektrisch betätigte Wegeventile

4.1 Aufgaben

Eine elektropneumatische Steuerung arbeitet mit zwei unterschiedlichen Energieträgern:

- mit elektrischer Energie im Signalsteuerteil
- mit Druckluft im Leistungsteil.

Die elektrisch betätigten Wegeventile bilden die Schnittstelle zwischen beiden Teilen einer elektropneumatischen Steuerung. Sie werden durch die Ausgangssignale des Signalsteuerteils geschaltet und sperren bzw. öffnen Verbindungen im pneumatischen Leistungsteil. Zu den wichtigsten Aufgaben elektrisch betätigter Wegeventile gehören:

- das Zuschalten bzw. Absperren der Druckluftversorgung
- das Ein- und Ausfahren von Zylinderantrieben.

Betätigung eines einfachwirkenden Zylinders

Bild 4.1a zeigt ein elektrisch betätigtes Ventil, das die Bewegung eines einfachwirkenden Zylinderantriebs steuert. Es weist drei Anschlüsse und zwei Schaltstellungen auf.

- Ist die Magnetspule des Wegeventils stromlos, wird die Zylinderkammer über das Wegeventil entlüftet. Die Kolbenstange ist eingefahren.
- Wird die Magnetspule von Strom durchflossen, schaltet das Wegeventil, und die Zylinderkammer wird belüftet. Die Kolbenstange fährt aus.
- Wird die Magnetspule stromlos, schaltet das Ventil zurück. Die Zylinderkammer wird entlüftet, und die Kolbenstange fährt ein.

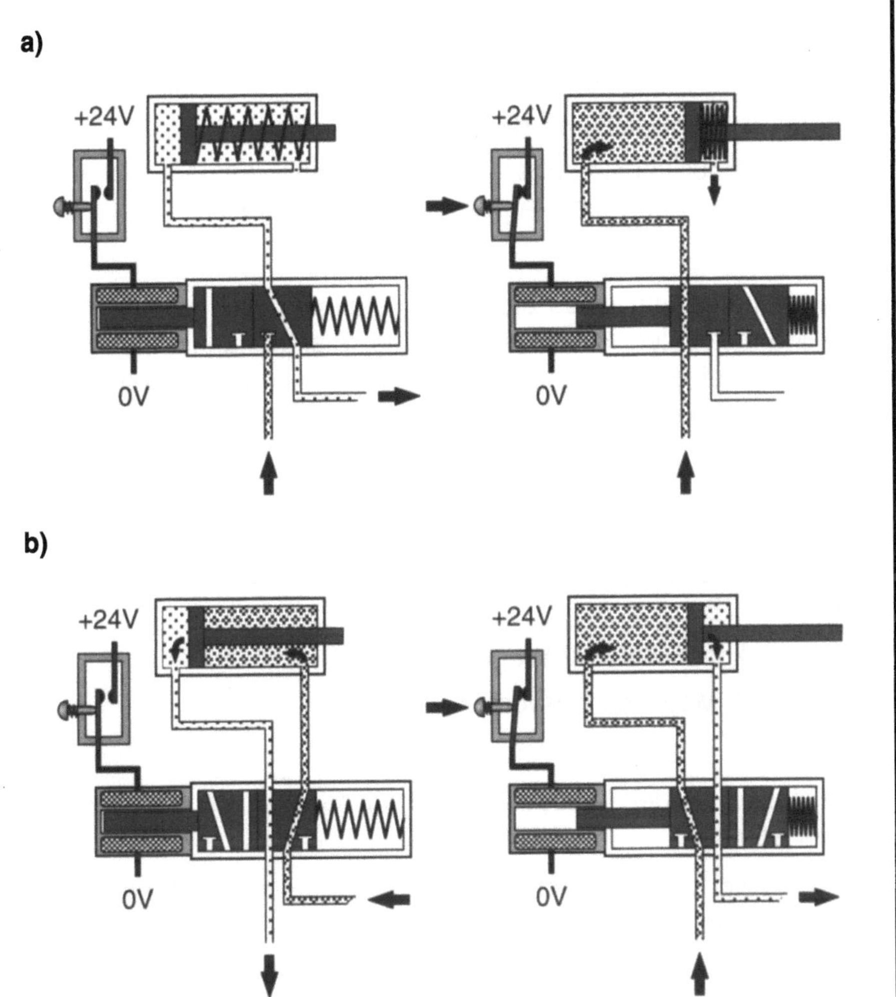

Bild 4.1:
Betätigung eines
Pneumatikzylinders
a) einfachwirkend
b) doppeltwirkend

Der doppeltwirkende Zylinderantrieb in Bild 4.1b wird durch ein Wege-ventil mit fünf Anschlüssen und zwei Schaltstellungen betätigt.

Betätigung eines doppeltwirkenden Zylinders

- Ist die Magnetspule stromlos, so wird die linke Zylinderkammer entlüftet, die rechte Zylinderkammer hingegen belüftet. Die Kolbenstange ist eingefahren.

- Wird die Magnetspule von elektrischem Strom durchflossen, schaltet das Ventil. Die linke Zylinderkammer wird belüftet, und die rechte Zylinderkammer wird entlüftet. Die Kolbenstange fährt aus.

- Wird die Magnetspule stromlos, schaltet das Ventil zurück, und die Kolbenstange fährt ein.

4.2 Aufbau und Funktionsweise

Elektrisch betätigte Wegeventile werden mit Hilfe von Elektromagneten geschaltet. Sie lassen sich in zwei Gruppen einteilen:

- Federrückgestellte Ventile halten die betätigte Schaltstellung nur so lange, wie Strom durch die Magnetspule fließt.
- Magnetimpulsventile halten die zuletzt eingenommene Schaltstellung auch dann, wenn die Magnetspulen stromlos sind.

Ruhestellung

In der Ruhestellung eines elektrisch betätigten Wegeventils sind sämtliche Magnetspulen stromlos, und die Elektromagneten üben keine Kraft aus. Bei einem Magnetimpulsventil kann die Ruhestellung nicht eindeutig definiert werden, da keine Rückstellfeder vorhanden ist.

Ventilbezeichnung

Weitere Unterscheidungsmerkmale sind die Anzahl der Ventilanschlüsse und die Anzahl der Schaltstellungen. Die Ventilbezeichnung wird durch die Betätigung sowie durch Anschluss- und Schaltstellungsanzahl bestimmt, z. B.

- federrückgestelltes 3/2-Wegeventil
- 5/2-Wege-Magnetimpulsventil.

Nachfolgend werden Aufbau und Funktionsweise der wichtigsten Ventiltypen erläutert.

Direktgesteuertes 3/2-Wegeventil

Bild 4.2 zeigt zwei Schnittdarstellungen eines direktgesteuerten elektrisch betätigten 3/2-Wegeventils.

- In der Ruhestellung ist der Verbraucheranschluss 2 durch die Nut im Anker (siehe Detaildarstellung) mit dem Abluftanschluss 3 verbunden (Bild 4.2a).
- Fließt ein elektrischer Strom durch die Magnetspule, so übt das Magnetfeld eine nach oben gerichtete Kraft auf den Anker aus. Der Anker wird gegen die Federkraft angehoben (Bild 4.2b). Der untere Dichtsitz öffnet, und der Durchfluss vom Druckanschluss 1 zum Verbraucheranschluss 2 wird freigegeben. Der obere Dichtsitz schließt und sperrt die Verbindung zwischen Anschluss 1 und Anschluss 3 ab.
- Ist die Magnetspule stromlos, bewegt sich der Anker durch die Federkraft zurück in seine Ruhestellung (Bild 4.2a). Die Verbindung zwischen Anschluss 2 und Anschluss 3 wird geöffnet, die Verbindung zwischen Anschluss 1 und Anschluss 2 wird abgesperrt. Die Druckluft entweicht durch das Ankerrohr und den Anschluss 3.

Mit der Handhilfsbetätigung A lässt sich die Verbindung zwischen Anschluss 1 und Anschluss 2 freigeben, auch wenn kein Strom durch die Spule des Elektromagneten fließt. Die Schraube wird verdreht, und der Exzenter betätigt den Anker. Durch Zurückdrehen der Schraube schaltet das Ventil wieder in die Ruhestellung.

Handhilfsbetätigung

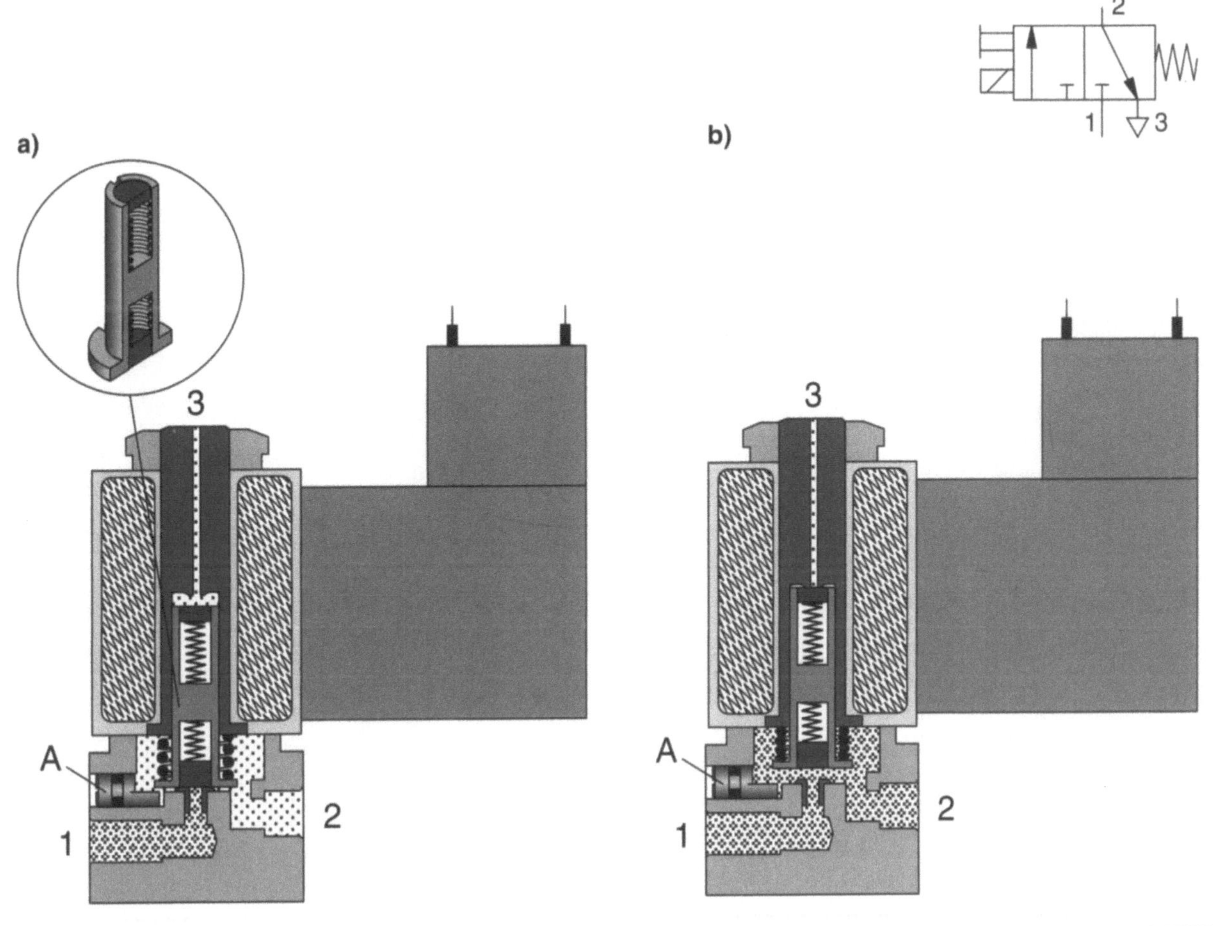

Bild 4.2:
3/2-Wege-Magnetventil mit Handhilfsbetätigung (Ruhestellung geschlossen)

In Bild 4.3 ist ein in Ruhestellung geöffnetes, elektrisch betätigtes 3/2-Wegeventil dargestellt. Bild 4.3a zeigt das Ventil in Ruhestellung, Bild 4.3b in der betätigten Stellung. Verglichen mit dem in Ruhestellung geschlossenen Ventil (Bild 4.2) sind Druck- und Abluftanschluss vertauscht.

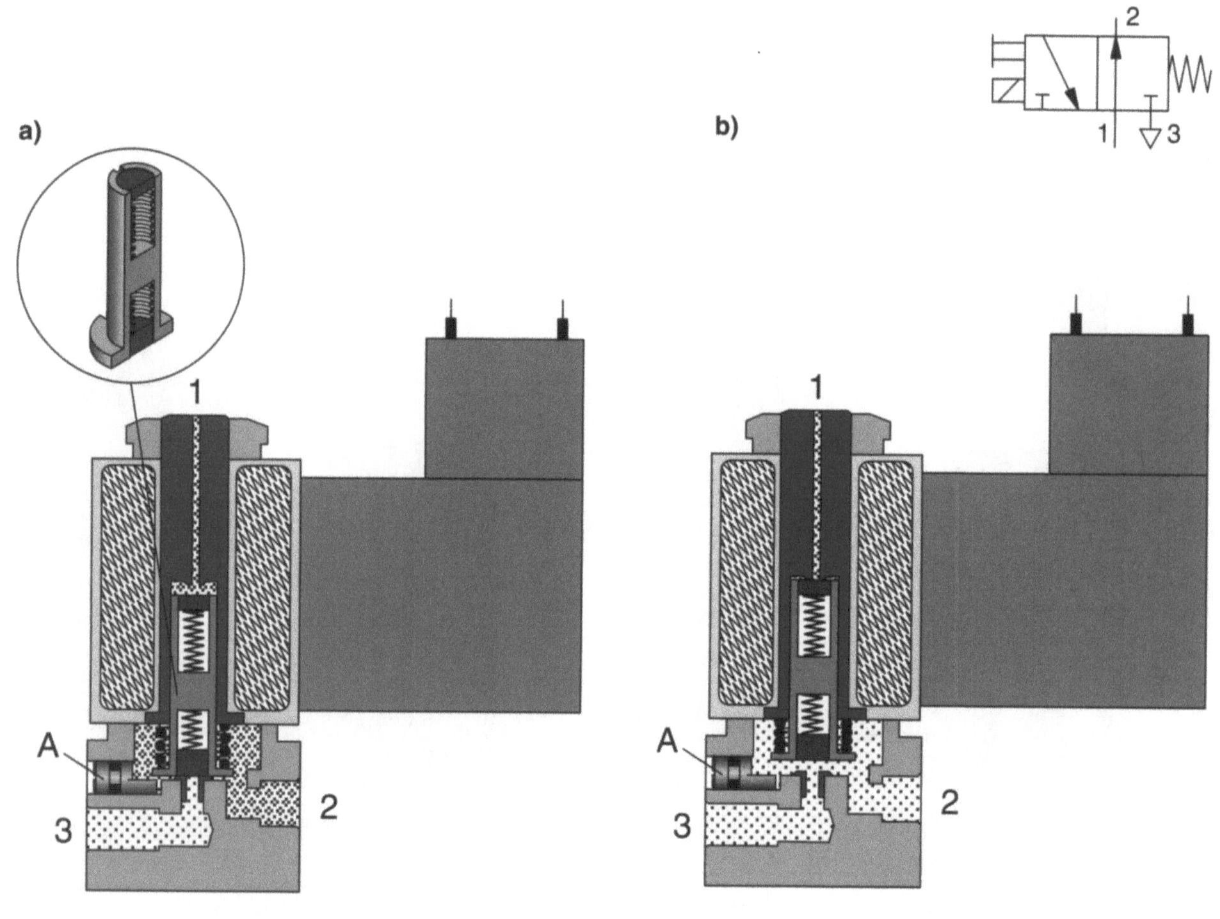

Bild 4.3:
3/2-Wege-Magnetventil mit Handhilfsbetätigung (Ruhestellung geöffnet)

Bei vorgesteuerten Wegeventilen wird der Ventilkolben indirekt betätigt.

- Der Anker des Elektromagneten öffnet bzw. schließt einen Luftkanal von Anschluss 1.
- Hat der Anker geöffnet, wird durch die Druckluft von Anschluss 1 der Ventilkolben betätigt.

Vorsteuerung eines Wegeventils

Bild 4.4 verdeutlicht die Funktionsweise der Vorsteuerstufe.

- Ist die Spule stromlos, wird der Anker durch die Feder auf seinen unteren Dichtsitz gepresst. Die Kammer auf der Oberseite des Kolbens wird entlüftet (Bild 4.4a).
- Wird die Spule von Strom durchflossen, so zieht die Kraft des Elektromagneten den Anker nach oben. Die Kammer auf der Oberseite des Kolbens wird belüftet (Bild 4.4b).

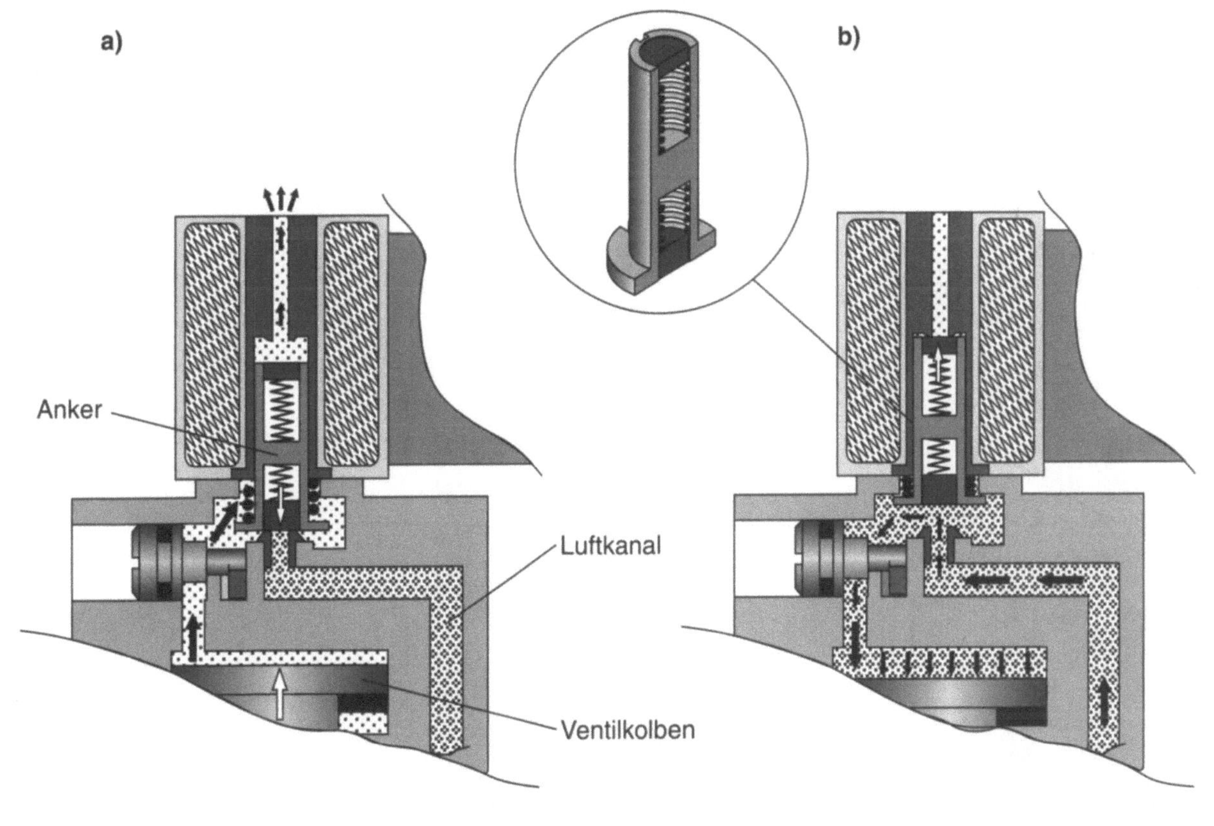

Bild 4.4 Vorsteuerung eines Wegeventils

Vorgesteuertes 3/2-Wegeventil

Bild 4.5 zeigt zwei Schnittdarstellungen eines elektrisch betätigten, vorgesteuerten 3/2-Wegeventils.

- In der Ruhestellung wirkt nur der atmosphärische Druck auf die obere Kolbenfläche, so dass die Federkraft den Kolben nach oben drückt (Bild 4.5a). Die Anschlüsse 2 und 3 sind miteinander verbunden.

- Fließt Strom durch die Magnetspule, wird die Kammer oberhalb des Ventilkolbens mit dem Druckanschluss 1 verbunden (Bild 4.5b). Die Kraft auf die Oberseite des Ventilkolbens steigt, und der Ventilkolben wird nach unten gedrückt. Die Verbindung zwischen Anschluss 2 und 3 wird abgesperrt, die Verbindung zwischen den Anschlüssen 1 und 2 wird geöffnet. Diese Schaltstellung bleibt so lange erhalten, wie Strom durch die Magnetspule fließt.

- Wird die Magnetspule stromlos, schaltet das Ventil in die Ruhestellung zurück.

Um den Kolben eines vorgesteuerten Ventils gegen die Federkraft zu betätigen, ist ein Mindestversorgungsdruck (Steuerdruck) erforderlich. Er wird in den technischen Ventilunterlagen angegeben und liegt, je nach Ventiltyp, bei ca. 2 bis 3 bar.

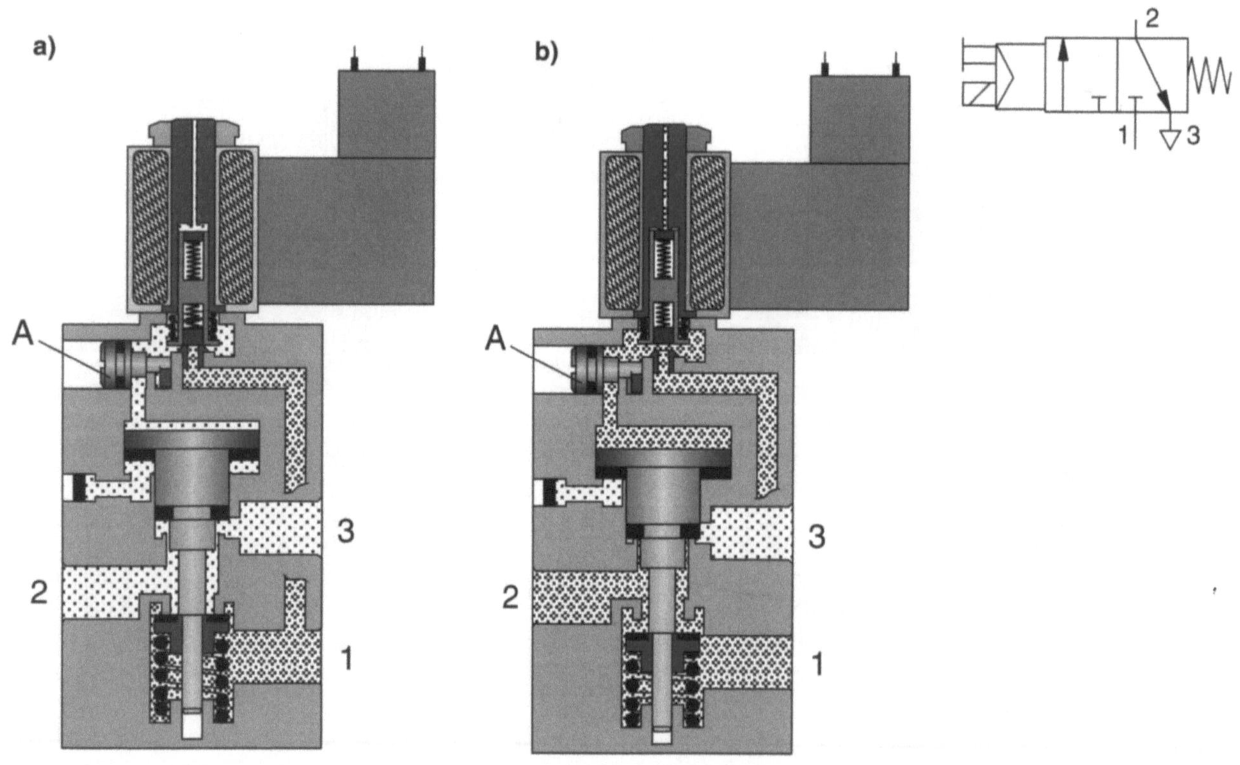

Bild 4.5:
Vorgesteuertes 3/2-Wege-Magnetventil (Ruhestellung geschlossen, mit Handhilfsbetätigung)

Je größer die Strömungsquerschnitte in einem Wegeventil sind, umso höher ist der Luftdurchfluss.

Bei einem direktgesteuerten Ventil wird der Durchfluss zum Verbraucher vom Anker freigegeben (Bild 4.2). Um einen hinreichenden Öffnungsquerschnitt und damit einen ausreichenden Durchfluss zu erreichen, wird ein vergleichsweise großer Anker benötigt. Dementsprechend ist eine starke Rückstellfeder erforderlich, und der Elektromagnet muss eine große Kraft aufbringen. Er weist deshalb ein großes Bauvolumen und eine hohe elektrische Leistungsaufnahme auf.

Bei einem vorgesteuerten Ventil wird der Durchfluss zum Verbraucher von der Hauptstufe geschaltet (Bild 4.5). Über den Luftkanal wird der Ventilkolben bewegt. Dazu reicht ein geringer Durchfluss aus, so dass ein vergleichsweise kleiner Anker mit geringer Betätigungskraft eingesetzt werden kann. Im Vergleich zu einem direktgesteuerten Ventil kann der Elektromagnet kleiner ausgelegt werden. Die elektrische Leistungsaufnahme und die Wärmeabgabe sind geringer.

Die Vorteile bezüglich elektrischer Leistungsaufnahme, Baugröße des Elektromagneten und Wärmeabgabe haben dazu geführt, dass in elektropneumatischen Steuerungen fast ausschließlich vorgesteuerte Wegeventile eingesetzt werden.

Vergleich vorgesteuerter und direktgesteuerter Ventile

Vorgesteuertes
5/2-Wegeventil

Bild 4.6 zeigt die beiden Schaltstellungen eines elektrisch betätigten, vorgesteuerten 5/2-Wegeventils.

- In der Ruhestellung befindet sich der Kolben am linken Anschlag (Bild 4.6a). Die Anschlüsse 1 und 2 sowie die Anschlüsse 4 und 5 sind verbunden.

- Wird die Magnetspule mit Strom beaufschlagt, bewegt sich der Ventilkolben bis zum rechten Anschlag (Bild 4.6b). In dieser Stellung sind die Anschlüsse 1 und 4 sowie 2 und 3 verbunden.

- Wird die Magnetspule stromlos, schaltet der Ventilkolben durch die Federkraft zurück in die Ruhestellung.

- Durch den Anschluss 84 wird die Steuerluft abgeführt.

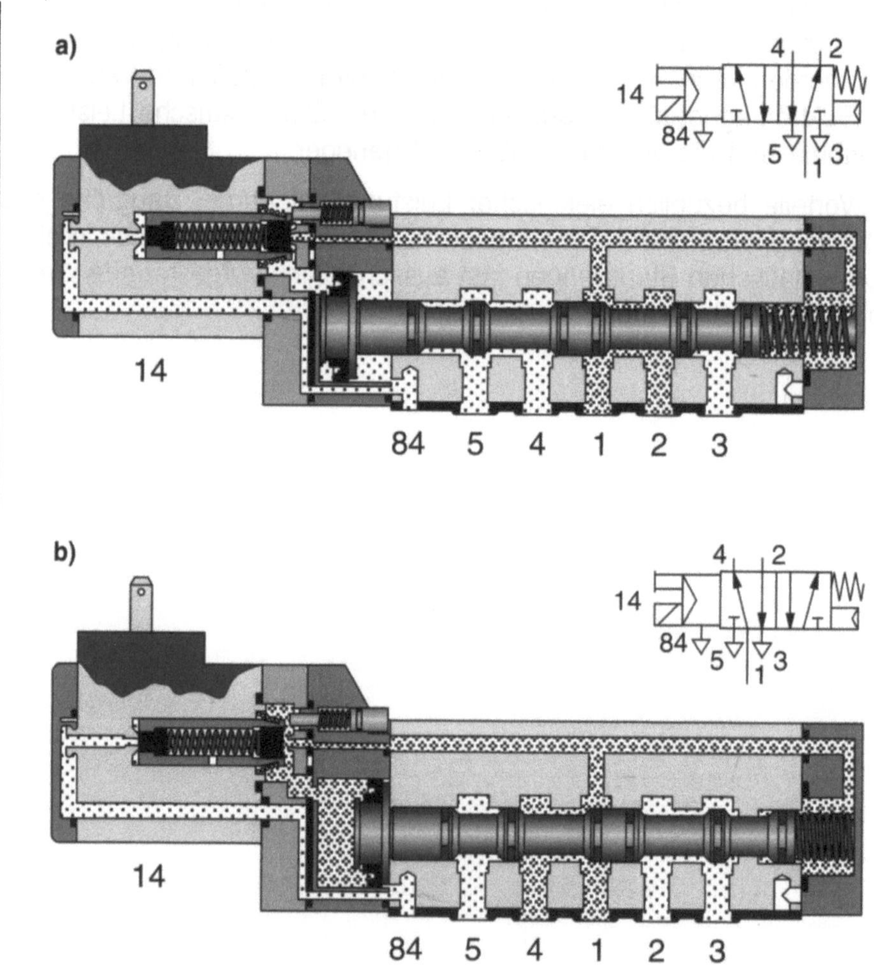

Bild 4.6:
Vorgesteuertes
5/2-Wege-Magnetventil

Bild 4.7 zeigt zwei Schnittdarstellungen eines vorgesteuerten 5/2-Wege-Magnetimpulsventils.

- Befindet sich der Kolben am linken Anschlag, so sind die Anschlüsse 1 und 2 sowie 4 und 5 verbunden (Bild 4.7a).

- Wird die linke Magnetspule mit Strom beaufschlagt, bewegt sich der Kolben zum rechten Anschlag, und die Anschlüsse 1 und 4 sowie 2 und 3 werden verbunden (Bild 4.7b).

- Soll das Ventil in die Ausgangsstellung zurückschalten, genügt es nicht, den Strom zur linken Magnetspule zu unterbrechen. Vielmehr muss zusätzlich die rechte Magnetspule mit Strom beaufschlagt werden.

Wird keiner der beiden Elektromagneten betätigt, so verharrt der Kolben durch die Reibung in seiner zuletzt eingenommenen Stellung. Dies gilt auch, wenn beide Elektromagneten zeitgleich mit Strom beaufschlagt werden, da sie dann mit gleicher Kraft gegeneinander wirken.

Vorgesteuertes 5/2-Wege-Magnetimpulsventil

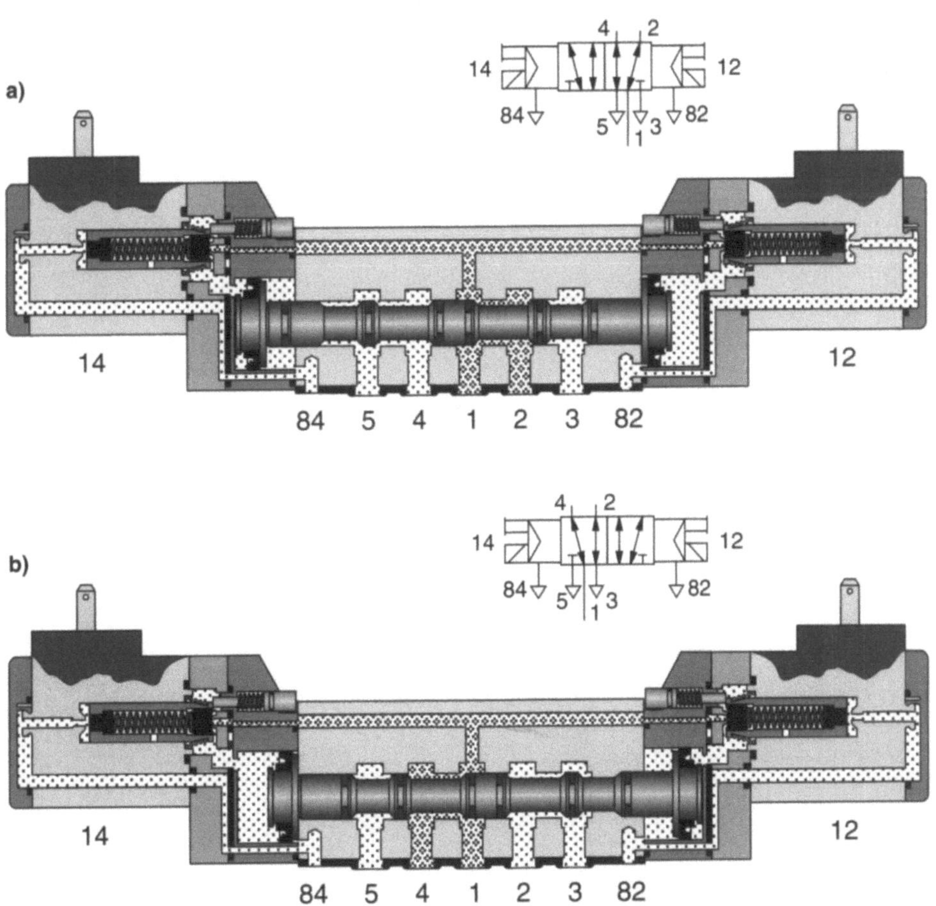

Bild 4.7:
Vorgesteuertes 5/2-Wege-Magnetimpulsventil

Vorgesteuertes 5/3-Wegeventil mit entlüfteter Ruhestellung

In Bild 4.8 sind die drei Schaltstellungen eines elektrisch betätigten, vorgesteuerten 5/3-Wegeventils dargestellt.

- In der Ruhestellung sind die Magnetspulen stromlos, und der Kolben wird durch die beiden Federn in seiner Mittelstellung zentriert (Bild 4.8a). Die Anschlüsse 2 und 3 sowie 4 und 5 sind verbunden. Anschluss 1 ist gesperrt.

- Wird die linke Magnetspule mit Strom beaufschlagt, bewegt sich der Kolben bis zu seinem rechten Anschlag (Bild 4.8b). Die Anschlüsse 1 und 4 bzw. 2 und 3 werden miteinander verbunden.

- Fließt Strom durch die rechte Magnetspule, so bewegt sich der Kolben bis zum linken Anschlag (Bild 4.8c). In dieser Stellung werden die Anschlüsse 1 und 2 sowie 4 und 5 verbunden.

- Jede der beiden betätigten Schaltstellungen wird so lange gehalten, wie die zugehörige Magnetspule von Strom durchflossen ist. Wird der Stromfluss unterbrochen, schaltet der Kolben in die Mittelstellung.

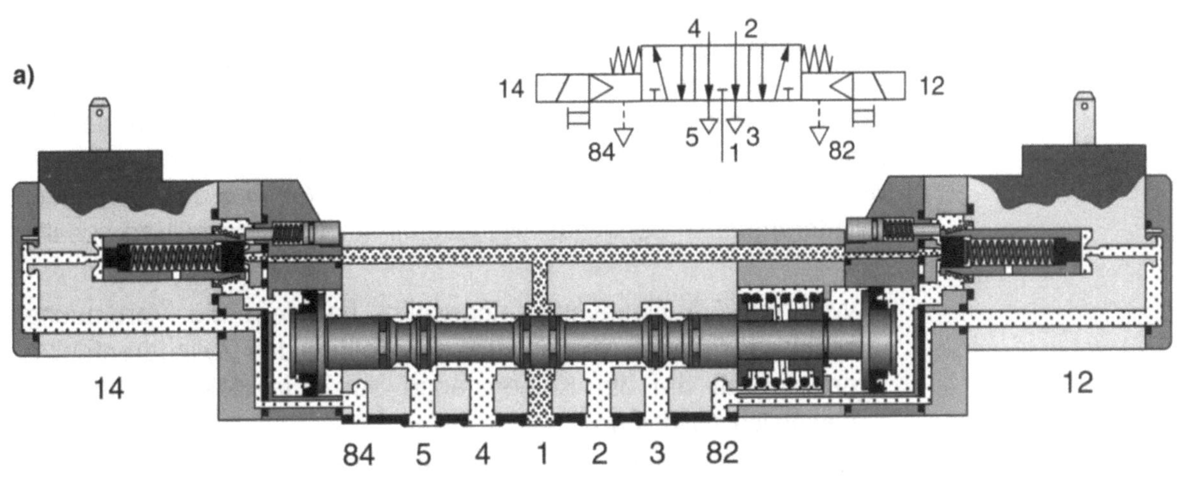

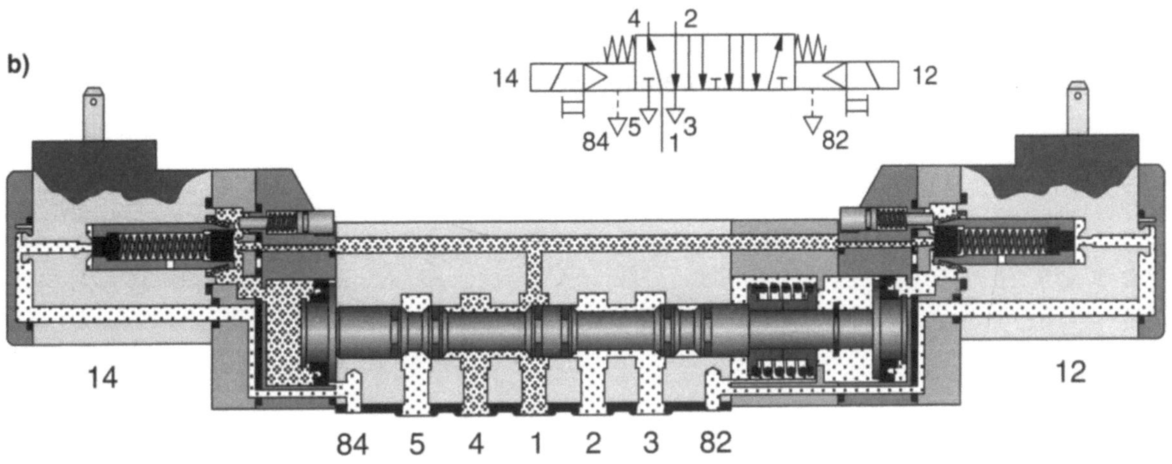

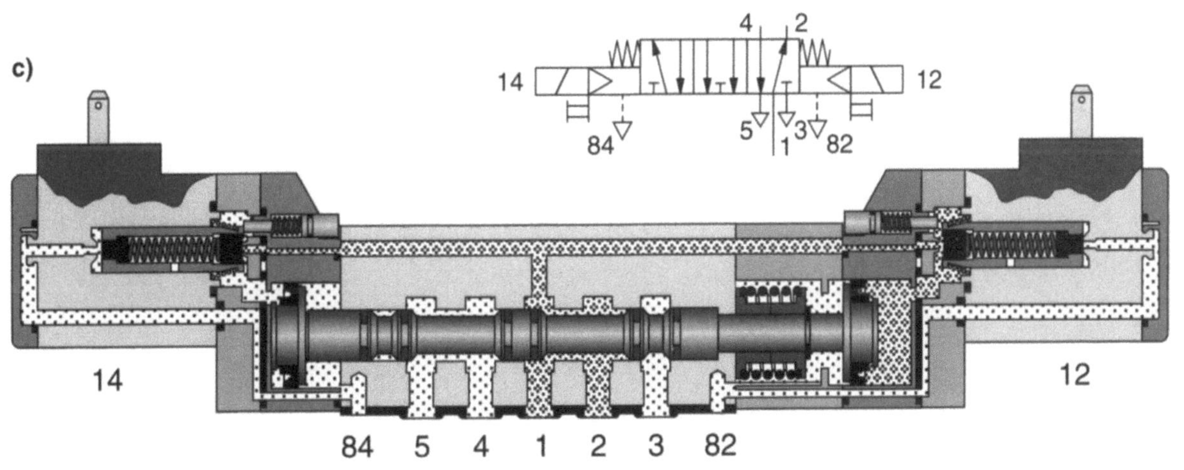

Bild 4.8:
Vorgesteuertes 5/3-Wege-Magnetventil (Ruhestellung entlüftet)

Einfluss der Mittelstellung

Wegeventile mit zwei Schaltstellungen (z. B. 3/2- oder 5/2-Wegeventile) ermöglichen das Aus- bzw. Einfahren eines Zylinders. Wegeventile mit drei Schaltstellungen (z. B. 5/3-Wegeventile) bieten durch die zusätzliche Mittelstellung erweiterte Möglichkeiten bei der Zylinderbetätigung. Dies soll am Beispiel von drei 5/3-Wegeventilen mit unterschiedlichen Mittelstellungen verdeutlicht werden. Betrachtet wird das Verhalten des Zylinderantriebs, wenn das Wegeventil in die Mittelstellung schaltet.

- Wird ein 5/3-Wegeventil eingesetzt, bei dem die Verbraucheranschlüsse entlüftet werden, übt der Kolben des Zylinderantriebs keinerlei Kraft auf die Kolbenstange aus. Die Kolbenstange ist frei beweglich (Bild 4.9a).

- Bei einem 5/3-Wegeventil, das alle Anschlüsse absperrt, bleibt die Kolbenstange stehen. Dies gilt auch, wenn sich die Kolbenstange nicht am Anschlag befindet (Bild 4.9b).

- Bei Verwendung eines 5/3-Wegeventils, bei dem die Verbraucheranschlüsse belüftet werden, fährt die Kolbenstange mit verminderter Kraft aus (Bild 4.9c).

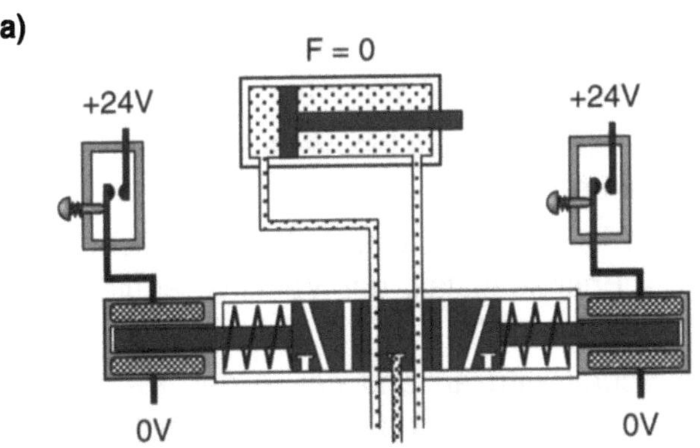

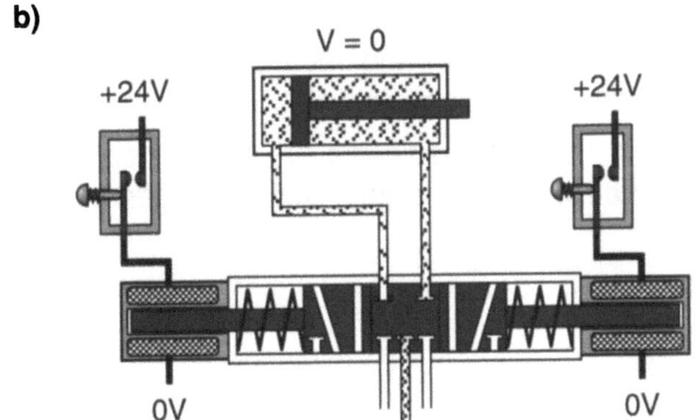

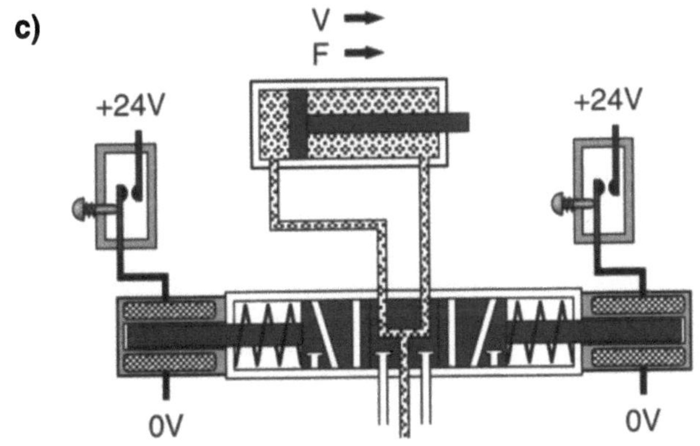

Bild 4.9:
Einfluss der
Mittelstellung bei
5/3-Wege-Magnetventilen

4.3 Bauarten und pneumatische Leistungsdaten

Elektrisch betätigte Wegeventile werden in zahlreichen Varianten und Baugrößen hergestellt, um den unterschiedlichen Anforderungen der industriellen Praxis gerecht zu werden.

Bei der Auswahl eines geeigneten Ventils ist eine schrittweise Vorgehensweise zweckmäßig.

- Zunächst wird, ausgehend von Aufgabenstellung und gefordertem Verhalten bei Energieausfall, der Ventiltyp ermittelt (z. B. federrückgestelltes 5/2-Wegeventil).

- Im zweiten Schritt wird anhand der in den Herstellerkatalogen aufgelisteten Leistungsdaten das Ventil bestimmt, das die durch die Aufgabenstellung vorgegebenen Anforderungen bei möglichst geringen Gesamtkosten erfüllt. Dabei sind nicht nur die Kosten des Ventils, sondern auch der Aufwand für Installation, Wartung, Ersatzteilhaltung usw. zu berücksichtigen.

In den Tabellen 4.1 und 4.2 sind die am häufigsten verwendeten Ventiltypen, ihre Schaltzeichen und ihre Anwendungen zusammengefasst.

Ventiltyp	Symbol	Anwendungen
vorgesteuertes, federrückgestelltes 2/2-Wegeventil	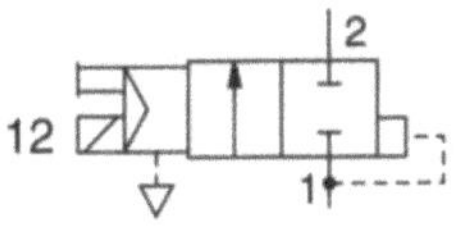	Absperrfunktion
vorgesteuertes, federrückgestelltes 3/2-Wegeventil (Ruhestellung geschlossen)	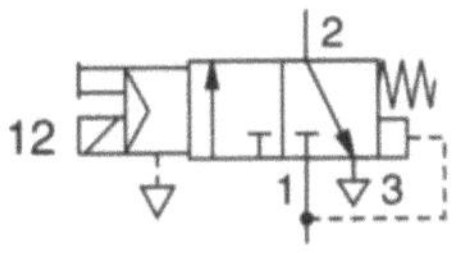	einfachwirkende Zylinder
vorgesteuertes, federrückgestelltes 3/2-Wegeventil (Ruhestellung geöffnet)	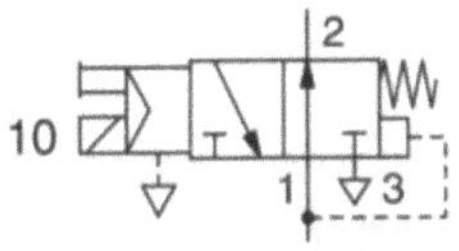	Zu- und Abschalten der Druckluft
vorgesteuertes, federrückgestelltes 4/2-Wegeventil	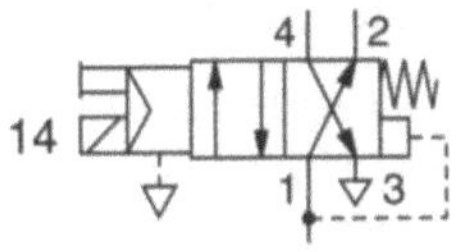	doppeltwirkender Linear- bzw. Schwenkzylinder
vorgesteuertes, federrückgestelltes 5/2-Wegeventil	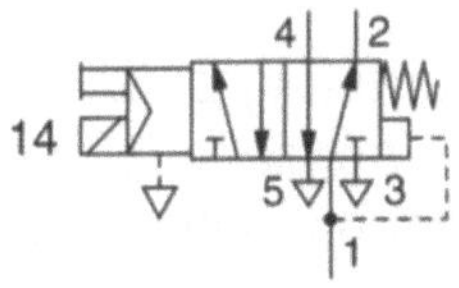	
vorgesteuertes, federrückgestelltes 5/3-Wegeventil (Ruhestellung geschlossen, entlüftet oder belüftet)	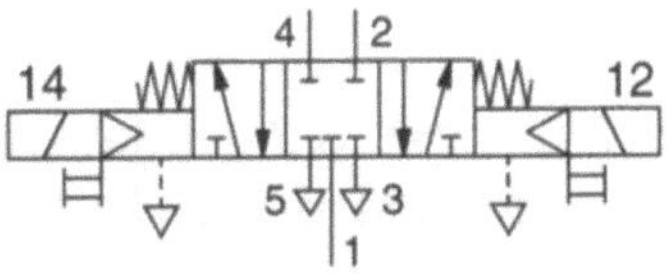 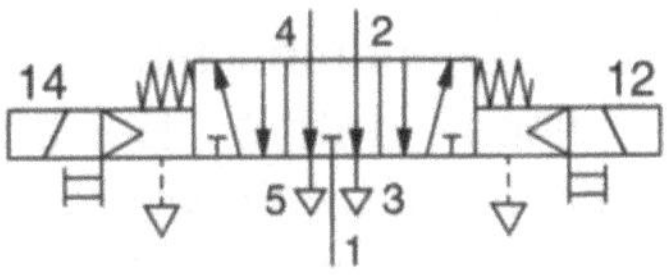 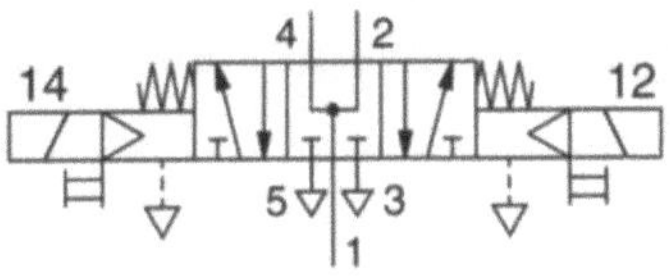	doppeltwirkender Linear- bzw. Schwenkzylinder mit Zwischenstopp/ mit besonderen Anforderungen an das Verhalten bei Energieausfall

Tabelle 4.1:
Anwendungen und Schaltzeichen für federrückgestellte elektrisch betätigte Wegeventile

Ventiltyp	Symbol	Anwendungen
vorgesteuertes 4/2-Wege-Magnet-impulsventil		doppeltwirkende Linear- und Schwenkzylinder
vorgesteuertes 5/2-Wege-Magnet-impulsventil		

Tabelle 4.2: Anwendungen und Schaltzeichen für Magnetimpulsventile

Ist kein Ventil mit allen gewünschten Eigenschaften erhältlich, so kann häufig ein Ventil mit abweichender Anschlussanzahl eingesetzt werden.

- 4/2-Wegeventile und 5/2-Wegeventile erfüllen die gleiche Funktion. Sie sind gegeneinander austauschbar.

- Um die Funktion eines 3/2-Wege-Magnetimpulsventils zu realisieren, wird bei einem 4/2- oder 5/2-Wege-Magnetimpulsventil ein Verbraucheranschluss durch einen Blindstopfen verschlossen.

Energieausfall und Kabelbruch

Eine elektropneumatische Steuerung sollte so konzipiert werden, dass bei Ausfall der elektrischen Energie oder bei Kabelbruch die Anlage und die Werkstücke nicht durch unkontrollierte Antriebsbewegungen beschädigt werden. Das Verhalten eines Pneumatikzylinders bei diesen Betriebsbedingungen lässt sich durch die Wahl des zugehörigen Wegeventils bestimmen:

- Ein federrückgestelltes 3/2- bzw. 5/2-Wegeventil schaltet in die Ruhestellung, und die Kolbenstange des Zylinders fährt in die Grundstellung.

- Ein federzentriertes 5/3-Wegeventil schaltet ebenfalls in die Ruhestellung. Werden die Verbraucheranschlüsse in der Ventilruhestellung entlüftet, ist der Zylinder kraftfrei. Bei belüfteten Anschlüssen fährt die Kolbenstange mit verringerter Kraft aus, und bei gesperrten Anschlüssen wird die Bewegung der Kolbenstange unterbrochen.

- Ein Impulsventil behält seine Schaltstellung bei. Die Kolbenstange beendet den angefangenen Bewegungsvorgang.

Elektrisch betätigte Wegeventile sind modular aufgebaut. Für ihre Funktion sind folgende Komponenten erforderlich:

- das Wegeventil,
- ein oder zwei Elektromagneten zur Betätigung,
- ein bzw. zwei Stecker für die Kabelverbindungen zum Signalsteuerteil.

Bild 4.10 verdeutlicht diesen Aufbau am Beispiel eines 3/2-Wegeventils.

Modularer Aufbau
eines elektrisch
betätigten Wegeventils

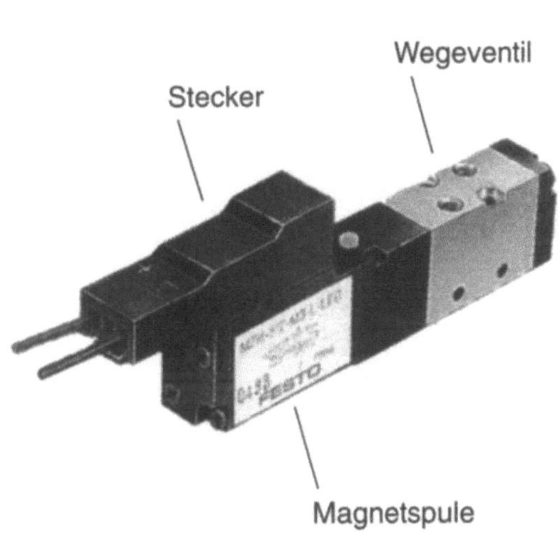

Bild 4.10:
Modularer Aufbau eines
elektrisch betätigten
Wegeventils (Festo)

Die Leistungsdaten eines Ventils werden von allen drei Komponenten gemeinsam bestimmt (Bild 4.11). Die mechanischen Komponenten eines Ventils beeinflussen ist erster Linie die pneumatischen, Magnetspule und Kabelanschluss in erster Linie die elektrischen Leistungsdaten.

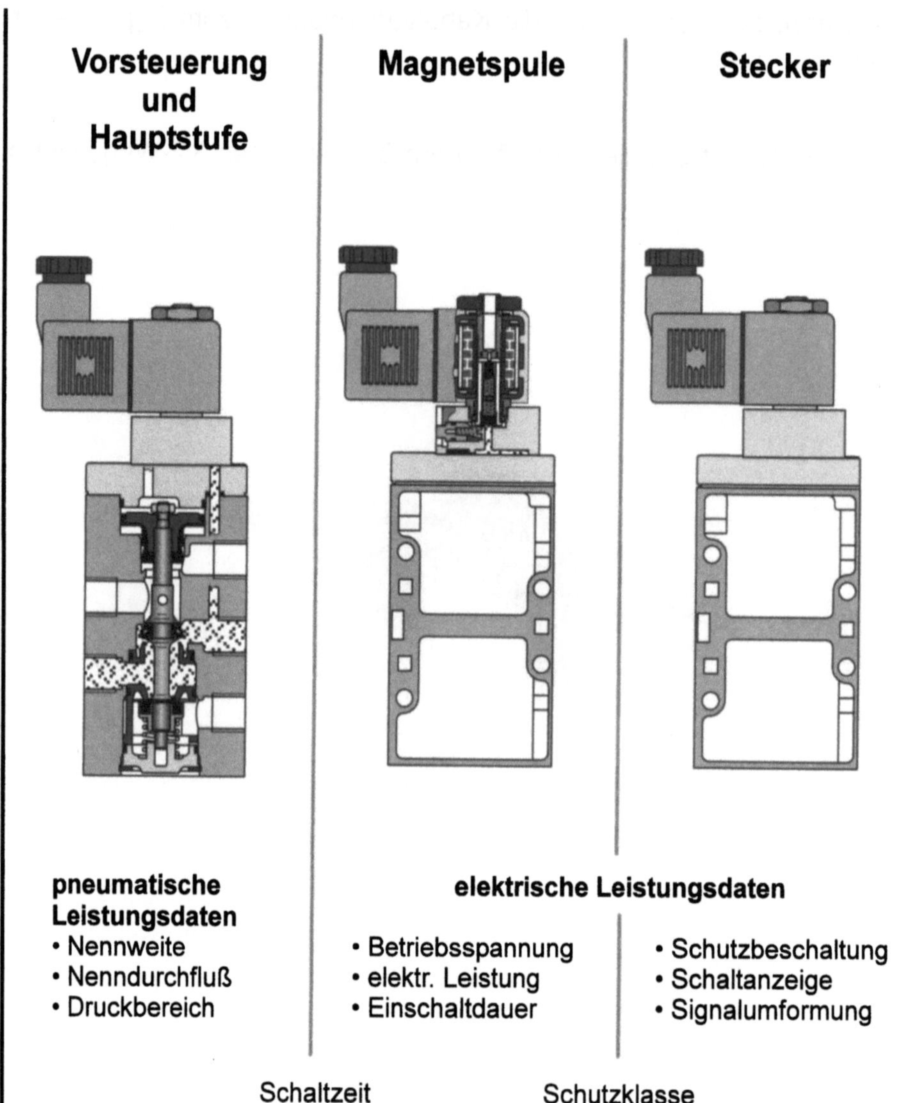

Bild 4.11:
Leistungsdaten eines
Wegeventils

Um den unterschiedlichen Einbausituationen gerecht zu werden, sind elektrisch betätigte Wegeventile mit zwei verschiedenen Anschlussanordnungen erhältlich.

- Bei einem Muffenventil sind sämtliche pneumatischen Anschlüsse mit Gewinde versehen, so dass die Schläuche und Schalldämpfer direkt am Ventil montiert werden können. Neben der Einzelmontage ist aber auch die gemeinsame Montage mehrerer Ventile auf einer Anschlussleiste möglich.

- Bei einem Grundplattenventil sind sämtliche Ventilanschlüsse nach einer Seite herausgeführt, und die Anschlussbohrungen im Ventilgehäuse weisen kein Gewinde auf. Grundplattenventile werden einzeln oder in Gruppen auf Anschlussplatten bzw. -blöcken montiert.

Anordnung der
Ventilanschlüsse

Anwendungsbeispiel

Bild 4.12 zeigt einen Ventilanschlussblock mit montierten Grundplattenventilen. Im Vordergrund ist ein Magnetimpulsventil angebracht. Dahinter befinden sich zwei federrückgestellte Wegeventile, die nur einen Elektromagneten zur Ventilbetätigung aufweisen. Der freie Ventilplatz im Vordergrund ist mit einer Abdeckplatte verschlossen. Die Anschlussbohrungen für die Verbraucher sind rechts unten im Vordergrund zu erkennen.

Zuluft- und Abluftanschlüsse befinden sich, im Bild nicht sichtbar, auf der nach rechts hinten gewandten Endplatte.

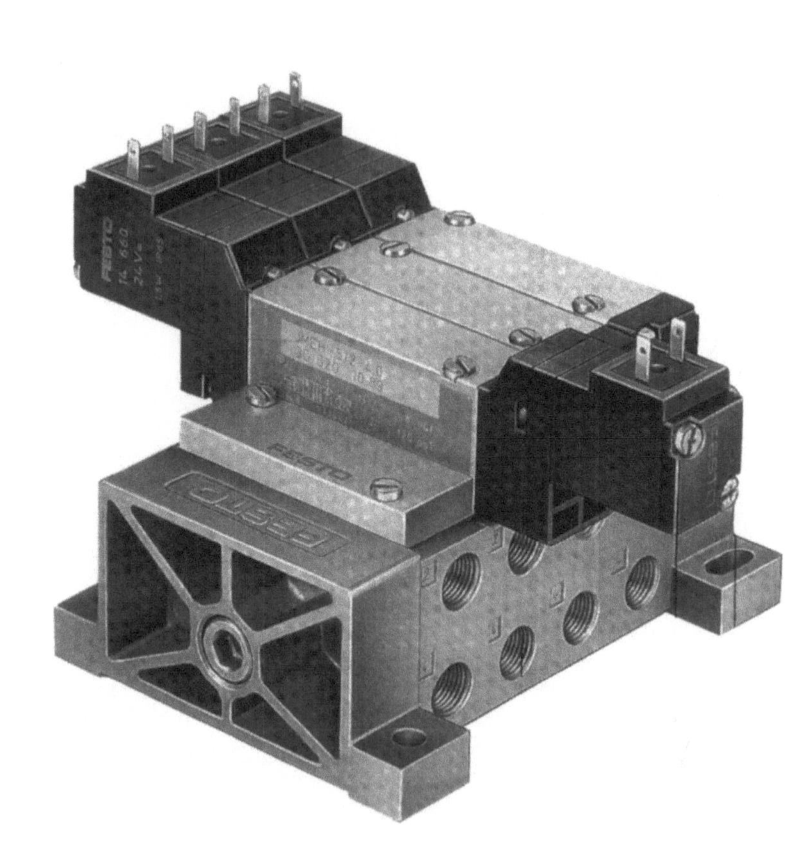

Bild 4.12:
Montage
elektrisch betätigter
Wegeventile
auf einem
Ventilanschlussblock
(Festo)

Bestimmte Grundplattenventile sind nach ISO genormt. Sie weisen standardisierte Maße auf, so dass auf einer ISO-Anschlussplatte die Ventile verschiedener Hersteller montiert werden können.

Häufig ist es vorteilhaft, herstellerspezifische, nicht genormte Ventile zu verwenden. Dies gilt besonders dann, wenn die herstellerspezifischen Ventile kompakter als vergleichbare ISO-Ventile sind und sich mit geringerem Aufwand installieren lassen.

ISO-Ventile

In Tabelle 4.3 sind die pneumatischen Leistungsdaten und Betriebsbedingungen von drei 5/2-Wegeventilen zusammengefasst.

Leistungsdaten von 5/2-Wegeventilen

Ventiltyp	vorgesteuertes federrückgestelltes 5/2-Wegeventil	vorgesteuertes federrückgestelltes 5/2-Wegeventil mit Steuerhilfsluft	vorgesteuertes federrückgestelltes 5/2-Wegeventil
Anschlussanordnung	Grundplattenventil	Grundplattenventil mit Steuerhilfsluft	Einzelventil
Schaltzeichen	*(Schaltzeichen 5/2-Wegeventil)*	*(Schaltzeichen 5/2-Wegeventil)*	*(Schaltzeichen 5/2-Wegeventil)*
Nennweite	4,0 mm	4,0 mm	14,0 mm
Nenndurchfluss	500 l/min	500 l/min	2000 l/min
Druckbereich	2,5 bis 8 bar	0,9 bis 8 bar (Steuerhilfsluft: 2,5 bis 8 bar)	2,5 bis 10 bar
Schaltzeiten Ein/Aus	20/30 ms	20/30 ms	30/55 ms

Tabelle 4.3:
Pneumatische Leistungsdaten von elektrisch betätigten Wegeventilen (Festo)

Nennweite und
Nenndurchfluss

Ob ein Wegeventil mit großem oder kleinem Durchfluss verwendet wird, richtet sich nach dem betätigten Zylinder.

Ein Zylinder mit großer Kolbenfläche bzw. hoher Bewegungsgeschwindigkeit erfordert den Einsatz eines Ventils mit hohem Durchfluss. Ein Zylinder mit kleiner Kolbenfläche bzw. kleiner Bewegungsgeschwindigkeit kann durch ein Ventil mit niedrigem Durchfluss betätigt werden. Nennweite und Nenndurchfluss sind Maße für das Durchflussverhalten des Ventils.

Zur Ermittlung der Ventilnennweite wird der engste durchströmte Ventilquerschnitt bestimmt. Die entsprechende Querschnittsfläche wird in eine kreisförmige Fläche umgerechnet. Der Durchmesser dieser Fläche entspricht der Ventilnennweite.

Eine große Nennweite hat einen hohen, eine kleine Nennweite einen geringen Durchfluss zur Folge.

Der Nenndurchfluss eines Ventils wird unter festgelegten Bedingungen gemessen. Vor dem Ventil herrscht bei der Messung ein Druck von 6 bar, hinter dem Ventil ein Druck von 5 bar.

Aufgrund ihres Durchflusses werden die in Tabelle 4.3 aufgeführten Ventile mit einer Nennweite von 4 mm meist für Zylinder mit einem Kolbendurchmesser bis 50 mm eingesetzt. Das Ventil mit der Nennweite von 14 mm eignet sich hingegen für Zylinder mit großem Kolbendurchmesser, bei denen die Kolbenstange große Aus- und Einfahrgeschwindigkeiten erreichen muss.

Druckbereich

Der Druckbereich gibt an, bei welchem Versorgungsdruck das Ventil betrieben werden kann. Die Obergrenze des Druckes wird durch die Festigkeit des Gehäuses bestimmt, die Untergrenze durch die Vorsteuerstufe (siehe Kapitel 4.2).

Betätigt das Ventil einen Antrieb, der nur bei geringem Druck arbeitet (z.B. einen Vakuumsauger), so reicht der Druck zur Betätigung der Vorsteuerstufe nicht aus. Es ist deshalb ein Ventil mit separater Steuerdruckversorgung erforderlich.

Die Schaltzeiten geben die Zeitspanne an, die zwischen dem Betätigen des Kontaktes und dem Umschalten des Ventils vergeht.

Bei federrückgestellten Ventilen ist die Schaltzeit für das Umschalten von der Ruhestellung in die betätigte Stellung meist kürzer als für den entgegengesetzten Schaltvorgang.

Eine große Schaltzeit verlangsamt das Verhalten einer elektropneumatischen Steuerung, da die Zylinder um die Schaltzeit verzögert be- bzw. entlüftet werden.

Schaltzeiten

Ein elektrisch betätigtes Wegeventil kann mit unterschiedlichen Magnetspulen bestückt werden. Zu jedem Wegeventiltyp bietet der Ventilhersteller meist eine bzw. mehrere Baureihen von Magnetspulen an, die bezüglich ihrer Anschlussmaße auf das Ventil abgestimmt sind. Die Magnetspulenauswahl wird anhand der elektrischen Leistungsdaten vorgenommen (Tabelle 4.4).

4.4 Leistungsdaten von Magnetspulen

Spulentyp		Gleichspannung	Wechselspannung
Spannungen	Normal	12, 24, 42, 48 V	24, 42, 110, 230V, 50 Hz
	Sonder	auf Anfrage	auf Anfrage
Spannungsschwankungen		max. +- 10 %	max. +- 10 %
Frequenzschwankungen		–	max. +- 5% bei Nennspannung
Leistungsaufnahme für Normalspannungen		4,1 W bei 12 V 4,5 W bei 24 V	Anzug: 7,5 VA Halten: 6 VA
Leistungsfaktor		–	0,7
Einschaltdauer ED		100 %	100 %
Schutzart		IP 65	IP 65
Kabelverschraubung		PG9	PG9
Umgebungstemperatur		5 bis + 40 °Celsius	5 bis + 40 °Celsius
Mediumstemperatur		10 bis + 60 °Celsius	10 bis + 60 °Celsius
mittlere Anzugszeit		10 ms	10 ms

Tabelle 4.4:
Leistungsdaten von
Gleichspannungs- und
Wechselspannungs-
magnetspulen
(Festo)

Angaben zur
Betriebsspannung

Die Spannungsangabe in Tabelle 4.4 bezieht sich auf die elektrische Spannung, mit der die Magnetspulen versorgt werden. Die Magnetspulen werden so ausgewählt, dass sie zum Signalsteuerteil der elektropneumatischen Steuerung passen. Arbeitet der Signalsteuerteil z. B. mit 24 V Gleichspannung, so ist der entsprechende Spulentyp zu wählen.

Damit die Magnetspule einwandfrei arbeitet, muss die Spannung, mit der sie vom Signalsteuerteil versorgt wird, innerhalb bestimmter Grenzen liegen. Für den Spulentyp mit 24 V ergeben sich folgende Grenzwerte:

minimale Spannung:
$U_{min} = 24\ V \bullet (100\% - 10\ \%) = 24\ V \bullet 0{,}9 = 21{,}6\ V$

maximale Spannung:
$U_{max} = 24\ V \bullet (100\% + 10\%) = 24\ V \bullet 1{,}1 = 26{,}4\ V$

Arbeitet der Signalsteuerteil mit Wechselspannung und werden deshalb Wechselspannungsmagnetspulen verwendet, muss die Frequenz der Wechselspannung in einem vorgegebenen Bereich liegen. Für die Wechselspannungsspulen in der Tabelle sind Frequenzen zulässig, die bis zu 5 % über bzw. unter 50 Hz liegen, d. h.: Der erlaubte Frequenzbereich liegt zwischen 47,5 und 52,5 Hz.

Elektrische
Leistungsangaben

Die Leistungsangaben (Leistungsaufnahme und Leistungsfaktor) müssen bei der Dimensionierung des Netzteils für den Signalsteuerteil berücksichtigt werden. Das Netzteil wird zweckmäßigerweise so ausgelegt, dass es auch dann nicht überlastet wird, wenn sämtliche Magnetspulen gleichzeitig betätigt werden.

Wird ein Elektromagnet betätigt, fließt ein Strom durch die Magnetspu-le. Diese erwärmt sich aufgrund ihres Ohmschen Widerstands. Die Einschaltdauer (ED) gibt an, wieviel Prozent der Betriebszeit die Magnetspule maximal betätigt sein darf. Eine Magnetspule mit 100 % ED darf während der gesamten Betriebsdauer von Strom durchflossen werden.

Ist die Einschaltdauer geringer als 100 %, so wird die Spule im Dau-erbetrieb zu heiß. Die Isolation schmilzt, und die Spule wird zerstört. Die Einschaltdauer ist auf eine Betriebszeit von 10 Minuten bezogen. Beträgt die zulässige Einschaltdauer einer Spule z. B. 60 %, so darf diese Spule während einer Betriebszeit von 10 Minuten höchstens 6 Minuten von Strom durchflossen werden.

Die Schutzklasse gibt an, wie gut eine Magnetspule gegen das Ein-dringen von Staub und Wasser geschützt ist. Die in Tabelle 4.4 aufge-führten Spulen weisen die Schutzklasse IP 65 auf, d. h: Sie sind gegen das Eindringen von Staub geschützt und dürfen in einer Umgebung betrieben werden, in der sie Schwallwasser ausgesetzt sind. Die ver-schiedenen Schutzarten werden in Kapitel 7 detailliert erläutert.

Die Angabe der Kabelverschraubung bezieht sich auf den elektrischen Anschluss der Magnetspulen (siehe Kapitel 4.5)

Eine zuverlässige Funktion der Magnetspule ist nur dann gewährleistet, wenn sich die Umgebungstemperatur und die Mediumstemperatur, d.h. die Temperatur der Druckluft, innerhalb der angegebenen Grenzen be-finden.

Wird eine Magnetspule betätigt, so baut sich das Magnetfeld der Spule und damit die Kraft des Elektromagneten verzögert auf. Die mittlere Anzugszeit gibt die Zeitspanne an zwischen dem Zeitpunkt, an dem die Spule von Strom durchflossen wird, und dem Zeitpunkt, an dem der Anker angezogen hat. Die mittlere Anzugszeit liegt typisch zwischen ca. 10 und 30 ms.

Je größer die Anzugszeit einer Magnetspule ist, umso größer ist die Schaltzeit des betätigten Wegeventils.

Einschaltdauer
(VDE 530)

Schutzklasse und
Kabelverschraubung

Temperaturangaben

Mittlere Anzugszeit

4.5 Elektrischer Anschluss von Magnetspulen

Die Magnetspule eines Wegeventils wird über eine zweiadrige Leitung mit dem Signalsteuerteil der elektropneumatischen Steuerung verbunden.

Zwischen der Leitung und dem Magneten befindet sich eine auftrennbare Steckverbindung. Sie wird nach dem Zusammenstecken verschraubt, damit die Steckerkontakte gegen das Eindringen von Staub und Wasser geschützt sind. Der Typ der Steckverbindung bzw. Kabelverschraubung wird in den technischen Unterlagen der Magnetspule angegeben (z. B. PG9 in Tabelle 4.4).

Schutzbeschaltung einer Magnetspule

Der elektrische Stromkreis wird durch einen Kontakt im Signalsteuerteil der Steuerung geschlossen und unterbrochen. Beim Öffnen des Kontaktes bricht der Strom durch die Magnetspule plötzlich zusammen. Durch die schnelle Änderung der Stromstärke, verbunden mit der Induktivität der Spule, wird kurzzeitig eine sehr hohe Spannung in der Spule induziert. Am öffnenden Kontakt kann ein Lichtbogen entstehen. Dies führt bereits nach kurzer Betriebszeit zur Zerstörung des Kontakts. Es ist deshalb eine Schutzbeschaltung erforderlich.

Bild 4.13 zeigt die Schutzbeschaltung für eine Gleichspannungsspule. Bei geschlossenem Kontakt fließt der Strom I_1 durch den Magneten, und die Diode ist stromlos (Bild 4.13a). Öffnet der Kontakt, so wird Stromfluss im Hauptkreis unterbrochen (Bild 4.13b). Der Stromkreis wird jetzt über die Diode geschlossen. So kann der Strom durch die Spule weiterfließen, bis die im Magnetfeld gespeicherte Energie abgebaut ist.

Durch die Schutzbeschaltung bricht der Strom I_M nicht mehr plötzlich zusammen, sondern er wird über eine gewisse Zeitspanne kontinuierlich abgebaut. Die induzierte Spannungsspitze wird erheblich verringert, so dass Kontakt und Magnetspule keinen Schaden nehmen.

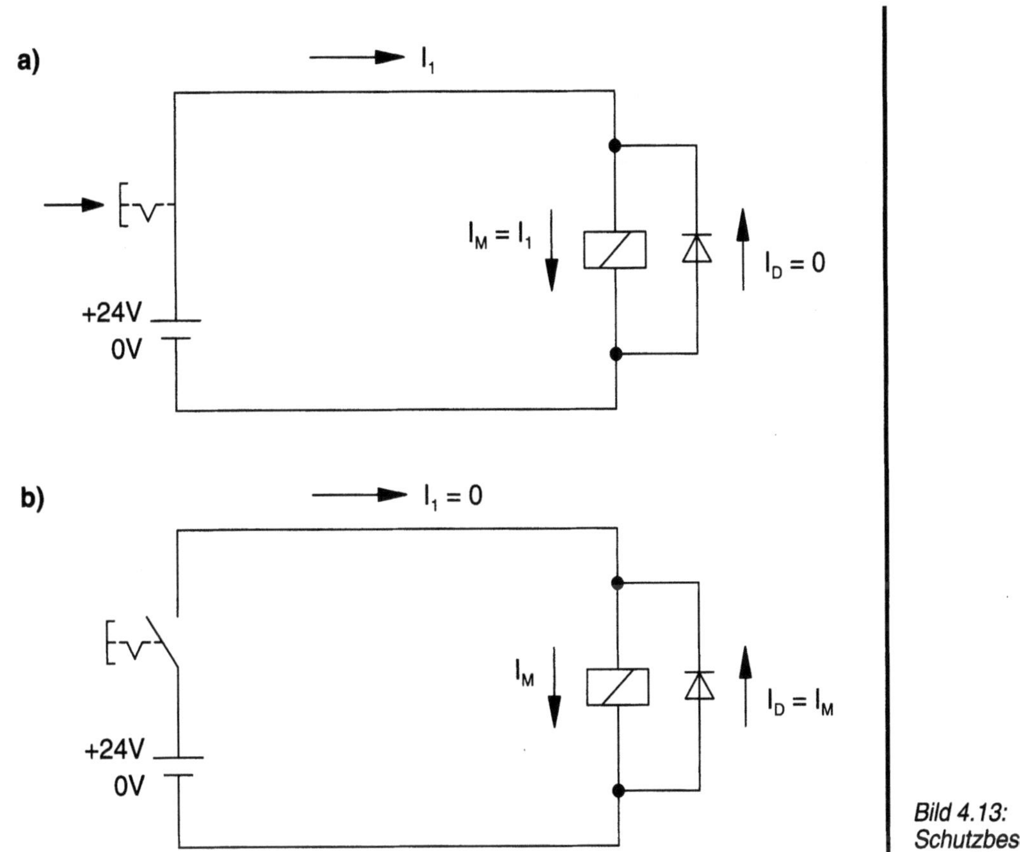

Bild 4.13:
Schutzbeschaltung
einer Magnetspule

Neben der zum Betrieb des Ventils erforderlichen Schutzbeschaltung können Zusatzfunktionen in den Kabelanschluss integriert werden, z.B.

Zusatzfunktionen

- eine Kontrollanzeige (leuchtet auf, wenn der Magnet betätigt ist),
- eine Schaltverzögerung (ermöglicht eine zeitversetzte Betätigung).

Zwischenstecker
und Kabeldose

Die Schutzbeschaltung und die Zusatzfunktionen werden entweder in die Kabeldose oder in zusätzliche Zwischenstecker integriert (Bild 4.14). Zwischenstecker und Kabeldosen müssen passend zur Spannung ausgewählt werden, mit der der Signalsteuerteil arbeitet (z. B. 24V Gleichspannung).

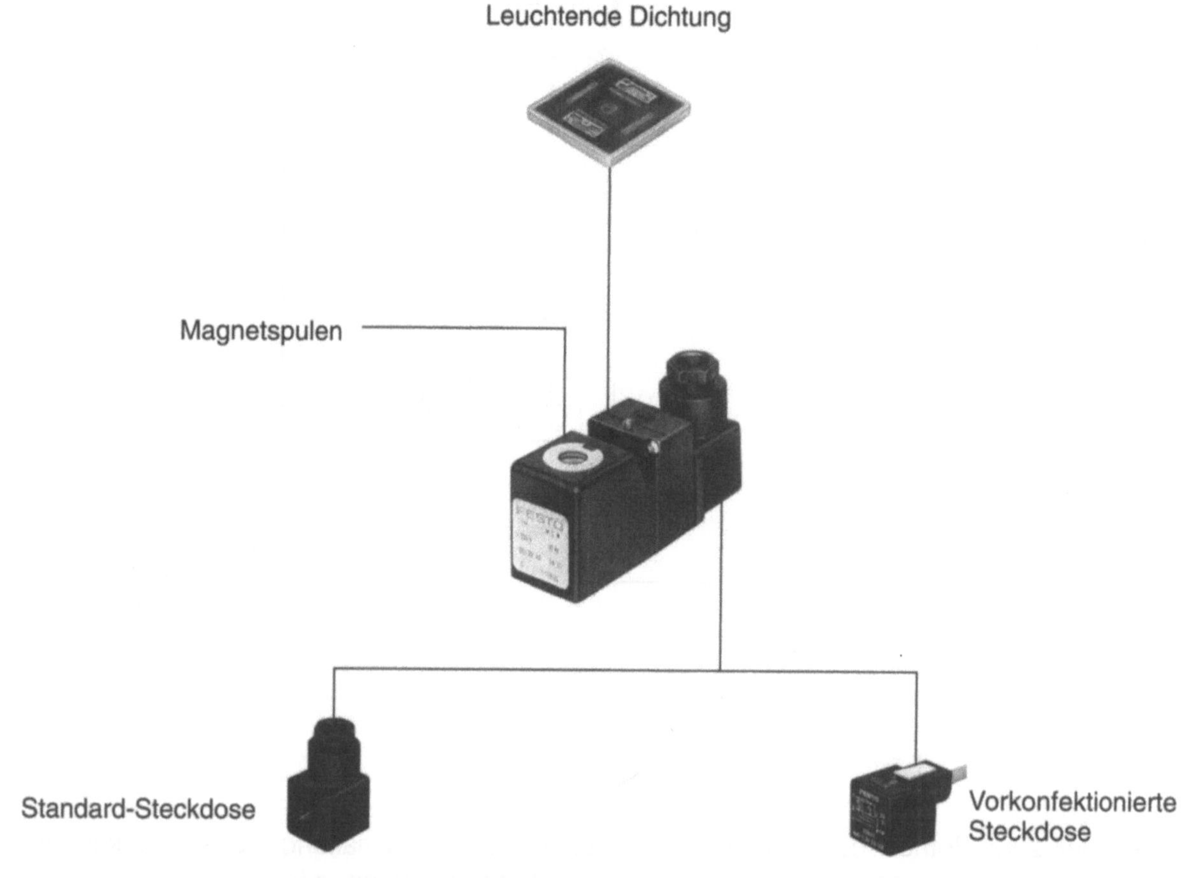

Bild 4.14: Magnetspule, Zwischenstecker und Steckdose

Schutzklasse

Damit weder Staub noch Feuchtigkeit in die Steckverbindung eindringen können, sind Stecker, Dose und Zwischstecker gedichtet. Weisen Zwischenstecker, Magnetspule und Ventil unterschiedliche Schutzklassen auf, so gilt für das Ventil mit montierter Spule und Kabelverschraubung die niedrigste der drei Schutzklassen.

Explosionsschutz

Sollen elektrisch betätigte Wegeventile in explosionsgefährdeter Umgebung eingesetzt werden, so sind spezielle, für diesen Betriebsfall zugelassene Magnetspulen mit angegossenem Kabel erforderlich.

Kapitel 5

Entwicklung einer elektropneumatischen Steuerung

5.1 Vorgehensweise bei der Steuerungs- entwicklung

Das Einsatzgebiet elektropneumatischer Steuerungen reicht vom teilautomatisierten Arbeitsplatz bis zur vollautomatischen Produktionsanlage mit zahlreichen Stationen. Entsprechend stark variieren Steuerungsaufbau und Steuerungsfunktionsumfang. Elektropneumatische Steuerungen werden deshalb zugeschnitten auf das Projekt entwickelt. Die Entwicklung einer Steuerung umfasst

- die Projektierung (Erstellung der erforderlichen Pläne und Unterlagen),

- die Auswahl und Auslegung der elektrischen und pneumatischen Geräte,

- die Realisierung (Aufbau und Inbetriebnahme).

Ein systematisches, schrittweises Vorgehen hilft, Fehler zu vermeiden. Es erleichtert außerdem das Einhalten von Kosten- und Terminplänen. Bild 5.1 gibt eine Übersicht über die einzelnen Schritte der Steuerungsentwicklung.

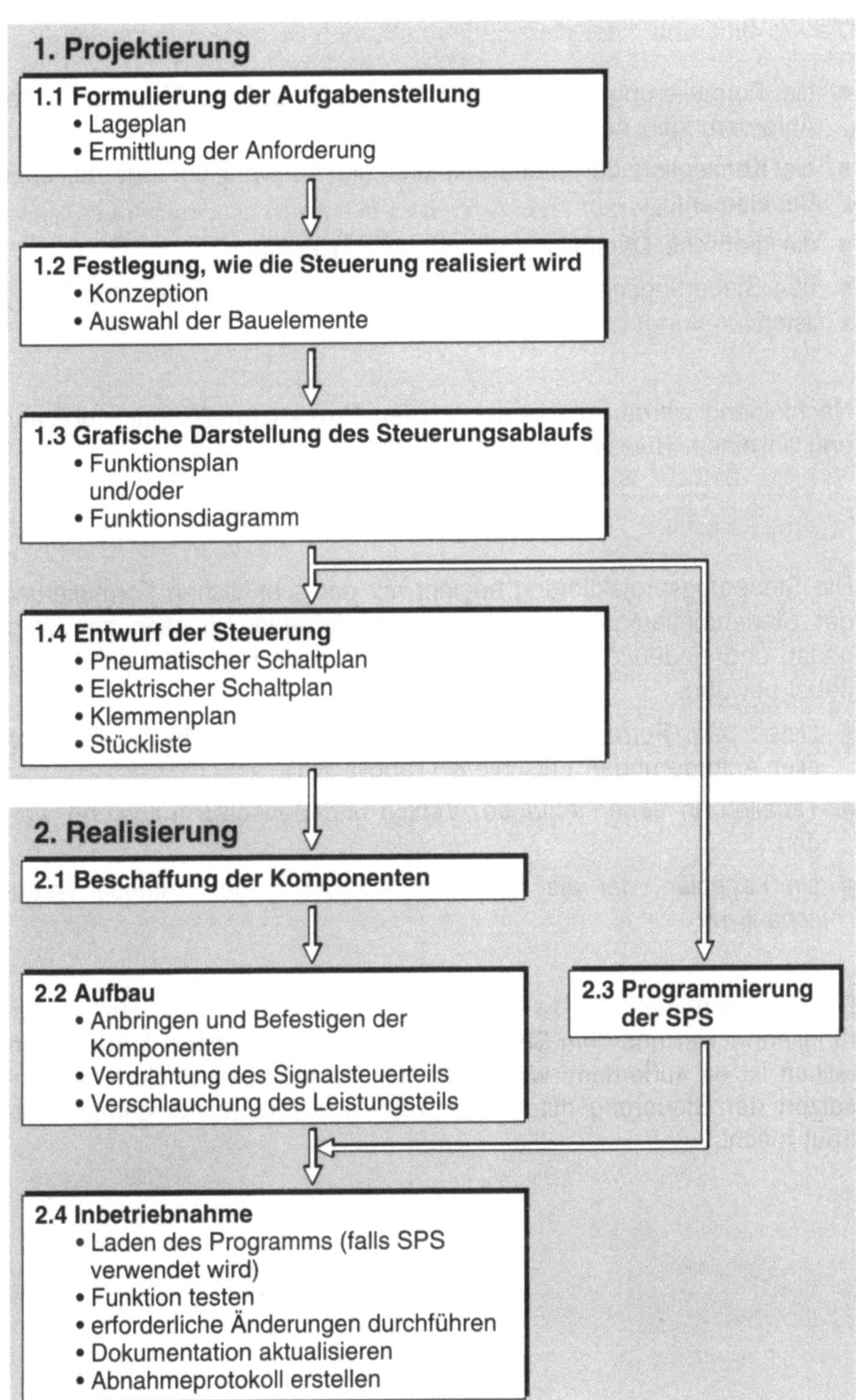

Bild 5.1:
Vorgehensweise bei der Entwicklung und Realisierung einer elektropneumatischen Steuerung

5.2 Vorgehensweise bei der Steuerungsprojektierung

Die Projektierung einer elektropneumatischen Steuerung beinhaltet (vgl. Bild 5.1):

- die Formulierung der Steuerungsaufgabe und die Festlegung der Anforderungen an die Steuerung,
- die Konzeption der Steuerung und die Auswahl der erforderlichen Bauelemente,
- die grafische Darstellung der Steuerungsaufgabe,
- den Steuerungsentwurf sowie die Erstellung von Plänen und Stücklisten.

Nachfolgend werden die verschiedenen Projektierungsschritte erläutert und an einem Beispiel veranschaulicht.

Formulierung von Aufgabenstellung und Anforderungen

Die Steuerungsprojektierung beginnt mit der schriftlichen Formulierung der Steuerungsaufgabe. Sämtliche Anforderungen müssen sorgfältig, genau und eindeutig definiert werden. Folgende Hilfsmittel haben sich dabei bewährt:

- Listen bzw. Formulare, die das schnelle und vollständige Erfassen aller Anforderungen erleichtern (Tabelle 5.1),
- Tabellen, in denen Antriebe, Ventile und Sensoren aufgeführt werden,
- ein Lageplan, der die räumliche Anordnung der Antriebe veranschaulicht.

Die Anforderungen an die Steuerung müssen zwischen dem Steuerungsentwickler und dem Steuerungsbetreiber abgestimmt werden. Vorteilhaft ist es außerdem, wenn sich der Steuerungsentwickler am Einsatzort der Steuerung mit Umgebungs- und Einbaubedingungen vertraut macht.

Bedienung	erforderliche Bedienelemente
	erforderliche Betriebarten
	Anzeigen und Warnleuchten
Antriebe	Antriebsanzahl
	für jeden Antrieb – Funktion – erforderliche Kraft – erforderlicher Hub – Welche Bewegungsgeschwindigkeiten müssen einstellbar sein? – Abbremsen der Bewegungen – räumliche Anordnung – Zusatzfunktionen (z. B. Linearführung) – Grundstellung
Bewegungs-ablauf	Reihenfolge der Antriebsbewegungen
	Schrittanzahl des Bewegungsablaufs
	Weiterschaltbedingungen
	erforderliche Wartezeiten
	erforderliche Taktzeiten
	Kommunikation mit anderen Steuerungen
Sensoren/Signale	erforderliche Näherungsschalter
	erforderliche Druckschalter, -sensoren
	weitere Sensoren
	weitere Ein- und Ausgangssignale
Rand-bedingungen	Einbauraum
	Verhalten bei Energieausfall
	Verhalten bei Not-Aus
	Verhalten bei anderen Fehlern
	Umgebungsbedingungen (Temperatur, Staub, Feuchtigkeit)
	erforderliche Schutzmaßnahmen
	weitere Anforderungen

Tabelle 5.1:
Liste zur Erfassung
der Anforderungen an
eine elektropneumatische
Steuerung

Konzeption einer
elektropneumatischen
Steuerung

Elektropneumatische Steuerungen können sehr unterschiedlich konzipiert werden, z. B.

- mit einer SPS oder mit Relais zur Signalverarbeitung,
- mit separat angeordneten Wegeventilen oder mit Wegeventilen, die auf einer Ventilinsel montiert sind,
- mit Standardzylindern oder mit Zylindern, die über Zusatzfunktionen verfügen (z. B. Linearführungen, Endlagendämpfung, Nuten zur Befestigung).

Die Konzeption der Steuerung beeinflusst entscheidend den weiteren Entwicklungsaufwand, d. h. den Aufwand für Steuerungsentwurf, -aufbau und -inbetriebnahme. Maßnahmen zur Aufwandsreduzierung sind z.B.

- ein modularer Steuerungsaufbau (Einsatz identischer Schaltungs- und Programmbausteine für unterschiedliche Steuerungen),
- die Verwendung moderner Bauelemente und Baugruppen (z. B. Bussysteme und Ventilinseln, vgl. Kap. 9).

Auswahl der
Bauelemente

Liegt das Gesamtkonzept der Steuerung fest, werden die erforderlichen Bauelemente ausgewählt, d. h.:

- die pneumatischen Antriebe,
- die pneumatischen Ventile,
- die Bedienelemente,
- die Näherungsschalter, die Druckschalter usw.,
- die SPS bzw. die zu verwendenden Relaistypen.

Bevor mit dem Entwurf der Schaltpläne begonnen wird, muss geklärt sein

- wie viele Ablaufschritte erforderlich sind,
- welche Antriebe in den einzelnen Schritten betätigt werden,
- durch welche Sensorsignale bzw. nach welcher Wartezeit der nächste Ablaufschritt erfolgt.

Die Klärung und Veranschaulichung des Ablaufs lässt sich am einfachsten mit grafischen Verfahren erreichen, z. B. mit einem Weg-Schritt-Diagramm, mit einem Weg-Zeit-Diagramm, mit einem Funktionsdiagramm oder mit einem Funktionsplan. Die verschiedenen Verfahren werden in den Kapiteln 6.1 und 6.2 erläutert.

Grafische Veranschaulichung der Steuerungsaufgabe

Im letzten Schritt der Projektierung werden sämtliche Unterlagen erstellt, die zum Aufbau der Steuerung erforderlich sind. Hierzu zählen

- die Stückliste,
- der pneumatische Schaltplan,
- der elektrische Schaltplan,
- der Klemmenplan.

Steuerungsentwurf, Pläne und Stückliste

Die normgerechte Darstellung von Schalt- und Klemmenplänen wird in den Kapiteln 6.3 bis 6.7 erläutert. Kapitel 8 behandelt den Entwurf von Schaltplänen bei Relaissteuerungen.

5.3 Anwendungsbeispiel: Projektierung einer Hubvorrichtung

Eine Hubvorrichtung befördert Werkstücke von einer Rollbahn auf eine zweite, höher angeordnete Rollbahn. Die zugehörige elektropneumatische Steuerung soll projektiert werden.

Bild 5.2 zeigt den Lageplan der Hubvorrichtung. Sie weist drei pneumatische Antriebe auf:

- Antrieb 1A hebt die Werkstücke an.
- Antrieb 2A schiebt die Werkstücke auf die obere Rollbahn.
- Antrieb 3A dient als Stopper, der die Zufuhr von Werkstücken freigibt bzw. unterbricht.

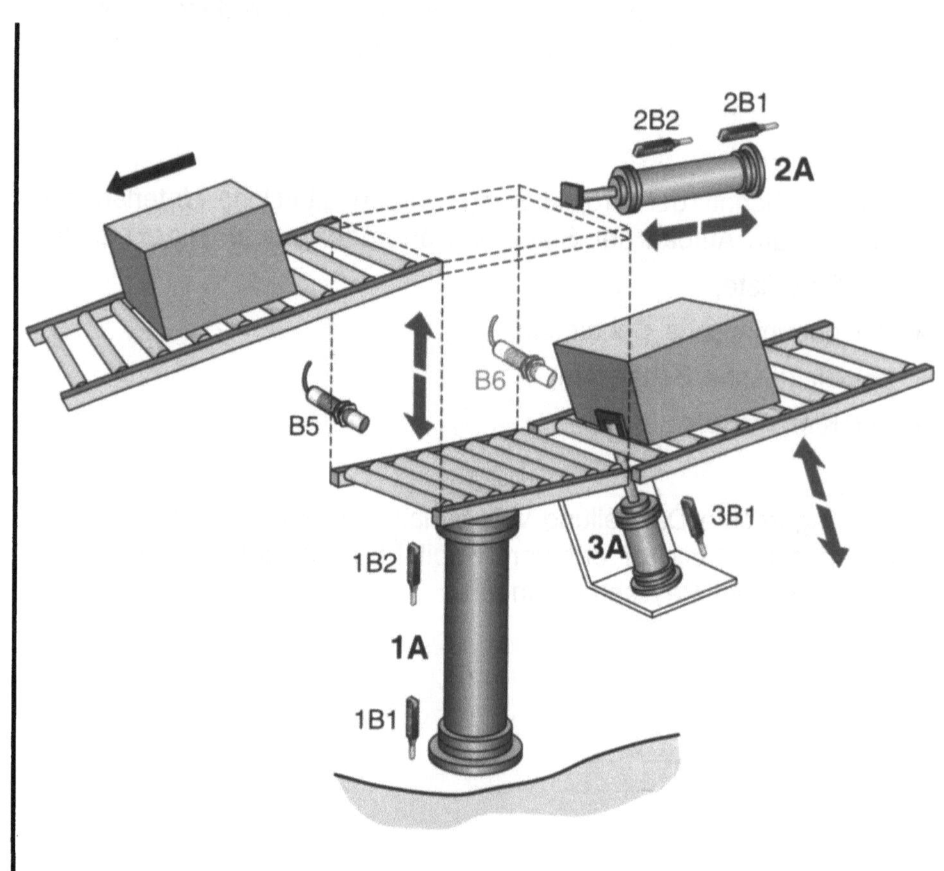

Bild 5.2:
Lageplan der
Hubvorrichtung

Hinweis   Das notwendige Vereinzeln der Pakete ist an einer vorhergehenden Einrichtung bereits erfolgt. Der optische Näherungsschalter B6 wird bei der weiteren Projektierung der Hubvorrichtung nicht berücksichtigt.

Zylinder 1A benötigt einen Hub von 500 mm und eine Kraft von mindestens 600 N, Zylinder 2A einen Hub von 250 mm und eine Kraft von mindestens 400 N. Zylinder 3A benötigt einen Hub von 20 mm und eine Kraft von 40N. Die Ein- und Ausfahrgeschwindigkeiten der Kolbenstangen sollen bei den Zylindern 1A und 2A einstellbar sein. Die Steuerung muss ein weiches Abbremsen der Antriebe 1A und 2A ermöglichen.

Antriebe der
Hubvorrichtung

Um Folgeschäden zu vermeiden, sollen bei Ausfall der elektrischen Energie die Kolbenstangen der Zylinder 1A und 2A sofort abbremsen und stehen bleiben. Die Kolbenstange des Stopperzylinders 3A soll ausfahren.

Der Bewegungsvorgang der Hubvorrichtung ist in Tabelle 5.2 dargestellt (vgl. Lageplan, Bild 5.2). Er umfasst vier Schritte.

Bewegungsvorgang
der Hubvorrichtung

Schritt	Bewegung Kolbenstange Zylinder 1A	Bewegung Kolbenstange Zylinder 2A	Bewegung Kolbenstange Zylinder 3A	Ende des Schritts, Weiterschaltbedingung	Bemerkung
1	keine	keine	Einfahren	B5 spricht an (Paket da)	Vorrichtung öffnen
2	Ausfahren	keine	Ausfahren	1B2 spricht an	Paket anheben
3	keine	Ausfahren	keine	2B2 spricht an	Paket ausschieben
4	Einfahren	Einfahren	keine	1B1, 2B1 sprechen an	Antriebe in Grundstellung bringen

Tabelle 5.2:
Bewegungsvorgang der Hubvorrichtung

Bedienung

Die Steuerung der Hubvorrichtung muss es ermöglichen, im Dauerzyklus (Dauerbetrieb) zu fahren. Zusätzlich erforderlich ist die Betriebsart Einzelzyklus, bei der der Ablauf genau einmal abgearbeitet wird.

Die Bedienung der Steuerung muss den einschlägigen Normen entsprechen (vgl. Kap. 7.4). Das Bedienfeld für die Hubvorrichtung ist in Bild 5.3 dargestellt.

Folgende Bedienfunktionen werden im Bezug auf die Hubvorrichtung genauer spezifiziert:

- "NOT-AUS": Bei Betätigung muss nicht nur die elektrische, sondern zusätzlich die pneumatische Energieversorgung abgeschaltet werden.

- "Richten": bringt die Anlage in die Grundstellung, d. h.: Die Kolbenstangen der Zylinder 1A und 2A fahren ein, die Kolbenstange von Zylinder 3A fährt aus.

- "Dauerzyklus Aus": stoppt den Ablauf im Dauerzyklus. Ein Werkstück, das sich bereits in der Vorrichtung befindet, wird auf die obere Rollbahn befördert. Die Kolbenstangen der Zylinder 1A und 2A fahren ein. Danach befindet sich die Anlage in der Grundstellung.

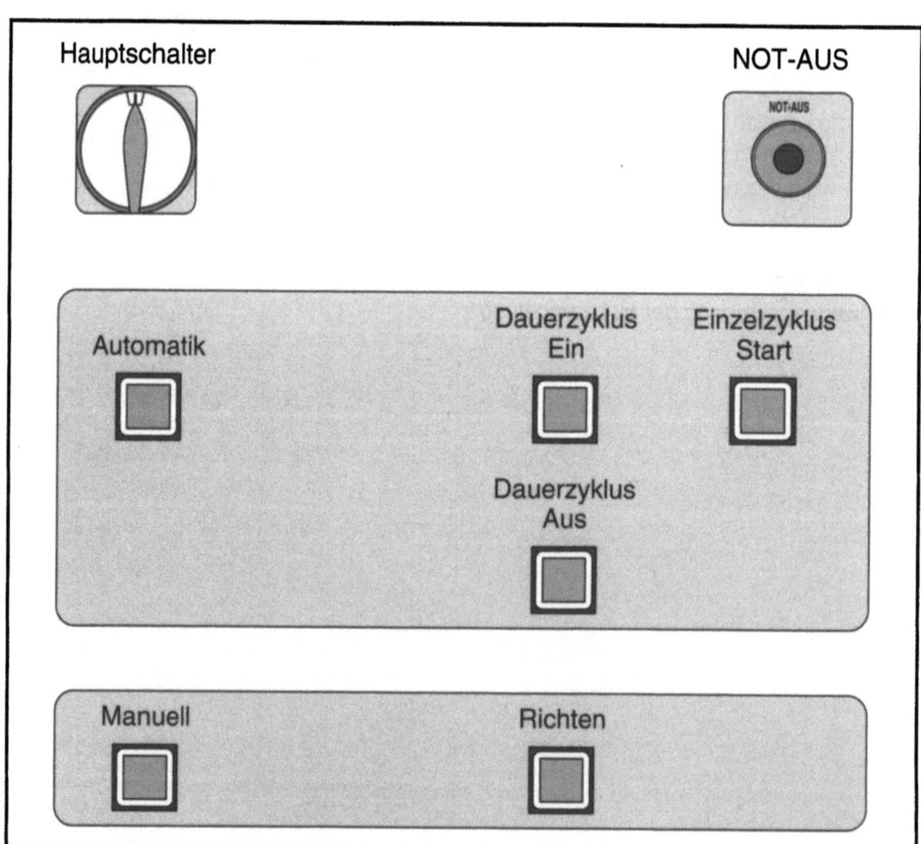

Bild 5.3:
Bedienfeld der Steuerung
für die Hubvorrichtung

Die Hubvorrichtung wird in einer Produktionshalle eingesetzt, deren Temperatur zwischen 15 und 35 Grad Celsius schwankt. Die pneumatischen Komponenten des Leistungsteils sowie die elektrischen Anschlüsse der Ventile sind spritzwassergeschützt und staubdicht auszuführen. Die elektrischen Komponenten des Signalsteuerteils werden in einen Schaltschrank eingebaut und müssen den einschlägigen Sicherheitsvorschriften genügen (vgl. Kap.7).

Umgebungs-bedingungen

Zur Energieversorgung stehen zur Verfügung:

- Druckluftnetz (p = 0,6 MPa = 6 bar),
- elektrisches Netz (U = 230 V Wechselspannung).

Energieversorgung

Der elektrische Signalsteuerteil sowie der Hauptstromkreis sollen mit 24 V Gleichspannung betrieben werden. Es ist deshalb ein Netzteil zur Spannungsversorgung vorzusehen.

Die Signalverarbeitung der Hubvorrichtung wird als Relaissteuerung realisiert. Aufgrund der geringen Anzahl von Antrieben werden die Ventile separat montiert.

Gesamtkonzeption der Steuerung

Da die Linearführungen des Hubtisches und der Ausschiebevorrichtung bereits Bestandteile der Station sind, werden Zylinder ohne integrierte Führungen eingesetzt. Für die Antriebe 1A und 2A finden doppeltwirkende Zylinder Verwendung. Antrieb 3A wird als einfachwirkender Stopperzylinder ausgeführt.

Auswahl der Zylinder

Die Zylinderauswahl erfolgt, ausgehend von den Anforderungen bezüglich Kraft und Hub, unter Verwendung der Kataloge von Pneumatikherstellern.

Aufgrund der erforderlichen Antriebskraft muss Zylinder 1A einen Kolbendurchmesser von mindestens 40 mm, Zylinder 2A einen Kolbendurchmesser von mindestens 32 mm aufweisen.

Um ein weiches Abbremsen sicherzustellen, werden für die Antriebe 1A und 2A Zylinder mit integrierter, einstellbarer Endlagendämpfung verwendet. Geeignet sind z. B. folgende Zylinder:

Zylinder 1A: Festo DNGUL-40-500-PPV-A,

Zylinder 2A: Festo DNGUL-32-250-PPV-A.

Für den Antrieb 3A wird ein Stopperzylinder eingesetzt, der bei Ausfall der Druckluftversorgung ausfährt. Diese Anforderung erfüllt z. B. ein Zylinder vom Typ Festo STA-32-20-P-A.

Auswahl der Wegeventile für die Steuerketten

Um bei den Antrieben 1A und 2A das geforderte Verhalten bei Energieausfall zu erreichen, werden federzentrierte 5/3-Wegeventile mit geschlossener Mittelstellung eingesetzt. Da die Bewegungen der Kolbenstangen relativ langsam erfolgen, reichen Ventile mit vergleichsweise kleiner Nennweite aus. Passend zum kleineren der beiden Zylinder finden Ventile mit 1/8-Zoll-Anschluss Verwendung. Geeignet sind z. B. Wegeventile vom Typ Festo MEH-5/3G-1/8.

Zur Betätigung des Stopperzylinders 3A wird ein federrückgestelltes 3/2-Wegeventil vom Typ Festo MEH-3/2-1/8 eingesetzt.

Die Druckluftzufuhr für alle drei Steuerketten muss abgesperrt werden, sobald die elektrische Energieversorgung ausfällt oder sobald NOT-AUS anliegt. Es ist deshalb ein zusätzliches elektrisch betätigtes, federrückgestelltes 3/2-Wegeventil erforderlich, das die Druckluftzufuhr nur freigibt, wenn die elektrische Energieversorgung ordnungsgemäß arbeitet und NOT-AUS nicht betätigt ist. Um einen ausreichenden Durchfluss sicherzustellen, wird ein Ventil vom Typ Festo CPE14-M1H-3GL-1/8 eingesetzt.

Zuschaltventil

Die Ein- und Ausfahrgeschwindigkeiten der Antriebe 1A und 2A werden durch Abluftdrosselung reguliert. Funktionsverschraubungen verringern den Verschlauchungsaufwand, da sie direkt in die Zylinderbohrung eingeschraubt werden. Erforderlich sind Verschraubungen mit Drossel-Rückschlagfunktion, z. B. vom Typ Festo GRLA-1/4 (Zylinder 1A) bzw. GRLA-1/8 (Zylinder 2A).

Geschwindigkeits-regulierung

Die Näherungsschalter werden passend zu den Zylindern ausgewählt. Zweckmäßigerweise finden positiv schaltende Sensoren Verwendung. Geeignet für die Zylinder 1A und 2A sind z. B. induktive Sensoren vom Typ Festo SMTO-1-PS-K-LED-24, für den Zylinder 3A Sensoren vom Typ Festo SMT-8-PS-KL-LED-24.

Auswahl der Näherungsschalter

Zur Steuerung der Vorrichtung (siehe Bewegungsablauf) werden für die Zylinder 1A und 2A je zwei Näherungsschalter benötigt, um vordere und hintere Endlage zu erkennen. Bei Zylinder 3A reicht ein Sensor zur Erkennung der vorderen Endlage.

Um festzustellen, ob sich ein Werkstück vor dem Stopperzylinder oder auf dem Hubtisch befindet, werden positiv schaltende Lichttaster eingesetzt, z. B. vom Typ Festo SOEG-RT-M18-PS-K.

Zuordnungstabelle für die Hubvorrichtung

Durch eine Auflistung der Zylinder, Magnetspulen, Sensoren, Bedien- und Anzeigeelemente werden die nachfolgenden Schritte der Projektierung vereinfacht (Tabelle 5.3). Komponenten, die zu einer Steuerkette gehören, sind in einer Zeile der Tabelle angeordnet.

Antrieb/ Funktion	betätigte Magnetspule			Näherungsschalter			Bedien- element	Bemerkung
	aus- fahren	ein- fahren	sonst.	ausge- fahren	einge- fahren	sonst.		
Zyl. 1A	1Y1	1Y2	–	1B2	1B1			Steuerkette 1
Zyl. 2A	2Y1	2Y2	–	2B2	2B1			Steuerkette 2
Zyl. 3A		3Y1	–	3B1				Steuerkette 3
Druckluft			0Y1					Zuschaltventil
						B5		Paket auf Hubtisch
							S1	Hauptschalter
							S2	NOT-AUS (Öffner!)
							S3	Manuell (MAN)
							S4	Automatik (AUT)
							S5	RICHTEN
							S6	Dauerzyklus EIN
							S7	Einzelzyklus START
							S8	Dauerzyklus AUS

Tabelle 5.3:
Zuordnungstabelle der Hubvorrichtung

In Bild 5.4 ist das Weg-Schritt-Diagramm der Hubvorrichtung darge- Weg-Schritt-
stellt. Es verdeutlicht, in welchen Schritten die Kolbenstangen der drei Diagramm der
Zylinder aus- und einfahren und wann die Näherungsschalter anspre- Hubvorrichtung
chen.

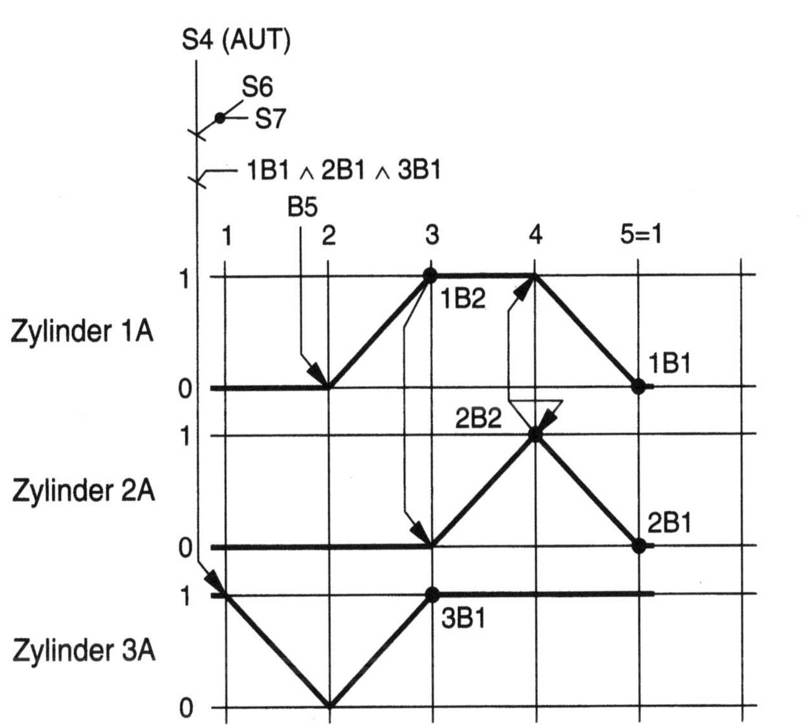

Bild 5.4:
Weg-Schritt-Diagramm
der Hubvorrichtung

Schaltpläne der Hubvorrichtung

Bild 5.5 zeigt den elektrischen und pneumatischen Schaltplan der Hubvorrichtung. Jeder Antrieb wird durch ein Wegeventil betätigt. Mit dem zusätzlichen, durch die Spule 0Y1 betätigten Wegeventil wird die Druckluft eingeschaltet.

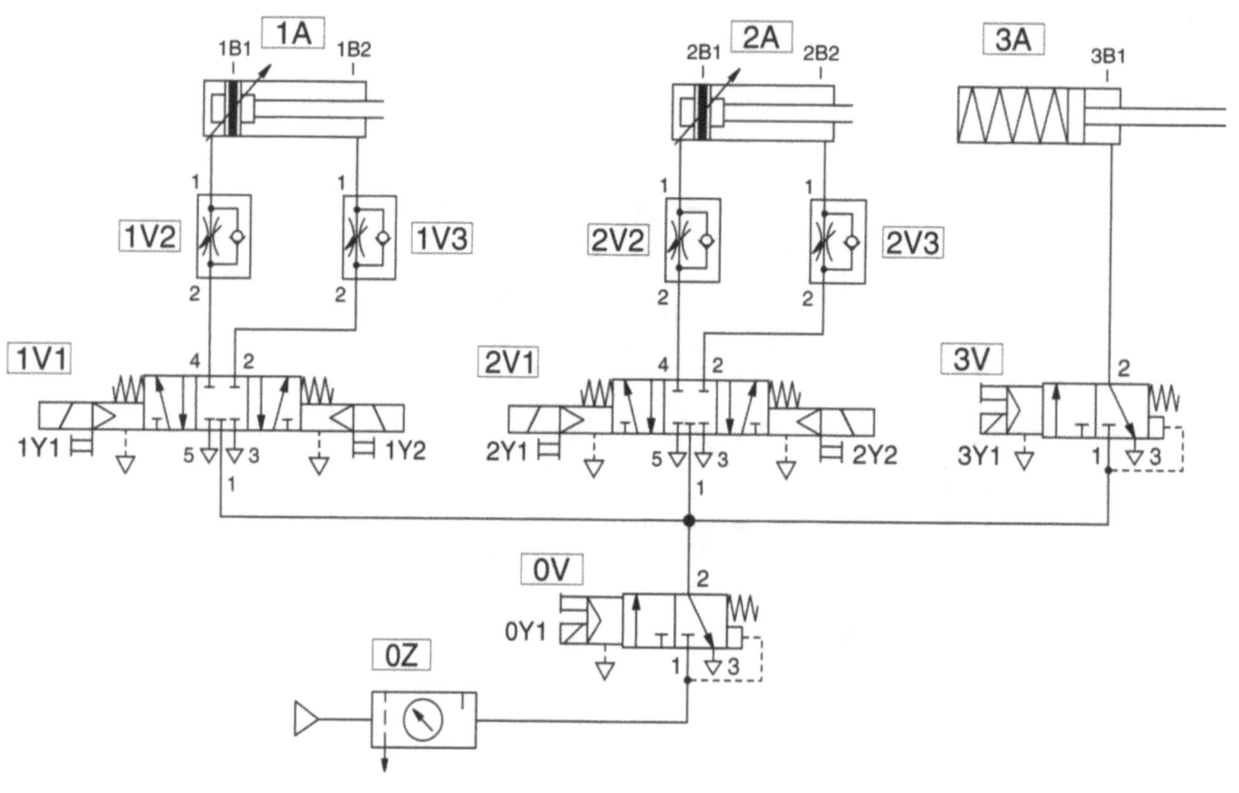

Bild 5.5:
Pneumatischer Schaltplan der Hubvorrichtung

Die Entwicklung des elektrischen Schaltplans für die Steuerung der Hubvorrichtung wird in Kap. 8.8 erläutert. Der elektrische Schaltplan ist in den Bildern 8.22, 8.25 bis 8.27 sowie 8.29 und 8.30 dargestellt.

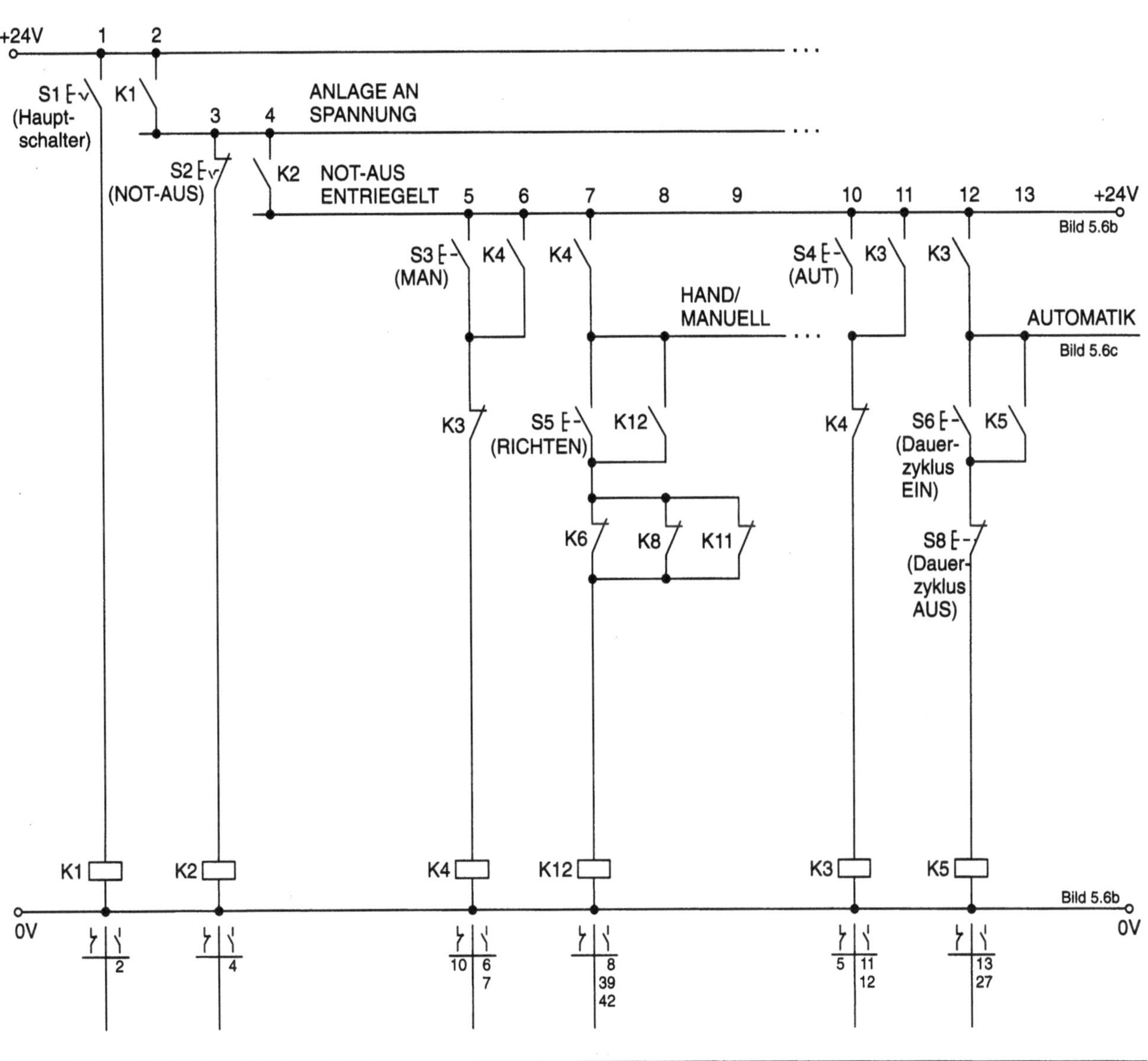

Bild 5.6a:
Elektrischer Schaltplan der Hubvorrichtung – **Bedienelemente**

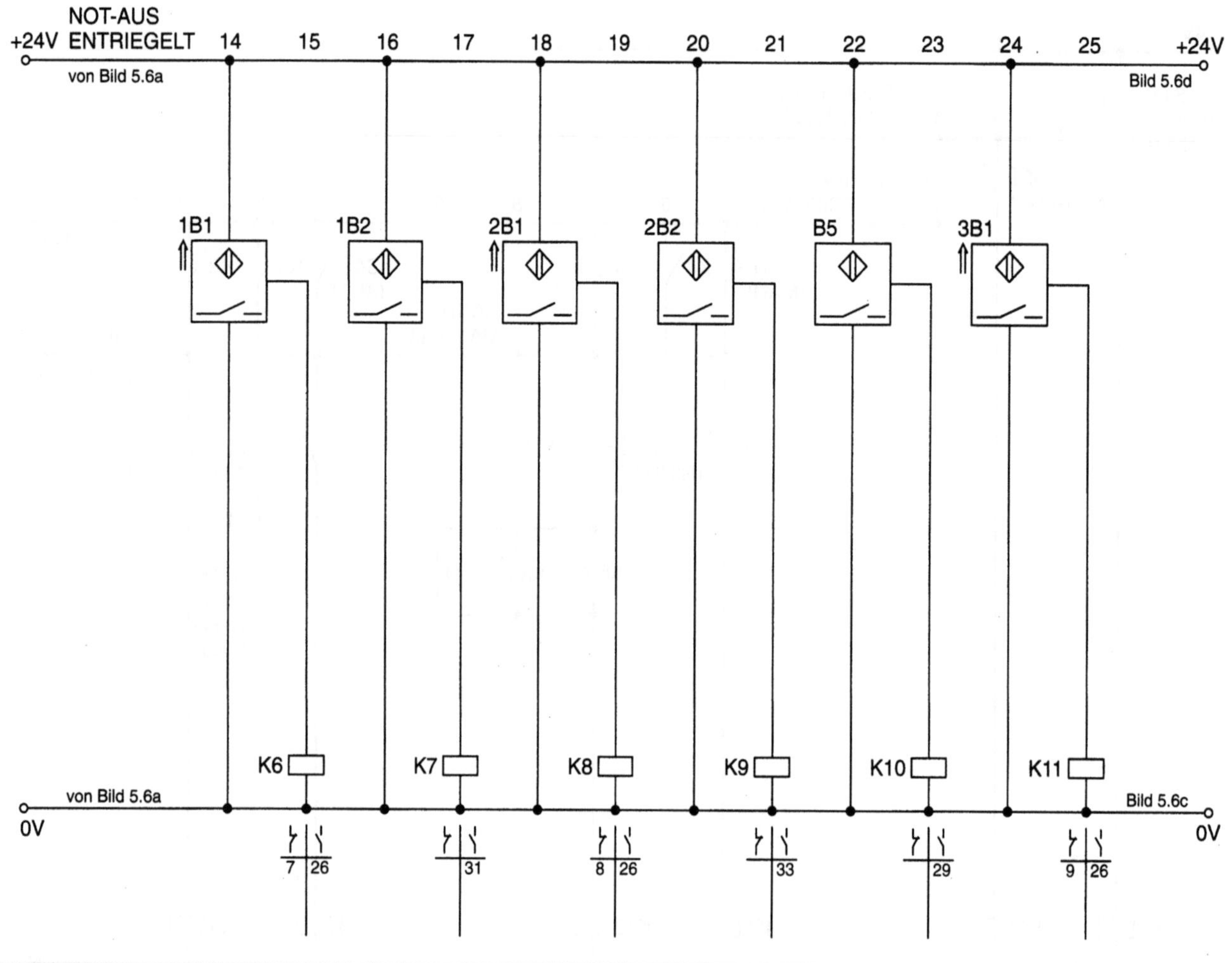

Bild 5.6b:
*Elektrischer Schaltplan der Hubvorrichtung – **Sensorauswertung***

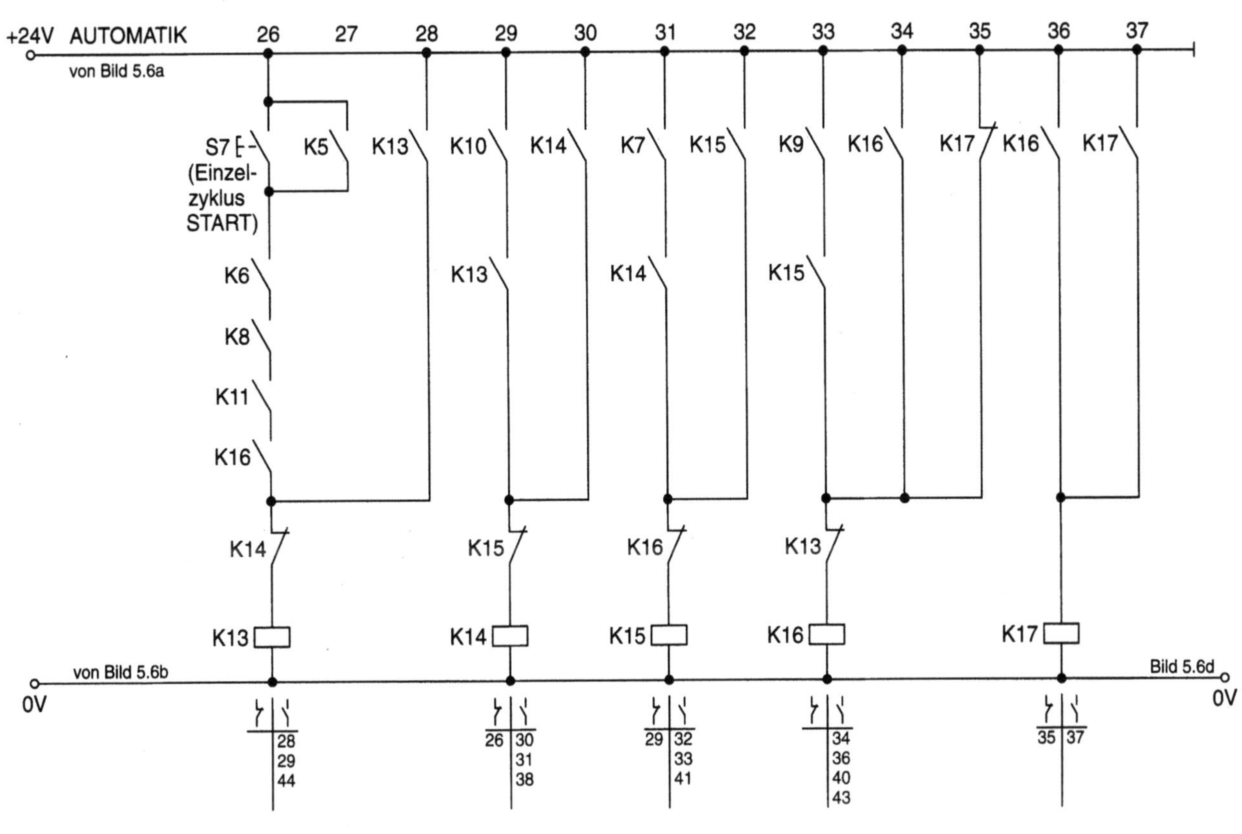

Bild 5.6c:
Elektrischer Schaltplan der Hubvorrichtung – **Schaltung der Ablaufschritte**

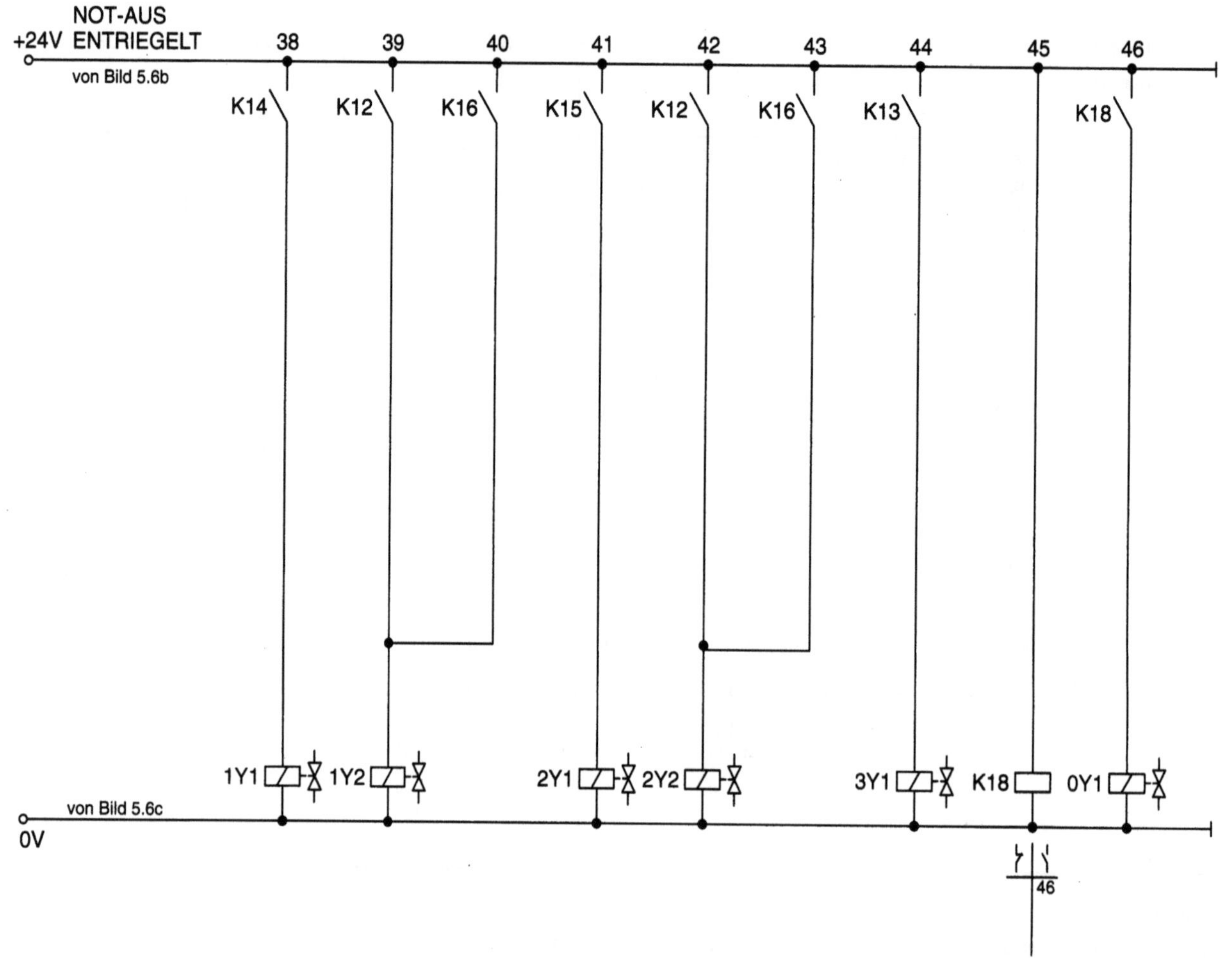

Bild 5.6d:
Elektrischer Schaltplan der Hubvorrichtung – **Beschaltung der Magnetspulen**

Die Realisierung einer elektropneumatischen Steuerung beinhaltet

- die Beschaffung aller erforderlichen Bauteile,
- den Steuerungsaufbau,
- die Programmierung (falls eine SPS Verwendung findet),
- die Inbetriebnahme der Steuerung.

5.4 Vorgehensweise bei der Steuerungs-realisierung

Für den Steuerungsaufbau müssen vorliegen:

- die vollständigen Schalt- und Klemmenpläne,
- alle elektrischen und pneumatischen Bauelemente gemäß Stückliste.

Vorgehensweise beim Steuerungsaufbau

Um Fehler bei der Montage, Verschlauchung und Verdrahtung zu vermeiden, werden diese Arbeiten in einer festgelegten, gleichbleibenden Reihenfolge durchgeführt. Eine Möglichkeit besteht z. B. darin, den pneumatischen Leistungsteil stets ausgehend von der Energieversorgung über die Ventile hin zu den Zylindern zu verschlauchen.

Bei Verwendung einer speicherprogrammierbaren Steuerung (SPS) wird der Bewegungsablauf der pneumatischen Antriebe durch das Programm festgelegt. Ausgangsbasis für die Entwicklung des SPS-Programms ist entweder das Funktionsdiagramm oder der Funktionsplan. Die Programmentwicklung kann parallel zum Steuerungsaufbau durchgeführt werden.

Programmierung einer SPS

Als Werkzeug zur Programmentwicklung dient entweder ein Personalcomputer oder ein Programmiergerät. Die Programmentwicklung umfasst folgende Schritte (Bild 5.7):

- den Entwurf des Programms,

- die Eingabe des Programms in den Personalcomputer oder das Programmiergerät,

- die Übersetzung des Programms,

- den Test des Programms (zunächst, soweit möglich, in der Simulation, d.h. mit dem Personalcomputer bzw. dem Programmiergerät).

Programmfehler, die sich bei der Übersetzung oder beim Test zeigen, müssen behoben werden. Anschließend sind die folgenden Schritte der Programmentwicklung erneut zu durchlaufen. Dieser Vorgang muss so oft wiederholt werden, bis alle erkennbaren Fehler beseitigt sind (Bild 5.7).

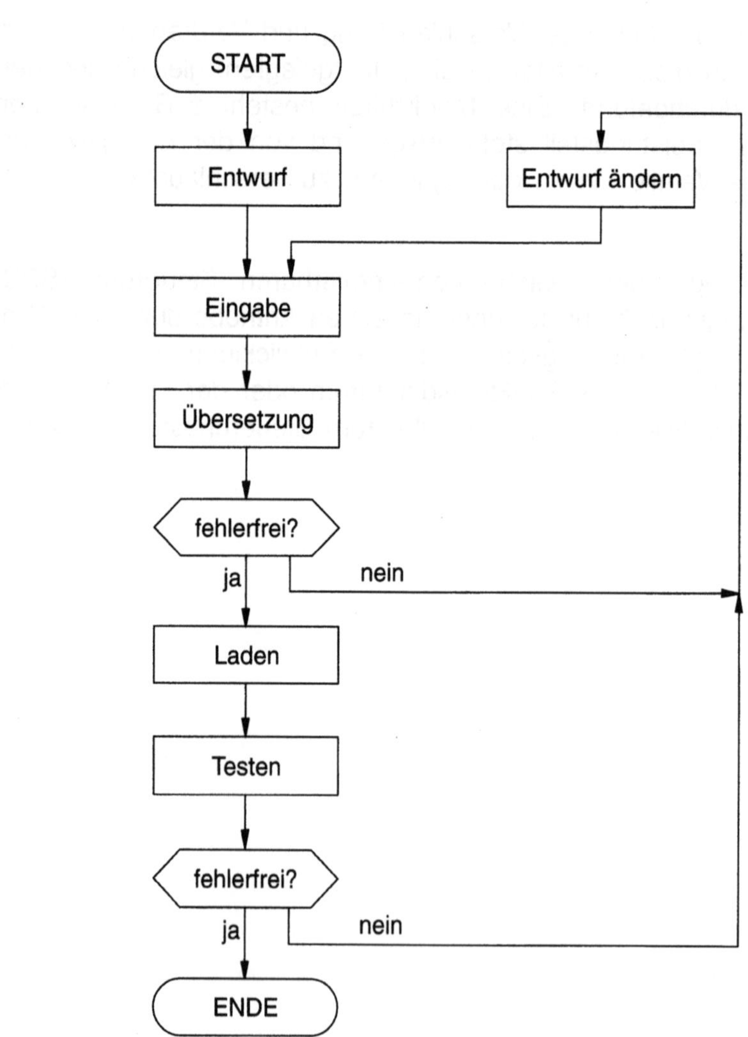

Bild 5.7:
Entwicklung eines
SPS-Programms

Der abschließende Funktionstest für das Programm kann erst bei der Inbetriebnahme der gesamten elektropneumatischen Steuerung erfolgen. Sind Steuerungsaufbau und Programmentwicklung beendet, wird das Programm in den Arbeitsspeicher der SPS geladen. Die elektropneumatische Steuerung ist damit für die Inbetriebnahme vorbereitet.

Die Inbetriebnahme dient dazu

Inbetriebnahme

- die Funktion der Steuerung unter allen in der Praxis auftretenden Randbedingungen zu testen,
- die erforderlichen Einstellungen an der Steuerung durchzuführen (Justage von Näherungsschaltern, Einstellen von Drosseln usw.),
- Fehler der Steuerung zu beheben.

Der pneumatische Leistungsteil sollte zunächst mit verringertem Versorgungsdruck betrieben werden. Dadurch vermindert sich das Risiko, dass bei Steuerungsfehlern Menschen zu Schaden kommen und/oder die Anlage beschädigt wird (z. B. bei der Kollision zweier Kolbenstangen).

Zum Abschluss der Inbetriebnahme muss die Dokumentation aktualisiert werden. Das bedeutet:

- aktuelle Einstellwerte eintragen,
- Schalt- und Klemmenpläne eventuell korrigieren,
- bei Bedarf Ausdruck des überarbeiteten SPS-Programms erstellen.

Einweisung des
Wartungspersonals
und Abnahmeprotokoll

Sobald die Steuerung fehlerfrei arbeitet und sich der Steuerungsbetreiber von der einwandfreien Funktion überzeugt hat, ist die Steuerungsentwicklung abgeschlossen. Zur Übergabe der Steuerung vom Steuerungsentwickler an den Steuerungsbetreiber gehören:

- die Konformitätserklärung,

- die Einweisung des Wartungs- und Bedienpersonals,

- die Übergabe der zur Wartung, Instandhaltung und Reparatur erforderlichen Unterlagen an das Wartungspersonal (Bild 5.8),

- die Erstellung eines Abnahmeprotokolls, das vom verantwortlichen
  Steuerungsentwickler und vom Steuerungsbetreiber gegengezeich-
  net wird.

Bild 5.8:
Dokumentation zur
Wartung, Instandhaltung
und Reparatur einer
elektropneumatischen
Steuerung

Wartung,
Instandhaltung und
Reparatur

Störungen und Ausfälle einer Steuerung verursachen hohe Kosten, da
für die Zeit des Steuerungsausfalls die Produktion bzw. Teile der Produktion stillstehen. Um Ausfälle zu vermeiden, werden in festgelegten
Zeiträumen Wartungs- und Instandhaltungsarbeiten durchgeführt. Dabei
werden verschleißgefährdete Komponenten vorbeugend ausgetauscht.
Treten trotz dieser Maßnahme Defekte auf, müssen die ausgefallenen
Komponenten repariert bzw. ersetzt werden. Wartung, Instandhaltung,
Fehlersuche und Reparatur werden erleichtert durch eine übersichtliche, gut zugängliche Anordnung sämtlicher Steuerungskomponenten.

Kapitel 6

Dokumentation einer elektropneumatischen Steuerung

Geringe Stillstandszeiten sind eine Grundvoraussetzung für den wirtschaftlichen Betrieb einer elektropneumatischen Steuerung. Die Steuerungskomponenten sind deshalb auf hohe Zuverlässigkeit und Lebensdauer ausgelegt. Trotzdem sind an elektropneumatischen Steuerungen Wartungs-, Instandhaltungs- und Reparaturarbeiten erforderlich, die möglichst zügig durchgeführt werden müssen. Das Wartungspersonal benötigt deshalb eine genaue, vollständige Dokumentation der Steuerung. Aber auch im Konstruktionsbereich sind ausführliche Informationen notwendig, um eine Auswahl der eingesetzten Komponenten treffen zu können.

Eine systematische projektbegleitende Dokumentation trägt außerdem dazu bei, den Entwicklungsaufwand einer Steuerung zu verringern. Dies betrifft vor allem die Steuerungsinstallation und den Steuerungstest.

Zur Dokumentation einer elektropneumatischen Steuerung dienen:

- Funktionsdiagramm bzw. Funktionsplan (Darstellung des Steuerungsablaufs, Kapitel 6.1 und 6.2),
- pneumatischer und elektrischer Schaltplan (Darstellung der Zusammenwirkens aller Komponenten, Kapitel 6.3 und 6.4),
- Klemmenbelegungsliste (Darstellung der Klemmenleistenbelegung in Schalt- und Klemmenkästen, Kapitel 6.5),
- Stücklisten,
- Lageplan.

Schaltpläne und Klemmenplan müssen dem Wartungspersonal unbedingt vorliegen, damit sich Störungen und Fehler schnell eingrenzen und beheben lassen. In vielen Fällen vereinfacht sich die Fehlersuche, wenn ein Funktionsdiagramm oder ein Funktionsplan, der Lageplan und die Stücklisten vorhanden ist. Diese Unterlagen sollten deshalb der Dokumentation einer Steuerung beigefügt werden.

Die gesamte Dokumentation muss entsprechend den einschlägigen Richtlinien und Normen erstellt werden. Nur so werden Eindeutigkeit und gute Lesbarkeit aller Unterlagen sichergestellt.

Mit dem Funktionsdiagramm wird der Bewegungsablauf einer elektrop-neumatischen Steuerung grafisch veranschaulicht.

Eine Blechbiegevorrichtung (Lageplan: Bild 6.1) weist zwei doppeltwirkende pneumatische Zylinderantriebe auf, die mit federrückgestellten 5/2-Wegeventilen betätigt werden.

- Zylinder 1A dient zum Einspannen des Werkstücks. Ihm sind die Näherungsschalter 1B2 (vordere Endlage) und 1B1 (hintere Endlage) sowie ein 5/2-Wegeventil mit der Magnetspule 1Y1 zugeordnet.

- Zylinder 2A (vordere Endlage: Näherungsschalter 2B2, hintere Endlage: Näherungsschalter 2B1, 5/2-Wegeventil mit Magnetspule 2Y1) führt den Biegevorgang durch.

Für den Biegevorgang sind vier Schritte erforderlich:

- Schritt 1:
  Kolbenstange des Zylinders 1A ausfahren (Werkstück spannen),

- Schritt 2:
  Kolbenstange des Zylinders 2A ausfahren (Blech biegen),

- Schritt 3:
  Kolbenstange des Zylinders 2A einfahren (Biegevorrichtung zurückfahren),

- Schritt 4:
  Kolbenstange des Zylinder 1A einfahren (Werkstück lösen).

6.1 Funktionsdiagramm

Anwendungsbeispiel

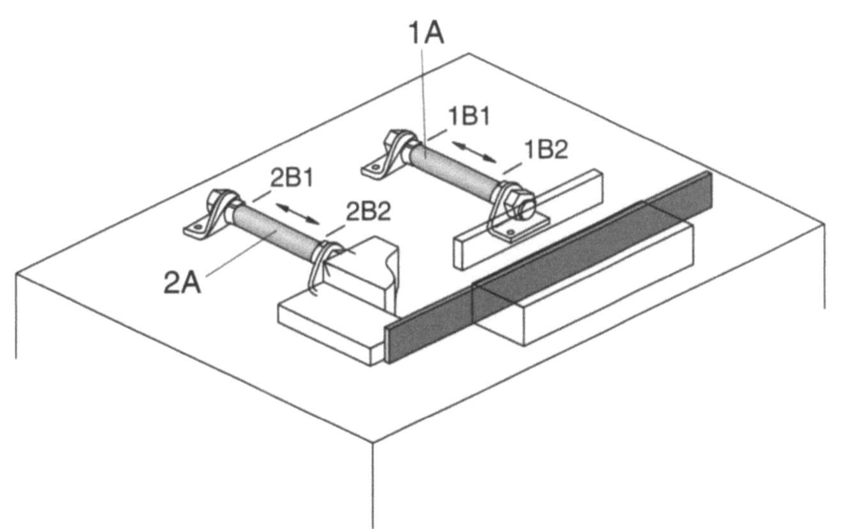

Bild 6.1:
Lageplan einer
Blechbiegevorrichtung

Weg-Schritt-Diagramm

Im Weg-Schritt-Diagramm werden die Bewegungen der Kolbenstangen dargestellt. Die Nummerierung der einzelnen Bewegungsschritte erfolgt fortlaufend von links nach rechts. Bei mehreren Arbeitselementen werden die Bewegungen der Kolbenstangen untereinander aufgetragen (Bild 6.2). Diese Darstellung verdeutlicht, wie die einzelnen Bewegungen aufeinander folgen.

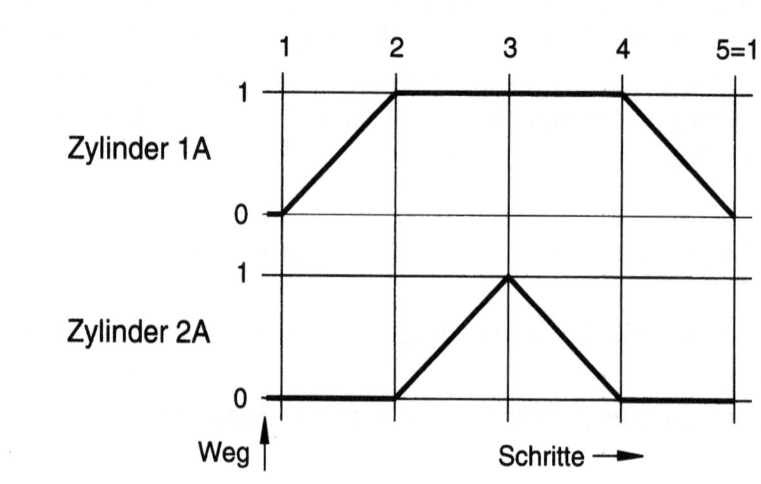

Bild 6.2:
Weg-Schritt-Diagramm
der Blechbiegevorrichtung

Hinweis

Die Norm VDI 3260 "Funktionsdiagramme von Arbeitsmaschinen und Fertigungsanlagen" wurde zurückgezogen. In diesem Buch wird sie zur Veranschaulichung der Steuerungsabläufe weiter herangezogen.

Bei einem Weg-Zeit-Diagramm werden die Bewegungen der Kolben-stangen abhängig von der Zeit aufgetragen. Diese Darstellungsform verdeutlicht die unterschiedliche Dauer der einzelnen Schritte. Das Weg-Zeit-Diagramm der Blechbiegevorrichtung (Bild 6.3) zeigt, dass das Ausfahren der Kolbenstange von Zylinder 2A (Schritt 2) deutlich länger dauert als Einfahren (Schritt 3).

Weg-Zeit-Diagramm

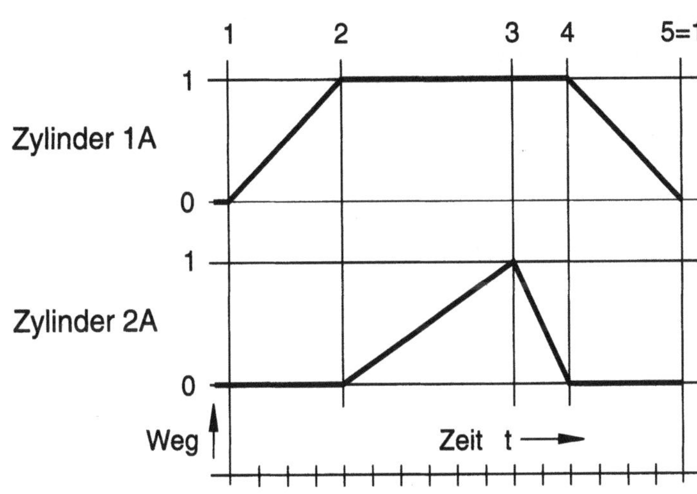

Bild 6.3:
Weg-Zeit-Diagramm der
Blechbiegevorrichtung

Vor- und Nachteile des Funktionsdiagramms

Die Arbeitsweise einer elektropneumatischen Steuerung lässt sich mit dem Funktionsdiagramm auf sehr anschauliche Weise darstellen. Obwohl das Funktionsdiagramm nicht mehr genormt ist, wird es in der Praxis noch häufig verwendet. Es eignet sich vorzugsweise für einfache Steuerungen mit wenigen Steuerketten.

Verknüpfungen und die gegenseitige Beeinflussung der verschiedenen Steuerketten lassen sich im Funktionsdiagramm durch Signallinien darstellen. Für diesen Anwendungsfall ist es zweckmäßiger, nur die Antriebsbewegungen im Weg-Schritt- bzw. Weg-Zeit-Diagramm darzustellen. Ablauf und Signalverknüpfungen lassen sich besser mit anderen Verfahren dokumentieren, z. B. mit dem Funktionsplan (Kapitel 6.2).

Mit dem Funktionsplan nach DIN/EN 40719/6 läßt sich die Funktionsweise einer Steuerung unabhängig von der verwendeten Technologie grafisch darstellen. Der Funktionsplan wird in vielen Bereichen der Automatisierungstechnik zur Planung und Dokumentation von Ablaufsteuerungen verwendet, z. B. bei Kraftwerken, bei verfahrenstechnischen Anlagen oder bei Materialflusssystemen.

6.2 Funktionsplan

Der Funktionsplan ist ablauforientiert strukturiert. Er umfasst (Bild 6.4):

Struktur eines Funktionsplans

- die Darstellung der Ablaufschritte duch Schritt- und Befehlsfelder,

- die Darstellung der Übergangsbedingungen durch Verbindungslinien und Übergangsbedingungen.

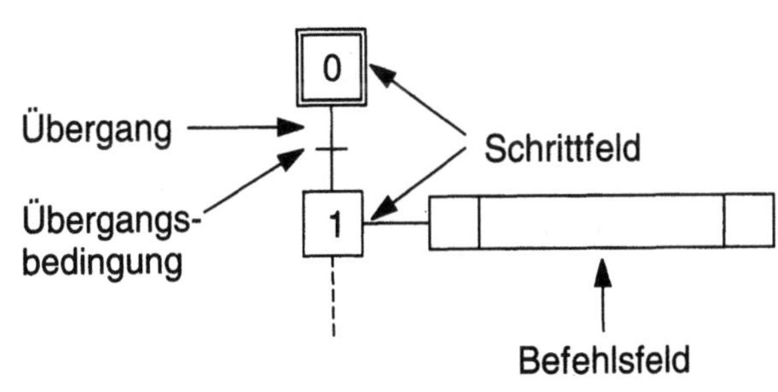

Bild 6.4:
Struktur eines
Funktionsplans

Schrittfeld	Jedes Schrittfeld wird entsprechend dem Ablauf numeriert. Der Ausgangszustand des Ablaufs (Grundstellung der Steuerung) wird durch ein doppelt eingerahmtes Schrittfeld gekennzeichnet.

Schrittfeld Jedes Schrittfeld wird entsprechend dem Ablauf numeriert. Der Ausgangszustand des Ablaufs (Grundstellung der Steuerung) wird durch ein doppelt eingerahmtes Schrittfeld gekennzeichnet.

Befehlsfeld Jedes Befehlsfeld kennzeichnet eine Operation, die im betreffenden Schritt durchgeführt wird. Es setzt sich aus drei Teilfeldern zusammen (Bild 6.5):

- Im linken Teil wird der Befehl charakterisiert. Nicht speichernd (N) bedeutet z. B., dass der Ausgang nur für diesen einen Schritt betätigt wird. Tabelle 6.1 gibt eine Übersicht über die möglichen Befehlstypen.

- Im mittleren Teil wird die Auswirkung des Befehls dargestellt, z. B. Ausfahren eines Zylinderantriebs.

- Im rechten Teil wird die Rückmeldung für die Ausführung des Befehls eingetragen (z. B. durch eine Zahl oder durch Angabe des entsprechenden Sensors).

Werden in einem Schritt mehrere Operationen durchgeführt, so gehören zu diesem Schritt mehrere Befehlsfelder.

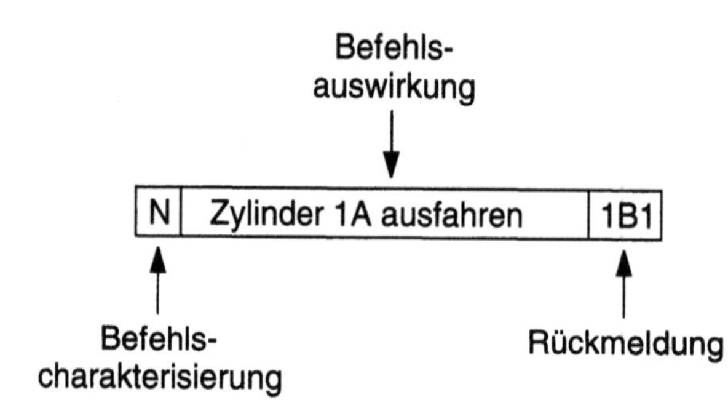

Bild 6.5:
Beispiel für ein Befehlsfeld

S	gespeichert	D	verzögert
L	zeitbegrenzt	P	pulsförmig
C	bedingt	N	nicht gespeichert, nicht bedingt
F	freigabebedingt		
Beispiel: DP	verzögerter, pulsförmiger Befehl		

Tabelle 6.1:
Charakterisierung von
Befehlen im Funktionsplan

Der Übergang von einem Schritt zum nächsten erfolgt erst dann, wenn die zugehörige Übergangsbedingung erfüllt ist. Um die Übersichtlichkeit des Funktionsplans zu verbessern, werden die Übergangsbedingungen numeriert. Die Numerierung weist auf den Schritt und den Befehl hin, dessen Rückmeldung ausgewertet wird (Bild 6.6).

Übergangs-
bedingungen

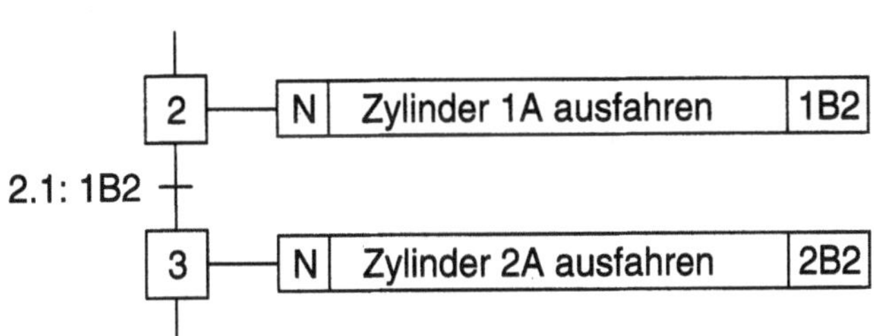

Bild 6.6:
Darstellung einer
Übergangsbedingung im
Funktionsplan

<table>
<tr><td style="vertical-align:top; width:25%">Verknüpfung
von Übergangs-
bedingungen</td><td>Verknüpfungen von Übergangsbedingungen können durch Text, durch Bool'sche Gleichungen, durch Logiksymbole oder durch genormte Schaltzeichen dargestellt werden (Bild 6.7).</td></tr>
</table>

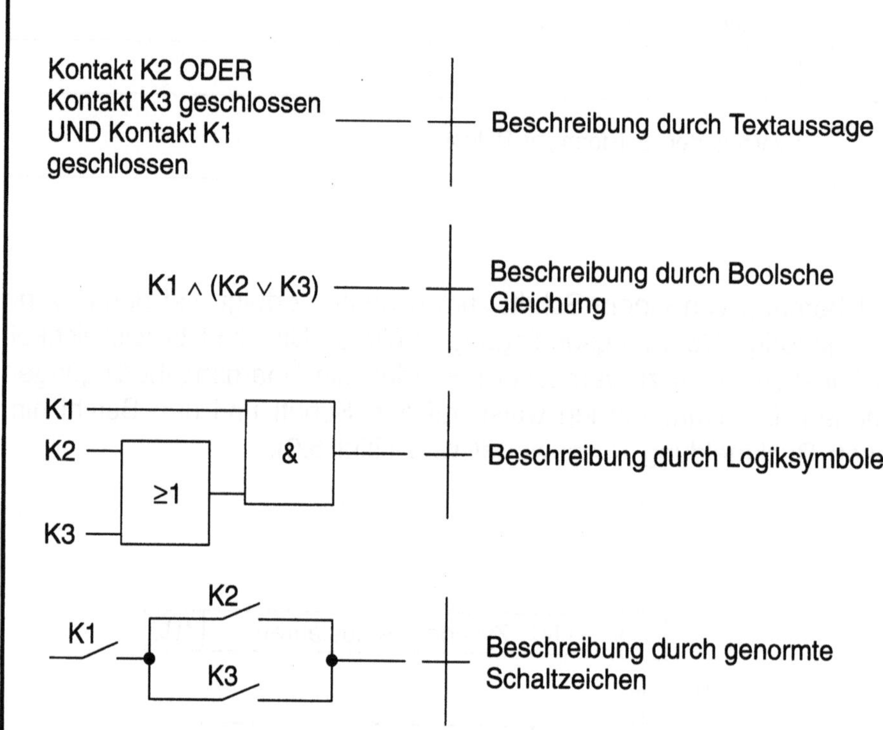

Bild 6.7:
Darstellungsformen von
Übergangsbedingungen
im Funktionsplan

Die Parallelverzweigung und die Parallelzusammenführung werden im Funktionsplan verwendet, wenn mehrere Teilabläufe parallel ausgeführt werden müssen. Bild 6.8 zeigt eine Verzweigung mit zwei parallelen Abläufen. Bei erfüllter Übergangsbedingung 1 werden beide Teilabläufe gleichzeitig gestartet. Der Ablaufschritt nach der Zusammenführung wird erst dann aktiviert, wenn beide Teilabläufe beendet sind und wenn die Übergangsbedingung 2 erfüllt ist.

Parallelverzweigung und -zusammenführung

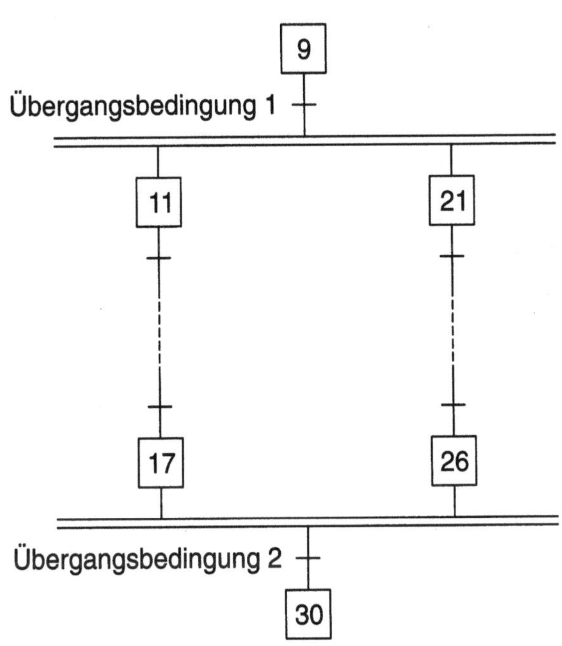

Bild 6.8:
Parallelverzweigung und -zusammenführung im Funktionsplan

Ablaufauswahl und -zusammenführung

Müssen abhängig vom Zustand der Steuerung unterschiedliche Abläufe bearbeitet werden, so wird dies im Funktionsplan durch Ablaufauswahl und Ablaufzusammenführung dargestellt. In Bild 6.9 stehen zwei Zweige zur Auswahl. Ist nach dem Beenden von Schritt 36 die Übergangsbedingung 2 erfüllt, wird nur der rechte Zweig durchlaufen. Sobald Schritt 57 bearbeitet und die Übergangsbedingung 4 erfüllt ist, wird der Ablauf hinter der Zusammenführung mit Schritt 60 fortgesetzt.

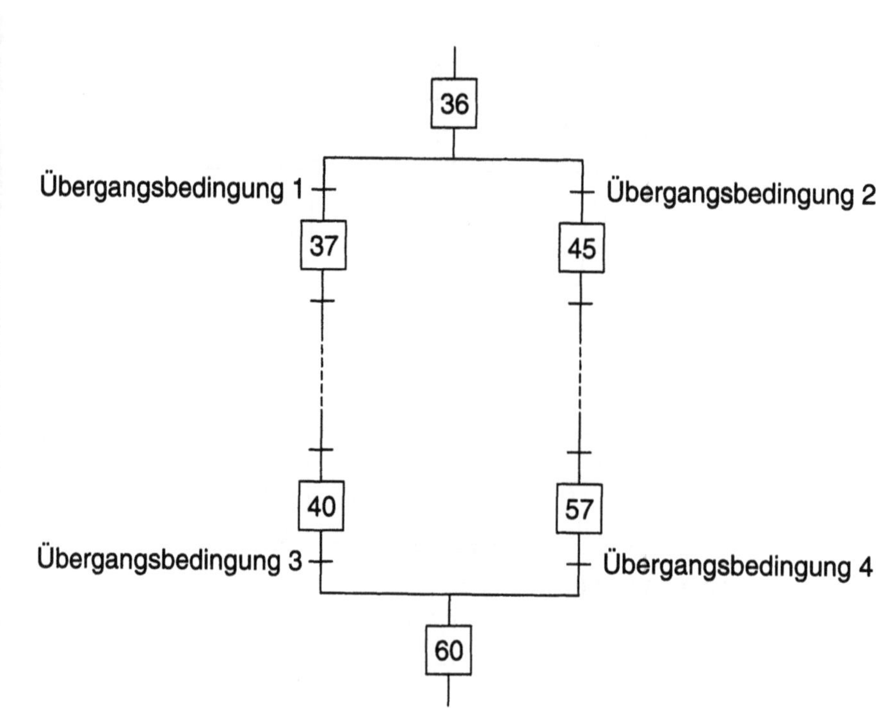

Bild 6.9.
Ablaufauswahl und -zusammenführung im Funktionsplan

Bild 6.10 zeigt den Funktionsplan für die Blechbiegevorrichtung (Lageplan: Bild 6.1). Während eines Bewegungszyklus werden vier Ablaufschritte durchlaufen (vgl. Kap. 6.1, Funktionsdiagramm Bild 6.2).

Anwendungsbeispiel

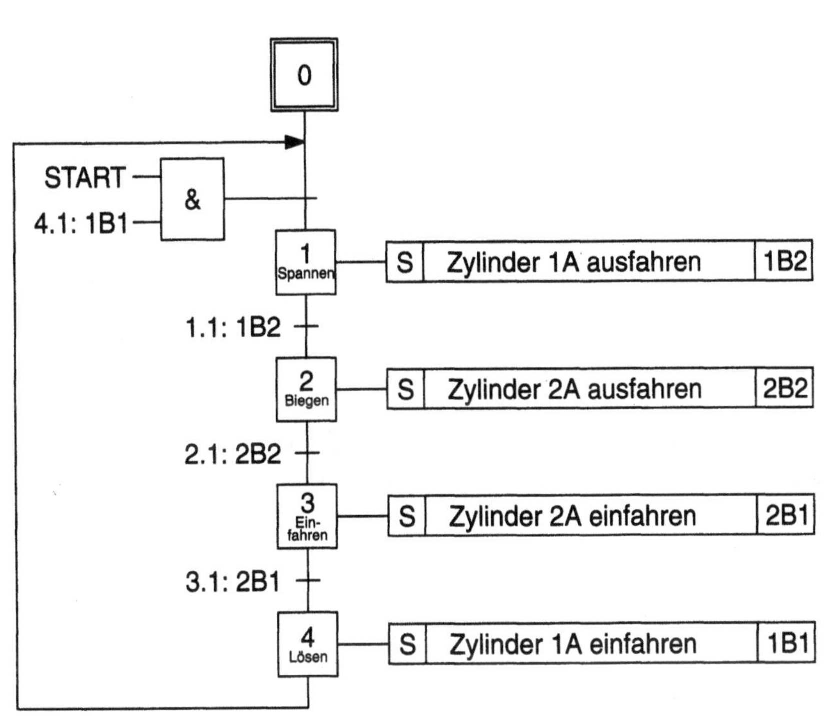

Bild 6.10:
Funktionsplan der
Blechbiegevorrichtung

Vor- und Nachteile
des Funktionsplans

Der Funktionsplan weist als Hilfsmittel zur Planung und Fehlersuche folgende Vorteile auf:

- Die Funktionsweise des Signalsteuerteils lässt sich bis in alle Einzelheiten dokumentieren.

- Die wesentlichen Eigenschaften einer Steuerung können grafisch sichtbar gemacht werden (wichtig insbesondere bei der Planung und Dokumentation umfangreicher Steuerungen).

- Durch die ablauforientierte Struktur ist leicht zu erkennen, wann welche Weiterschaltbedingungen erforderlich sind und wann welche Ausgangssignale gesetzt werden.

- Auf Basis eines detaillierten Funktionsplans lässt sich die konkrete Steuerung mit vergleichsweise geringem Aufwand realisieren.

Im Bezug auf elektropneumatische Steuerungen besteht der wesentliche Nachteil des Funktionsplans darin, dass der Bewegungsverlauf der Antriebe nicht grafisch dargestellt wird. Dadurch ist der Funktionplan weniger anschaulich als das Funktionsdiagramm. Häufig ist es deshalb zweckmäßig, zusätzlich zum Funktionsplan ein Weg-Schritt- bzw. Weg-Zeit-Diagramm zu erstellen.

Der pneumatische Schaltplan einer Steuerung zeigt, wie die einzelnen pneumatischen Komponenten miteinander verbunden werden und wie sie zusammenwirken. Die Schaltzeichen der Bauelemente werden so angeordnet, dass ein übersichtlicher Schaltplan entsteht, bei dem sich möglichst wenige Leitungen kreuzen. Aus einem pneumatischen Schaltplan kann deshalb nicht die tatsächliche räumliche Anordnung der Bauelemente abgelesen werden.

Pneumatische Schaltzeichen im pneumatischen Schaltplan werden die Bauelemente durch Schaltzeichen dargestellt, die nach DIN/ISO 1219-1 genormt sind. Aus einem Schaltzeichen (Symbol) müssen folgende Eigenschaften erkennbar sein:

- Betätigungsart,

- Anzahl der Anschlüsse und deren Bezeichnung,

- Anzahl der Schaltstellungen.

Nachfolgend werden nur Symbole von Bauelementen aufgeführt, die in elektropneumatischen Steuerungen häufig vorkommen.

6.3 Pneumatischer Schaltplan

Schaltzeichen für die
Druckluftversorgung

Das Druckluftversorgungssystem wird durch die Schaltzeichen der einzelnen Komponenten, durch ein kombiniertes Symbol oder durch ein vereinfachtes Symbol dargestellt (Bild 6.11).

Versorgung

– Verdichter mit konstantem Verdrängungsvolumen

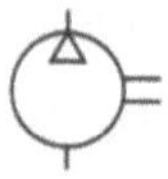

– Speicher, Luftbehälter

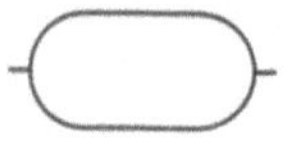

– Druckquelle

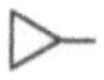

Wartung

– Filter Filtrieren der Schmutzteilchen

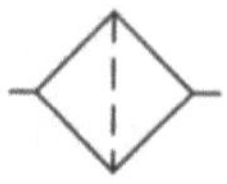

– Wasserabscheider mit Handbetätigung

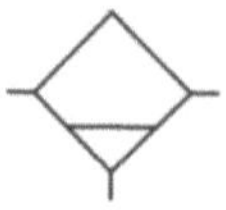

– Wasserabscheider, automatisch

– Öler geringe Ölmengen werden dem Luftstrom beigemischt

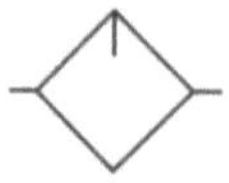

– Druckregelventil mit Entlastungsöffnung einstellbar

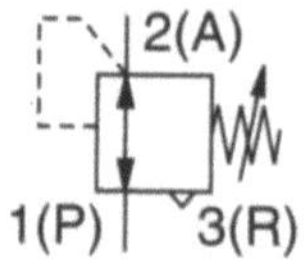

Kombinierte Symbole

– Wartungseinheit bestehend aus Wasserabscheider, Druckluftfilter, Druckregelventil, Manometer und Drucköler

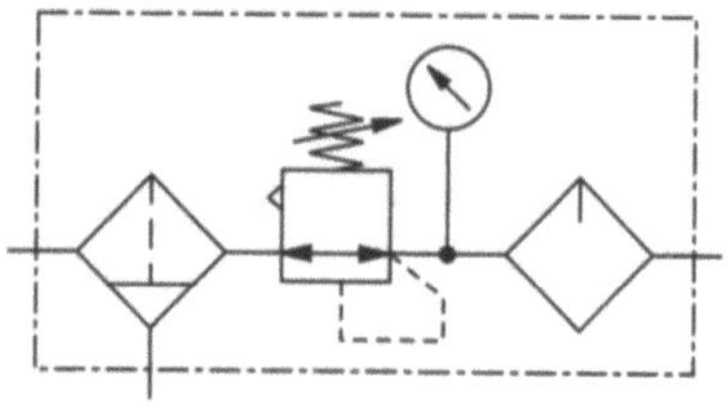

Vereinfachte Darstellung einer Wartungseinheit

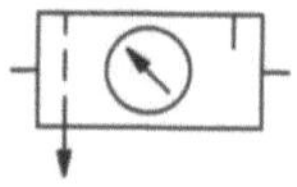

Vereinfachte Darstellung einer Wartungseinheit ohne Druckluftöler

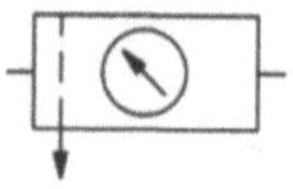

Bild 6.11:
Schaltzeichen für den
Energieversorgungsteil

Die Symbole für pneumatische Ventile werden aus einem oder mehreren Quadraten zusammengesetzt (Bild 6.12).

Schaltstellungen werden als Quadrat dargestellt

Die Anzahl der Quadrate entspricht der
Anzahl der Schaltstellungen

Linien geben Durchflußwege an,
Pfeile zeigen die Durchflußrichtung

Gesperrte Anschlüsse werden durch zwei im
rechten Winkel zueinander gezeichnete Linien
dargestellt

Anschlußleitungen für Zu- und Abluft werden
außen an ein Quadrat gezeichnet

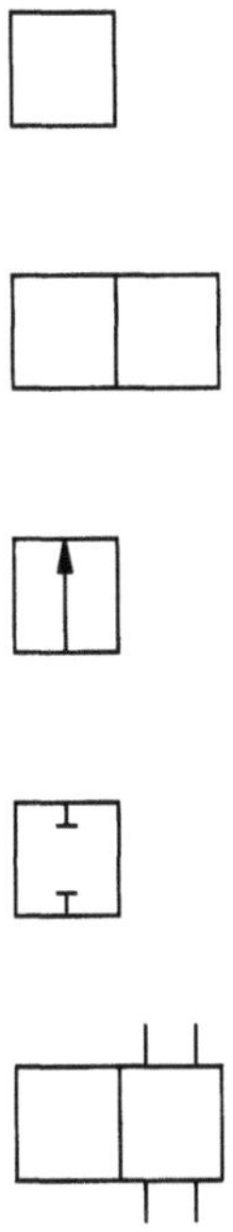

Schaltzeichen
für Ventile

Bild 6.12:
Bausteine
für Ventilschaltzeichen

Schaltzeichen
für Wegeventile

Im Schaltzeichen eines Wegeventils werden die Anschlüsse, die Schaltstellungen und der Durchflussweg dargestellt (Bild 6.13). Bei einem elektrisch betätigten Wegeventil werden die Anschlüsse an die Schaltstellung gezeichnet, die das Ventil einnimmt, wenn die elektrische Energieversorgung abgeschaltet ist.

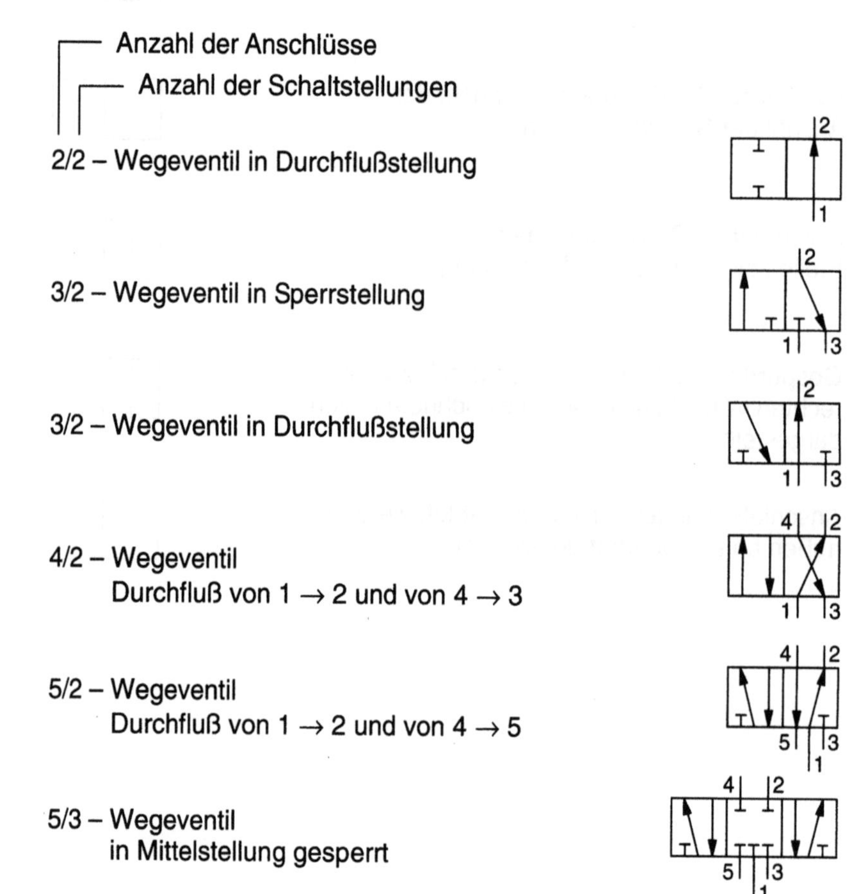

Bild 6.13:
Wegeventile:
Anschlüsse und
Schaltstellungen

Zur vollständigen Darstellung eines Wegeventils im pneumatischen Schaltplan gehören:

- die Grundbetätigungsart des Ventils,
- die Rückstellung,
- die Vorsteuerung (falls vorhanden),
- zusätzliche Betätigungen (z. B. Handhilfsbetätigung, falls vorhanden).

Jedes Betätigungssymbol wird auf der Seite der Schaltstellungen eingezeichnet, die seiner Wirkrichtung entspricht.

Betätigungsarten bei Wegeventilen

Muskelkraft Betätigung

- allgemein

- durch Druckknopf

Mechanische Rückstellung

- durch Feder

- Federzentriert

Elektrische Betätigung

- durch einen Elektromagnet

- durch zwei Elektromagneten

Kombinierte Betätigung

- vorgesteuertes Ventil, beidseitig elektromagnetisch betätigt, Handhilfsbetätigung

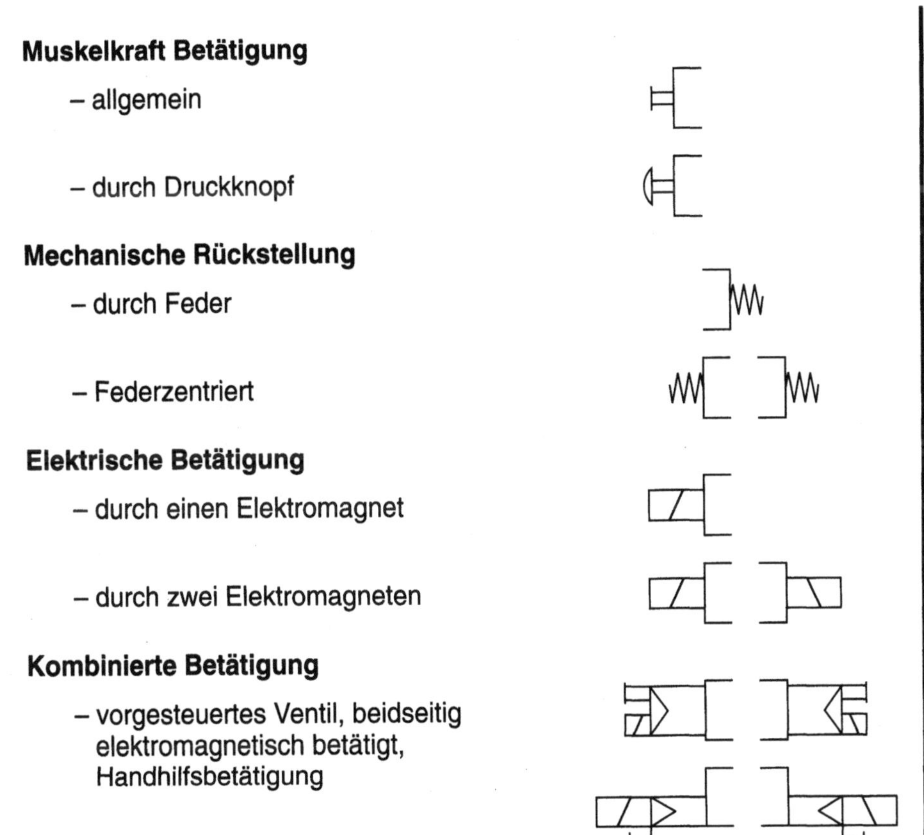

Bild 6.14:
Betätigungsarten bei elektropneumatischen Wegeventilen

<table>
<tr><td>

Kennzeichnung der
Anschlüsse und
Betätigungen
bei Wegeventilen

</td><td>

Um eine falsche Verschlauchung von Wegeventilen zu vermeiden, werden die Ventilanschlüsse sowohl am Ventil selbst als auch im Schaltplan nach ISO 5599-3 gekennzeichnet. Bei druckluftgestützter Betätigung wird die Auswirkung der Betätigung im Schaltplan entweder an der entsprechenden Steuerleitung oder, bei Ventilen mit interner Steuerluftversorgung, neben dem Betätigungssymbol dargestellt. Tabelle 6.2 fasst die entsprechenden Angaben zusammen.

</td></tr>
</table>

	Funktion	Bezeichnung
Arbeitsleitungen (alle Ventiltypen)	Druckluftanschluss Verbraucheranschlüsse Abluftanschlüsse	1 2,4 3,5
Steuerleitungen/ Betätigung bei vorgesteuerten oder druckluftbetätigten Wegeventilen	Sperren des Druckluftanschlusses Verbindung der Anschlüsse 1 und 2 Verbindung der Anschlüsse 1 und 4 Hilfssteuerluft	10 12 14 81, 91

Tabelle 6.2:
Kennzeichnung der
Arbeits- und Steuer-
leitungen bei Wegeventilen

Beispiele für Schaltzeichen von Wegeventilen finden sich in den Bildern 4.2, 4.3, 4.5 bis 4.7, 4.9 sowie in den Tabellen 4.1 bis 4.3.

Rückschlagventile bestimmen Durchflussrichtung, Drosselventile die Durchflussmenge in einer pneumatischen Steuerung. Mit Schnellentlüftungsventilen lassen sich bei pneumatischen Antrieben besonders hohe Bewegungsgeschwindigkeiten erzielen, da die Druckluft nahezu ungedrosselt entweichen kann. Bild 6.15 zeigt die zugehörigen Schaltzeichen.

Schaltzeichen für Rückschlagventile, Drosselventile und Schnellentlüftungsventil

Rückschlagventil

Rückschlagventil, federbelastet

Drosselventil, einstellbar

Drosselrückschlagventil, einstellbar

Schnellentlüftungsventil

Bild 6.15:
Schaltzeichen für
Rückschlagventile,
Drosselventile und
Schnellentlüftungsventil

Schaltzeichen für Druckventile

Druckventile werden verwendet

- um einen Druck konstant zu halten (Druckregelventil),
- um druckabhängig umzuschalten (Druckschaltventil).

Die Schaltzeichen für Druckventile sind in Bild 6.16 dargestellt.

In einer elektropneumatischen Steuerung kann statt eines Druckschaltventils auch ein Wegeventil eingesetzt werden, das abhängig vom Signal eines Druckschalters bzw. Drucksensors betätigt wird.

Einstellbares Druckregelventil
ohne Entlastungsöffnung

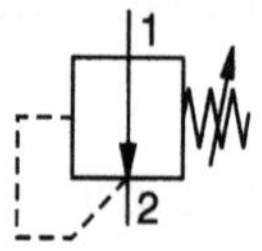

Einstellbares Druckregelventil
mit Entlastungsöffnung

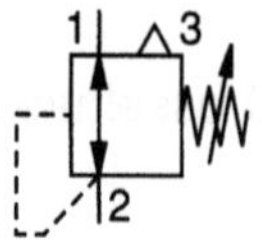

Druckschaltventil
mit äußerer Zuleitung

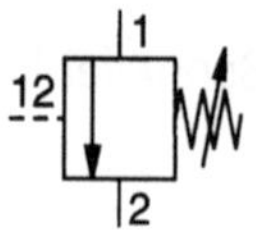

Druckbegrenzungsventil

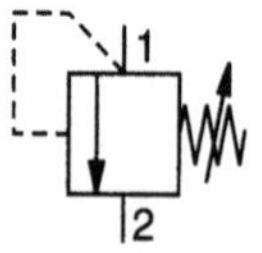

Druckschaltventil – Kombination

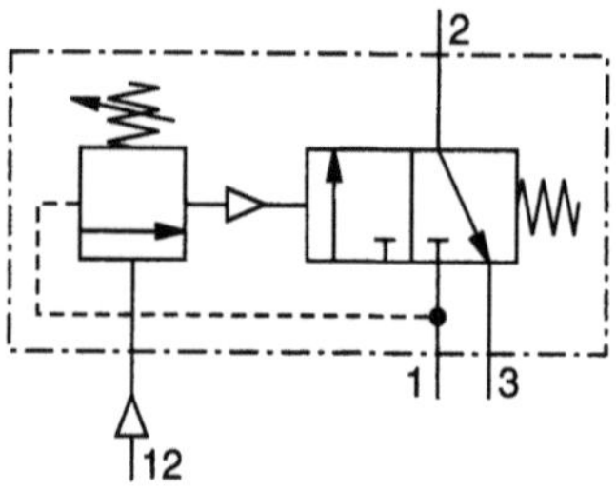

Bild 6.16:
Schaltzeichen für
Druckventile

Proportionalventile dienen dazu, den gewünschten Druck oder Durch-
fluss mit einem elektrischen Signal schnell und genau einzustellen.
Anwendungen und Funktionsweise werden in Kapitel 9.9 erläutert. Die
Schaltzeichen für Proportionalventile sind in Bild 6.17 dargestellt.

Schaltzeichen für
Proportionalventile

5/3–Wege–Proportionalventil

5/3–Wege–Proportionalventil
mit doppelwirkendem Linearmotor
und Ventilschieber-Lageregelung

Vorgesteuertes
Proportional–Druckventil

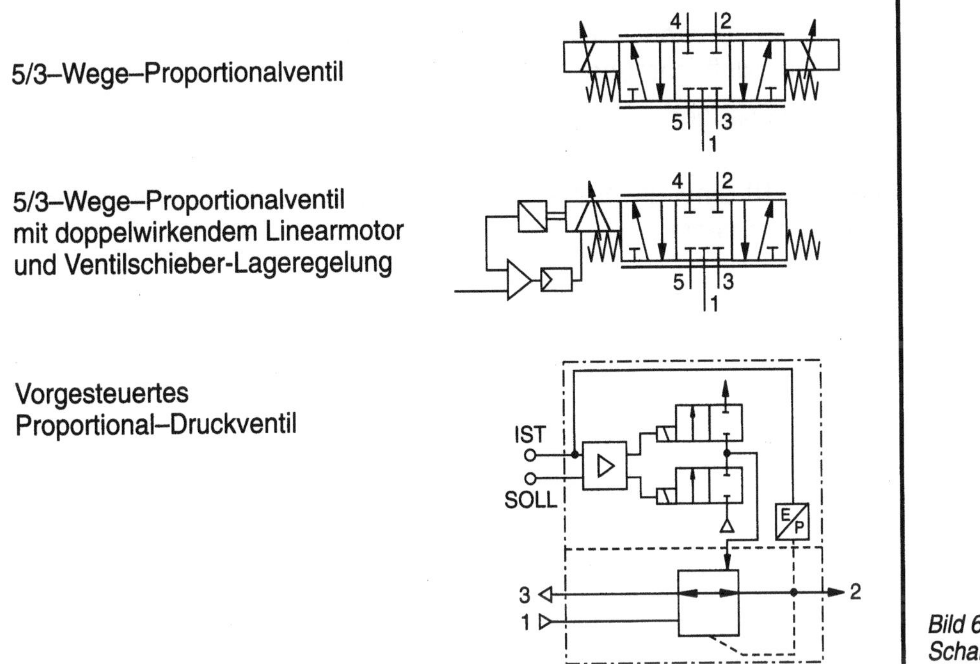

Bild 6.17:
Schaltzeichen für
Proportionalventile

Schaltzeichen für
Arbeitselemente

In elektropneumatischen Steuerungen werden folgende Arbeitselemente eingesetzt:

- Pneumatikzylinder für Linearbewegungen (einfachwirkende Zylinder, doppeltwirkende Zylinder, kolbenstangenlose Zylinder usw., vgl. Kap. 9.2),

- Schwenkzylinder,

- Motoren für kontinuierliche Drehbewegungen (z. B. Lamellenmotor für Druckluftschrauber),

- Vakuumsauger.

In Bild 6.18 sind die Schaltzeichen für pneumatische Arbeitselemente zusammengefasst.

Funktion	Kommentar	Symbole
Einfachwirkender Zylinder	Ausfahren durch pneumatische Energie. Einfahren durch Rückstellfeder.	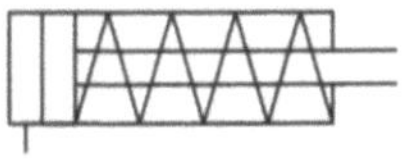
Doppelwirkender Zylinder	Aus- und Einfahren durch pneumatische Energie.	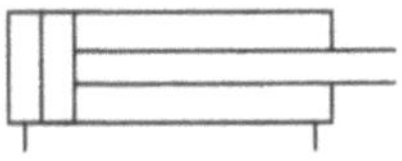
Doppelwirkender Zylinder	Einstellbare Endlagendämpfung für Vor- und Rückhub.	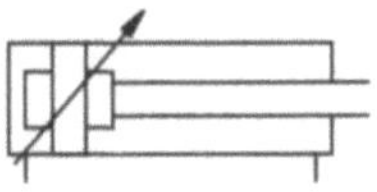
Doppelwirkender Zylinder mit Klemmeinheit	Klemmeinheit mechanisch mit pneumatischer Entriegelung.	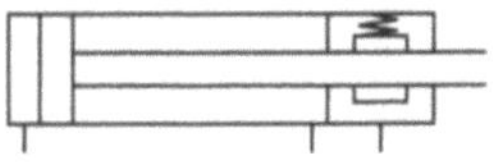
Doppelwirkender Zylinder mit hydraulischem Schleppzylinder	Zylinder wird pneumatisch gesteuert. Der hydraulische Schleppzylinder sorgt für gleichmäßige Bewegung.	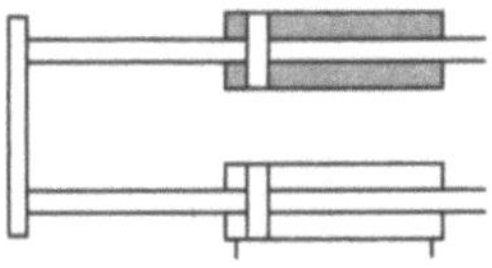
Kolbenstangenloser Zylinder mit einstellbarer Endlagendämpfung	In der Regel Zylinder mit großen Hublängen. Kraftübertragung durch Permanentmagnet.	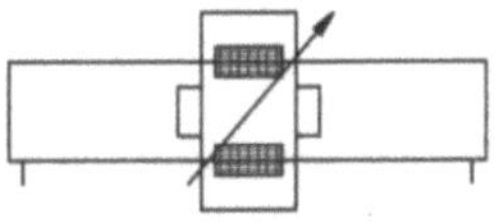
Kolbenstangenloser Zylinder mit einstellbarer Endlagendämpfung	Die Kraftübertragung geschieht durch die Mechanik.	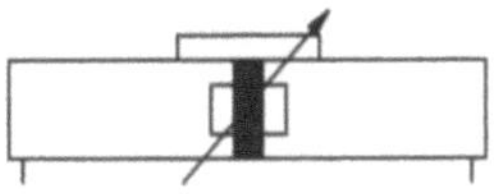
Schwenkantrieb, pneumatisch	Rotierender Antrieb mit begrenztem Schwenkbereich.	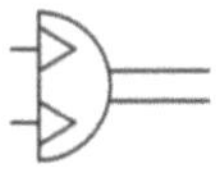
Druckluftmotor, pneumatisch	Druckluftmotor mit konstantem Schluckvolumen und einer Drehrichtung.	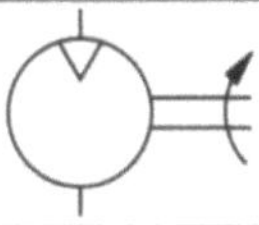
Druckluftmotor	Pneumatikmotor mit zwei Drehrichtungen.	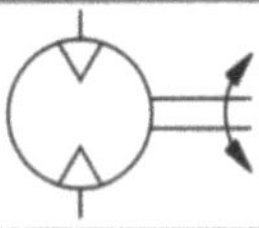
Vakuumsaugdüse	Vakuumeingang durch Ejektor.	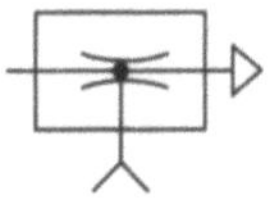

Bild 6.18:
Schaltzeichen für pneumatische Arbeitselemente

Auslassöffnung ohne Vorrichtung für einen Anschluss

Auslassöffnung mit Gewinde für einen Anschluss

Schalldämpfer

Leitungsverbindung

Leitungskreuzung

Manometer

Optische Anzeige

Druckschalter – P/E-Wandler

Druckschalter einstellbar mit Wechsler

Drucksensor (analoges elektrisches Ausgangssignal)

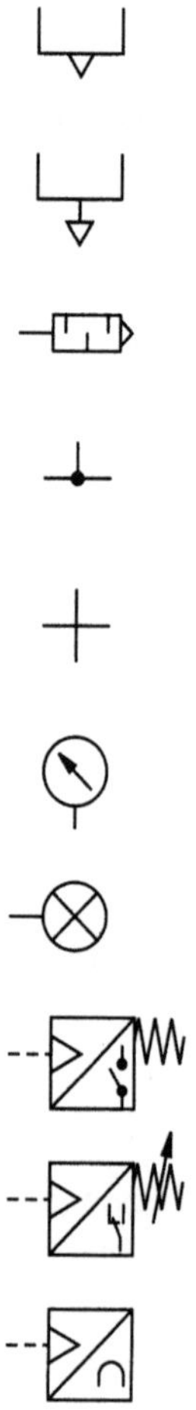

Bild 6.19:
Weitere Schaltzeichen für
pneumatische und
elektropneumatische
Bauelemente

Der Aufbau eines pneumatischen Schaltplans, die Anordnung der Schaltzeichen sowie Bauteilkennzeichnung und -numerierung sind nach DIN/ISO 1219-2 genormt. Die Symbole der pneumatischen Bauelemente werden bei einer elektropneumatischen Steuerung wie folgt im Schaltplan angeordnet:

Anordnung der Schaltzeichen im pneumatischen Schaltplan

- zuoberst die Arbeitselemente,
- darunter die Ventile zur Geschwindigkeitsbeeinflussung (z. B. Drosselventile, Rückschlagventile),
- darunter die Stellelemente (Wegeventile),
- unten links die Energieversorgung.

Bei Steuerungen mit mehreren Arbeitselemente werden die Symbole für die verschiedenen Antriebe nebeneinander eingezeichnet. Unter jedem Antriebs-Schaltzeichen werden die Schaltzeichen für die zugehörigen Ventile angeordnet (Bild 6.20).

Die Darstellung aller Komponenten im pneumatischen Schaltplan erfolgt für den stromlosen Zustand des elektrischen Signalsteuerteils. Das bedeutet:

Stellung von Zylindern und Wegeventilen

- Die Magnetspulen der Wegeventile sind nicht betätigt.
- Die Zylinderantriebe befinden sich in der Grundstellung.

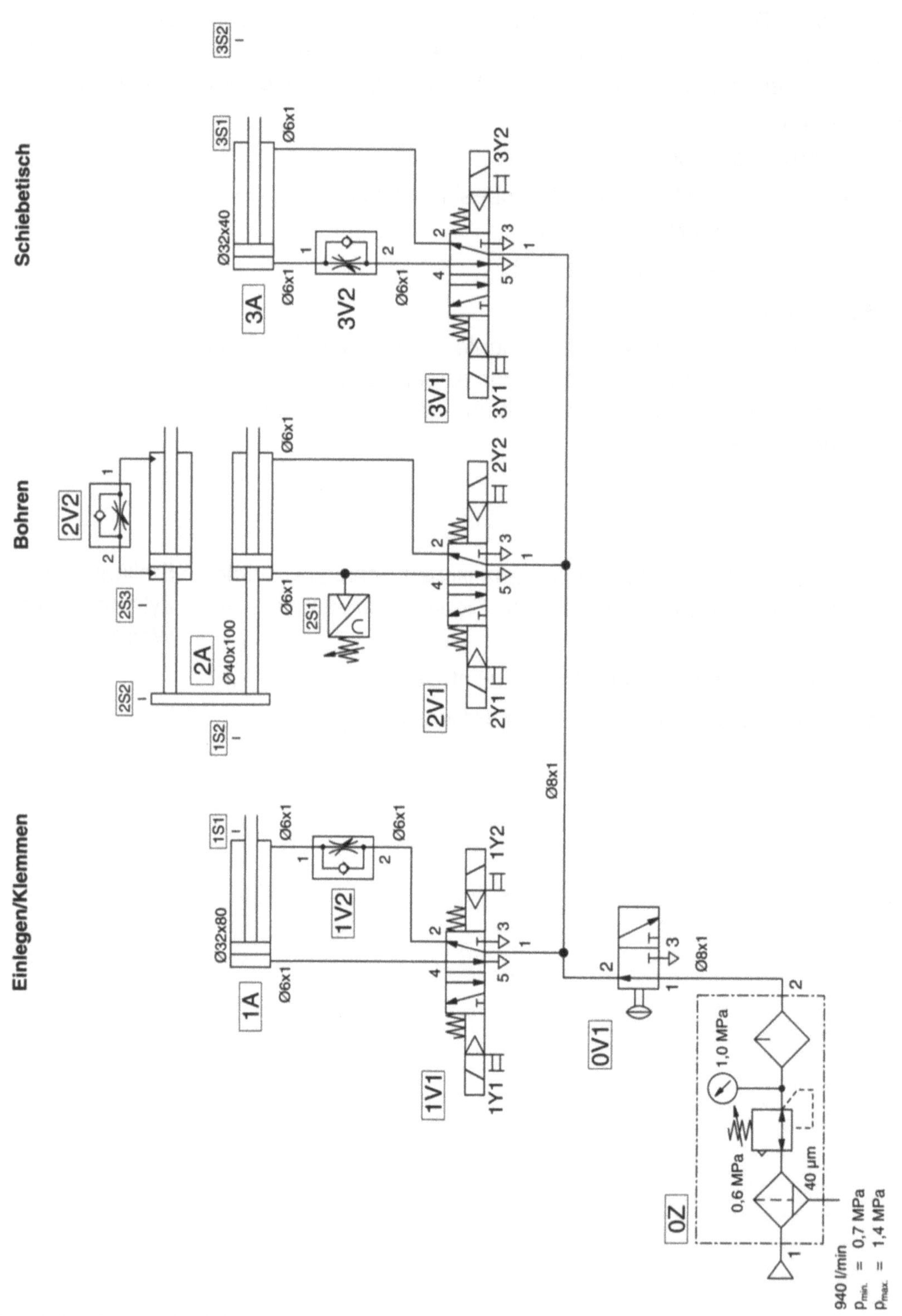

Bild 6.20:
Pneumatischer Schaltplan einer elektropneumatischen Steuerung mit drei Steuerketten

Jedes Bauelement (bis auf Verbindungsleitungen bzw. -schläuche) wird gemäß Bild 6.21 gekennzeichnet. Der Kennzeichnungsschlüssel enthält:

Kennzeichnungs-
schlüssel für
Bauelemente

- die Anlagen-Nummer (Ziffer, kann weggelassen werden, wenn der gesamte Schaltkreis aus einer Anlage besteht),
- die Schaltkreis-Nummer (Ziffer, zwingend erforderlich),
- die Bauteil-Kennzeichnung (Buchstabe, zwingend erforderlich),
- die Bauteil-Nummer (Ziffer, zwingend erforderlich).

Der Kennzeichnungsschlüssel sollte mit einem Rahmen versehen sein.

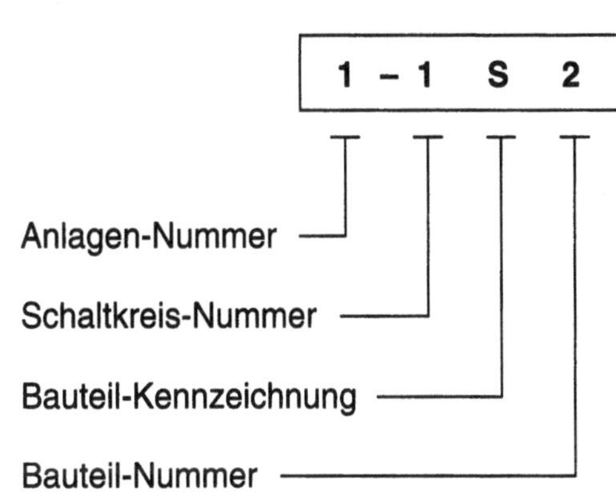

Bild 6.21:
Kennzeichnungsschlüssel
für Bauelemente in
pneumatischen
Schaltplänen

Sind in einem Betrieb zahlreiche Anlagen und elektropneumatische Steuerungen vorhanden, so erleichtert die Anlagennummer die Zuordnung zwischen Schaltplänen und Steuerungen. Sämtliche pneumatischen Bauelemente einer Steuerung (Anlage) werden durch die gleiche Anlagennummer gekennzeichnet. Im Schaltplanbeispiel (Bild 6.20) ist die Anlagennummer im Kennzeichnungsschlüssel nicht aufgeführt.

Anlagen-Nummer

Vorzugsweise werden sämtliche zur Energieversorgung zählenden Bauelemente durch die Schaltkreis-Nummer 0 gekennzeichnet. Die weiteren Schaltkreis-Nummern werden für die verschiedenen Steuerketten (= Schaltkreise) vergeben. Für die in Bild 6.20 dargestellte Steuerung gilt folgende Zuordnung:

Schaltkreis-Nummer

- Energieversorgung und Hauptschalter: Nummer 0,
- Steuerkette "Einlegen/Klemmen": Schaltkreis-Nummer 1,
- Steuerkette "Bohren": Schaltkreis-Nummer 2,
- Steuerkette "Schiebetisch": Schaltkreis-Nummer 3.

Bauteil-
Kennzeichnung und
-Nummer

Jedes Bauelement einer elektropneumatischen Steuerung wird im Schaltplan mit einer Bauteil-Kennzeichnung (Kennzeichnungsschlüssel: Tabelle 6.3) und einer Bauteil-Nummer versehen. Innerhalb eines Schaltkreises werden Bauelemente mit gleicher Bauteil-Kennzeichnung fortlaufend von unten nach oben und von links nach rechts numeriert. Die Ventile der Steuerkette "Einlegen/Klemmen" (Schaltkreis 1 im Schaltplan Bild 6.26) sind daher wie folgt zu kennzeichnen:

- Wegeventil: 1V1 (Schaltkreis-Nummer 1, Bauteil-Kennzeichnung V, Bauteil-Nummer 1),

- Drossel-Rückschlagventil: 1V2 (Schaltkreis-Nummer 1, Bauteil-Kennzeichnung V, Bauteil-Nummer 2).

Bauelemente	Kennzeichnung
Kompressoren	P
Arbeitselemente	A
Antriebsmotoren	M
Signalaufnehmer	S
Ventile	V
Ventilspulen	Y*
andere Bauteile	Z**
* nationale Ergänzung in deutscher Norm ** oder jeder andere in der Liste nicht enthaltene Buchstabe	

Tabelle 6.3:
Kennzeichnungsschlüssel
für Bauelemente im
pneumatischen Schaltplan

Um die Montage einer Steuerung und den Austausch von Komponenten bei Wartungsarbeiten zu erleichtern, werden bestimmte Bauelemente · im Pneumatikschaltplan durch zusätzliche Informationen gekennzeichnet (vgl. Bild 6.20):

- Zylinder:
  Kolbendurchmesser, Hub und Funktion (z. B. "Einlegen/Klemmen"),

- Druckluftversorgung:
  Versorgungsdruckbereich in MegaPascal oder bar, Nennvolumenstrom in l/min,

- Filter:
  Nenngröße in Mikrometern,

- Schläuche:
  Nenn-Innendurchmesser in mm,

- Manometer:
  Druckbereich in Megapascal oder bar.

Technische
Informationen

6.4 Elektrischer Schaltplan

Der elektrische Schaltplan einer Steuerung zeigt, wie die elektrischen Steuerungskomponenten miteinander verbunden werden und wie sie zusammenwirken. Abhängig von der Aufgabenstellung werden nach DIN/EN 61082-2 folgende Schaltplantypen verwendet:

- Übersichtsschaltplan,
- Funktionsschaltplan,
- Stromlaufplan.

Übersichtsschaltplan

Der Übersichtsschaltplan gibt einen Überblick über die elektrischen Einrichtungen eines größeren Systems, z. B. einer Verpackungsmaschine oder einer Montageanlage. Er zeigt nur die wichtigsten Zusammenhänge. Die verschiedenen Teilsysteme werden in anderen Schaltplänen detaillierter dargestellt.

Funktionsschaltplan

Der Funktionsschaltplan verdeutlicht die einzelnen Funktionen eines Systems. Dabei bleibt unberücksichtigt, wie diese Funktionen ausgeführt sind.

Stromlaufplan

Der Stromlaufplan zeigt die Einzelheiten der Ausführung von Systemen, Installationen, Einrichtungen usw. Er enthält:

- die graphischen Symbole der Betriebsmittel,
- die Verbindungen zwischen diesen Betriebsmitteln,
- die Betriebsmittelkennzeichen,
- die Anschlusskennzeichen,
- weitere Angaben, die für die Verfolgung der Pfade erforderlich sind (Signalkennzeichen, Hinweise zum Darstellungsort).

Bei der zusammenhängenden Darstellung eines Stromlaufplans wird jedes Gerät als ein zusammenhängendes Symbol eingezeichnet, also z.B. auch ein Relais, das über mehrere Schließer und Öffner verfügt.

Bei der aufgelösten Darstellung eines Stromlaufplanes dürfen die verschiedenen Komponenten eines Geräts an unterschiedlichen Stellen eingezeichnet werden. Sie werden so angeordnet, dass sich eine übersichtliche, geradlinige Darstellung mit wenigen Leitungsüberschneidungen ergibt. Die Öffner und Schließer eines Relais können z. B. über den gesamten Schaltplan verteilt eingezeichnet werden.

Zur Darstellung des Signalsteuerteil wird in der Elektropneumatik der Stromlaufplan in aufgelöster Darstellung verwendet. Lediglich bei sehr umfangreichen Steuerungen wird zusätzlich ein Übersichtsschaltplan bzw. ein Funktionsschaltplan erstellt.

In der Praxis bezeichnet der Begriff "elektrischer Schaltplan einer elektropneumatischen Steuerung" stets den Stromlaufplan.

Zusammenhängende
und aufgelöste
Darstellung
eines Stromlaufplanes

Elektrischer
Schaltplan einer
elektropneumatischen
Steuerung

Elektrische
Schaltzeichen und
Symbole

Im Stromlaufplan werden die Bauelemente durch Schaltzeichen (Symbole) dargestellt, die nach DIN 40900 genormt sind. Symbole zur Darstellung elektrischer Bauelemente, die in elektropneumatischen Steuerungen häufig Verwendung finden, sind in den Bildern 6.22 bis 6.27 zusammengefasst.

Gleichspannung, Gleichstrom	
Wechselspannung, Wechselstrom	
Gleichrichter (Netzanschlußgerät)	
Dauermagnet	
Widerstand, allgemein	
Spule (Induktivität)	
Leuchtmelder	
Kondensator	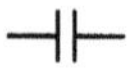
Erdung, allgemein	

Bild 6.22:
Elektrische Schaltzeichen:
Grundfunktionen

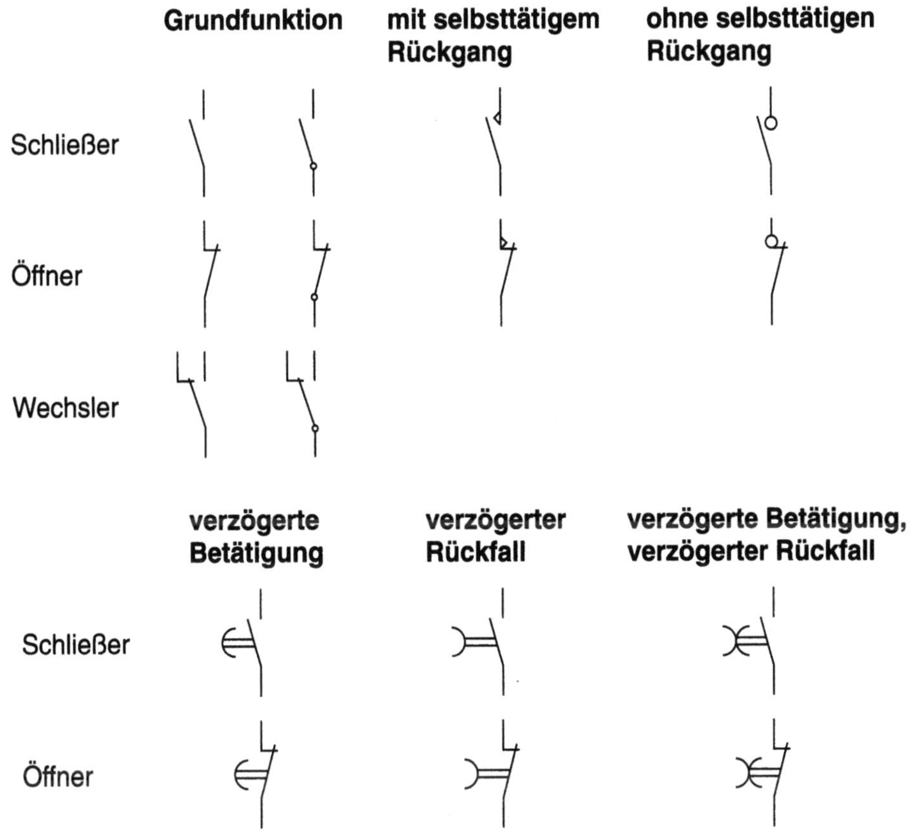

Grundfunktion   **mit selbsttätigem Rückgang**   **ohne selbsttätigen Rückgang**

Schließer

Öffner

Wechsler

verzögerte Betätigung   **verzögerter Rückfall**   **verzögerte Betätigung, verzögerter Rückfall**

Schließer

Öffner

Bild 6.23:
Schaltzeichen für
Schaltglieder:
Grundfunktionen und
verzögerte Betätigung

Tastschalter   **Stellschalter**

Schließer, handbetätigt

Schließer, handbetätigt durch Drücken

Öffner, handbetätigt durch Ziehen

Schließer, handbetätigt durch Drehen

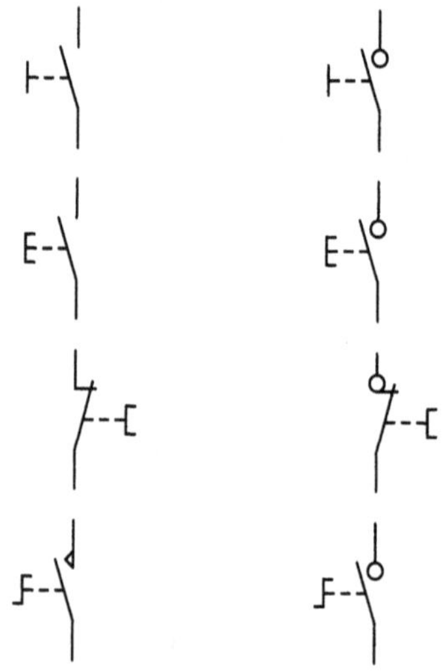

Bild 6.24:
Schaltzeichen für
handbetätigte
Schaltglieder

Allgemein

– elektromechanischer Antrieb

Betätigung von Relais und Schützen

– elektromechanischer Antrieb mit zwei
gleichsinnig wirkenden Wicklungen

– elektromechanischer Antrieb mit zwei
gegensinnig wirkenden Wicklungen

– elektromechanischer Antrieb
mit Anzugsverzögerung

– elektromechanischer Antrieb
mit Abfallverzögerung

– elektromechanischer Antrieb mit Anzug-
und Abfallverzögerung

– elektromechanischer Antrieb
eines Wechselstromrelais

– elektromechanischer Antrieb
eines Remanenzrelais

Ventilbetätigung

– elektromechanischer Antrieb
eines Wegeventils

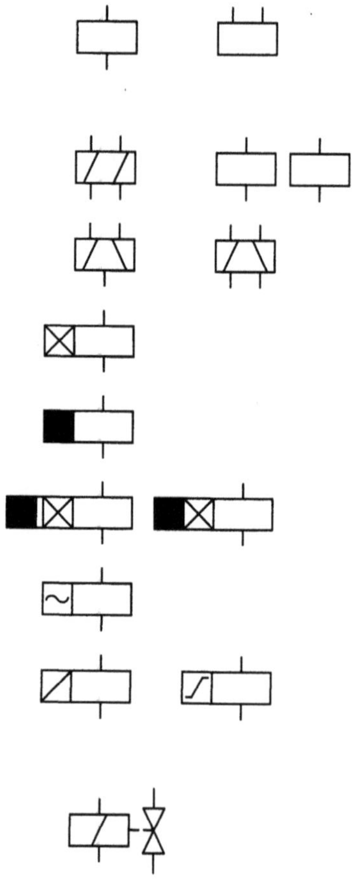

Bild 6.25:
Schaltzeichen für
elektromechanische
Antriebe

Relais

– Relais mit drei Schließern und einem Öffner

– Relais mit Abfallverzögerung

– Relais mit Anzugsverzögerung

– Remanenzrelais

– Blinkrelais

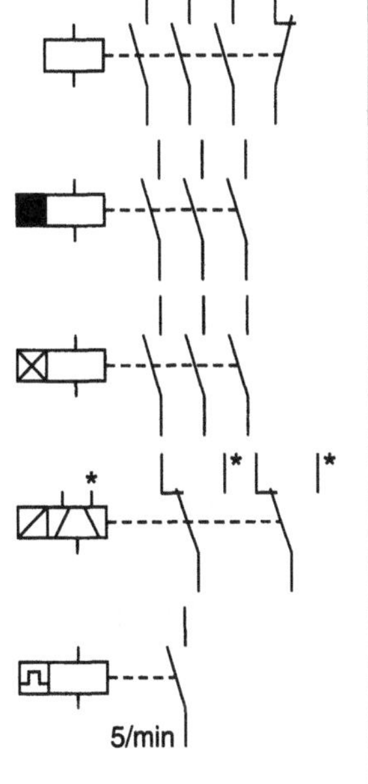

Schütz

– Schütz mit einem Öffner und einem Schließer

wird an den mit *gekennzeichneten Wicklungsanschluß eine Spannung gelegt, so erfolgt
die Kontaktangabe an den mit *gekenzeichneten Stellen der Schaltglieder

Bild 6.26:
Schaltzeichen für Relais
und Schütze (zusammen-
hängende Darstellung)

Grenztaster

  – Schließer

  – Öffner

Näherungsschalter, Näherungssensoren

  – Näherungssensor, näherungsempfindliche
    Einrichtung

  – Näherungsschalter (Schließer), betätigt durch
    Magneten (genormt)

  – Näherungsschalter, optisch

  – Näherungsschalter, induktiv

  – Näherungsschalter, kapazitiv

Druckschalter, Drucksensoren

  – Druckschalter, elektromechanisch

  – Druckschalter, elektronisch

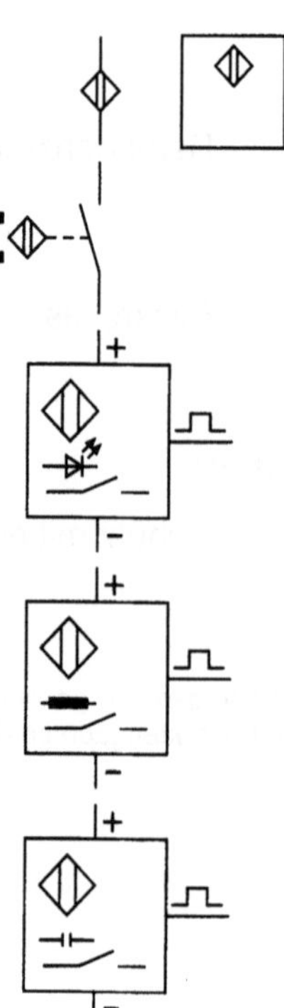
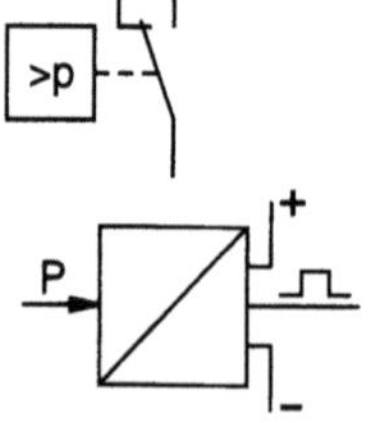

Bild 6.27:
Schaltzeichen für
Sensoren

Im Stromlaufplan einer elektropneumatischen Steuerung werden die Schaltzeichen der zur Realisierung von Verknüpfungen und Abläufen erforderlichen Bauelemente fortlaufend von oben nach unten und von links nach rechts eingetragen. Relais- und Ventilspulen werden stets unterhalb der Kontakte eingezeichnet (Bild 6.28).

Weitere Maßnahmen, um die gute Lesbarkeit eines Stromlaufplans sicherzustellen, sind:

- die Einteilung in einzelne Strompfade,
- die Kennzeichnung der Geräte und Kontakte durch Buchstaben und Zahlen,
- die Unterteilung in Steuerstromkreis und Hauptstromkreis,
- die Erstellung von Schaltgliedertabellen.

Die einzelnen Strompfade einer elektropneumatischen Steuerung werden im Stromlaufplan nebeneinander eingezeichnet und durchnumeriert. Der in Bild Bild 6.28 dargestellte Stromlaufplan einer elektropneumatischen Steuerung weist 10 Strompfade auf. Die Strompfade 1 bis 8 zählen zum Steuerstromkreis, die Strompfade 9 und 10 zum Hauptstromkreis.

Stromlaufplan einer elektropneumatischen Steuerung

Strompfade

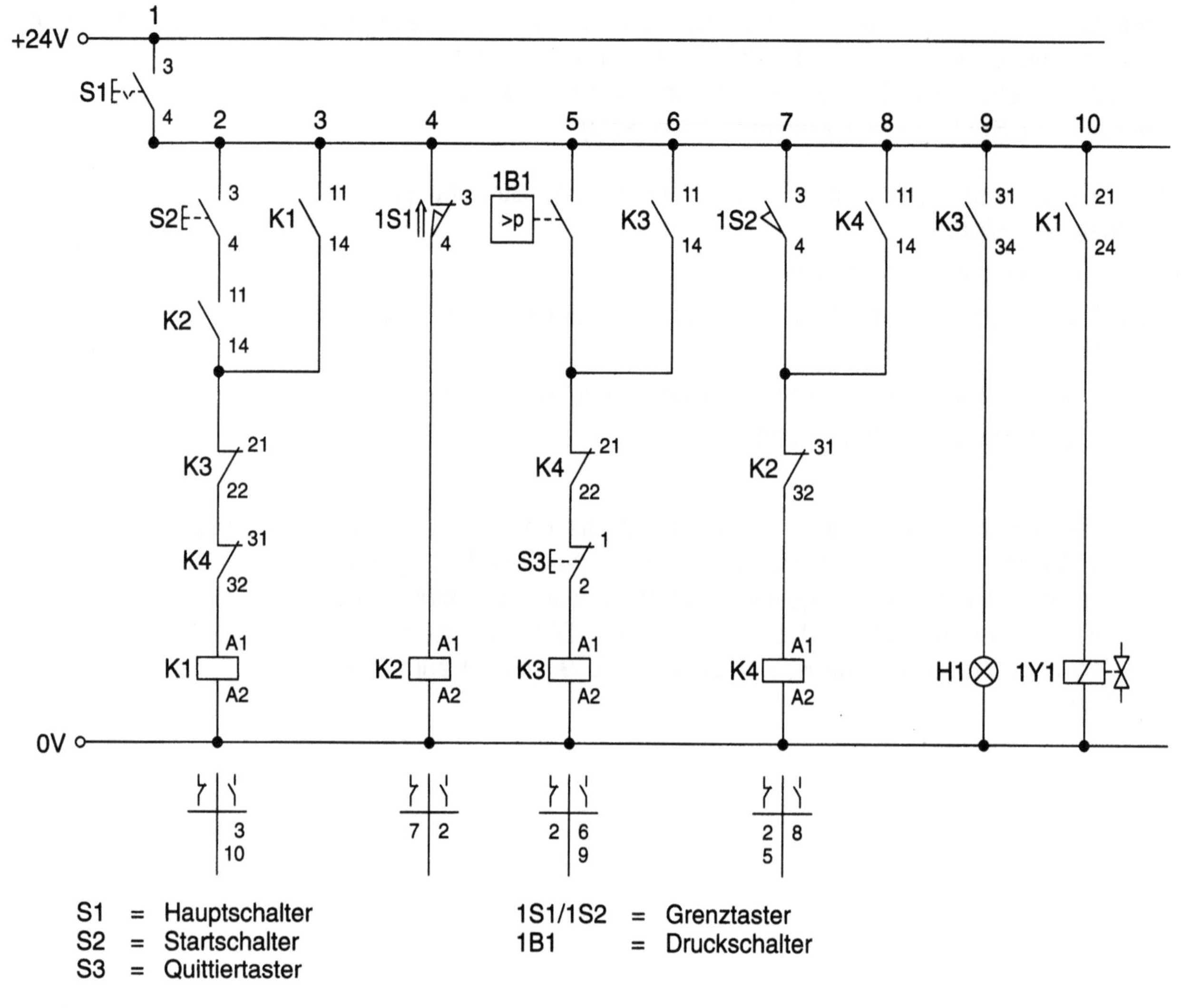

Bild 6.28:
Elektrischer Schaltplan (Stromlaufplan) einer elektropneumatischen Steuerung

Hinweis   Alle Relaiskontakte sind als Wechsler ausgeführt.

Die Bauelemente im Stromlaufplan einer Steuerung werden gemäß Tabelle 6.4 durch einen Buchstaben gekennzeichnet. Bauelemente mit gleicher Kennzeichnung werden fortlaufend numeriert (z. B. mit 1S1, 1S2 usw.).

Sensoren und Ventilspulen müssen sowohl im Pneumatikschaltplan als auch im Stromlaufplan dargestellt werden. Um die Eindeutigkeit und leichte Lesbarkeit sicherzustellen, sollten die Schaltzeichen in beiden Plänen auf gleiche Weise bezeichnet und nummeriert werden. Wurde z.B. ein bestimmter Grenztaster im Pneumatikschaltplan mit 1S1 bezeichnet, so ist die gleiche Kennzeichnung auch im Stromlaufplan zu verwenden.

Kennzeichnung von Bauelementen

Bauelementtyp	Kennzeichnung
Grenztaster	S
Handbetätigte Taster, Eingabeelemente	S
Reedschalter	B
elektronischer Näherungsschalter	B
Druckschalter	B
Meldeeinrichtungen	H
Relais	K
Schütz	K
Magnetspule eines Ventils	Y

Tabelle 6.4:
Bezeichnung von Bauelementen im Stromlaufplan
(DIN 40719, Teil 2)

Die im Stromlaufplan (Bild 6.28) dargestellten Bauelemente sind wie folgt gekennzeichnet:

Beispiel für die Kennzeichnung von Bauelementen

- die handbetätigten Schalter mit S1, S2 und S3,
- die Grenztaster mit 1S1 und 1S2,
- der Druckschalter mit 1B1,
- die Relais mit K1, K2, K3 und K4,
- die Magnetspule mit 1Y1,
- die Leuchte H1.

Anschluss-
bezeichnungen von
Kontakten und Relais

Um die fehlerfreie Verdrahtung von Kontakten sicherzustellen, werden sämtliche Anschlüsse am Bauelement und im Stromlaufplan in gleicher Weise gekennzeichnet. Jeder Anschluss eines Kontaktes erhält eine Funktionsziffer. Die Funktionsziffern für unterschiedliche Kontakttypen sind in Tabelle 6.5 zusammengefasst. Weist ein Schalter, ein Relais oder ein Schütz mehrere Kontakte auf, so werden sie mittels Ordnungsziffer durchnumeriert, die der Funktionsziffer vorangestellt wird (Bild 6.29).

Bild 6.30 zeigt das Schnittbild eines Relais mit den zugehörigen Anschlussbezeichnungen. Die Anschlüsse einer Relaisspule werden mit A1 und A2 bezeichnet.

Kontakttyp	Funktionsziffer
Öffner	1, 2
Schliesser	3, 4
Öffner, verzögert	5, 6
Schliesser, verzögert	7, 8
Wechsler	1, 2, 4
Wechsler, verzögert	5, 6, 8

Tabelle 6.5:
Funktionsziffern
für Kontakte

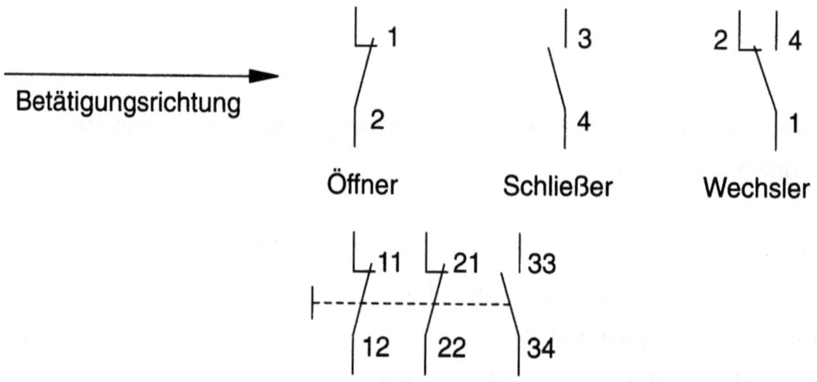

Bild 6.29:
Kontaktbezeichnung durch
Funktions- und
Ordnungsziffern

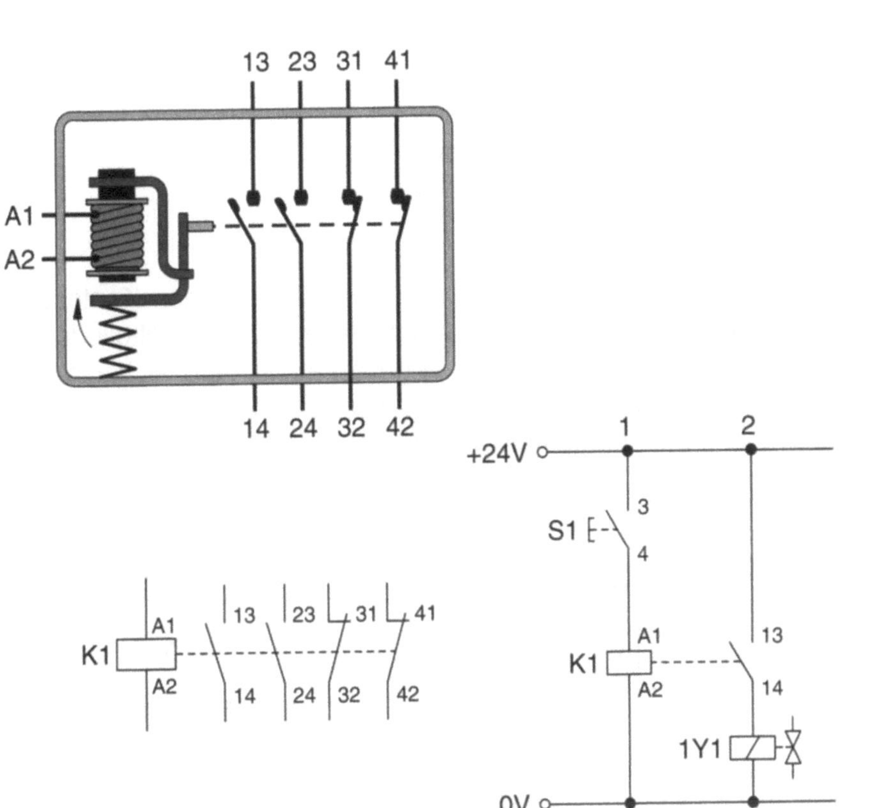

Bild 6.30:
Schaltzeichen und
Anschlussbezeichnungen
eines Relais

Beispiel für die Anschlussbezeichnungen bei Relais

Im Stromlaufplan Bild 6.28 sind die Anschlüsse des Relais K1 wie folgt gekennzeichnet:

- Spule (Strompfad 2): A1, A2,
- Schließer (Strompfad 3): 11, 14,
- Schließer (Strompfad 10): 21, 24.

Schaltgliedertabelle

Sämtliche von einer Relais- bzw. Schützspule betätigten Kontakte werden in einer Schaltgliedertabelle aufgelistet. Die Schaltgliedertabelle wird unterhalb des Strompfades angeordnet, in dem sich die Relaisspule befindet. Schaltgliedertabellen können in vereinfachter und in ausführlicher Form dargestellt werden (Bild 6.31).

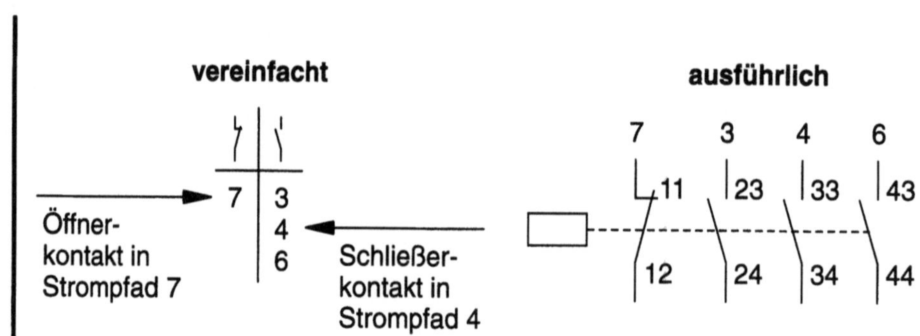

Bild 6.31:
Schaltgliedertabelle eines
Relais in vereinfachter und
ausführlicher Form

Im Stromlaufplan Bild 6.28 finden sich ingesamt 4 Schaltgliedertabellen:

Beispiele für
Schaltgliedertabellen

- Strompfad 2: Schaltgliedertabelle für Relais K1,
- Strompfad 4: Schaltgliedertabelle für Relais K2,
- Strompfad 5: Schaltgliedertabelle für Relais K3,
- Strompfad 8: Schaltgliedertabelle für Relais K4.

Der elektrische Schaltplan wird im stromlosen Zustand dargestellt (abgeschaltete elektrische Energieversorgung). Sind in dieser Stellung Grenztaster betätigt, so werden sie mit einem Pfeil gekennzeichnet (Bild 6.32). Zusätzlich werden die zugehörigen Kontakte in betätigter Stellung dargestellt.

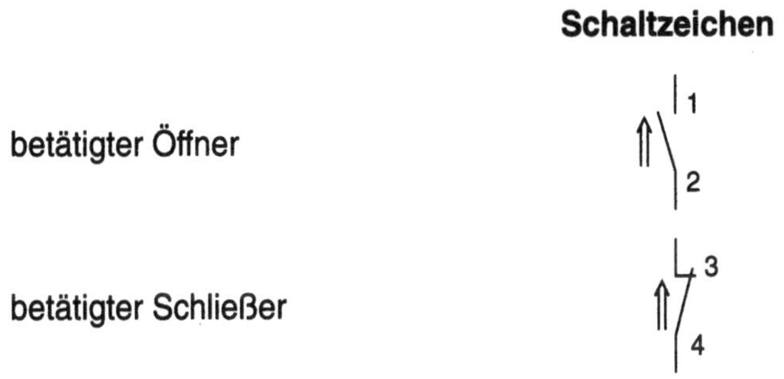

Betätigte Kontakte
und Sensoren

Schaltzeichen

betätigter Öffner

betätigter Schließer

Bild 6.32:
Darstellung von betätigten
Kontakten im Stromlaufplan

6.5 Klemmenanschlussplan

Bei einer elektropneumatischen Steuerung müssen Sensoren, Bedienelemente, Signalverabeitung und Magnetspulen untereinander verdrahtet werden. Zu berücksichtigen ist dabei die Anordnung der Steuerungskomponenten:

- Sensoren sind häufig an schwer zugänglichen Stellen einer Anlage angebracht.

- Die Signalverarbeitung (Relais, speicherprogrammierbare Steuerung) wird meist im Schaltschrank plaziert. In zunehmendem Maße werden speicherprogrammierbare Steuerungen aber auch in Ventilinseln integriert.

- Die Bedienelemente sind entweder direkt in die Schaltschrankfront eingebaut, oder die Steuerung wird über ein separates Pult bedient.

- Die elektrisch betätigten Wegeventile werden blockweise im Schaltschrank, blockweise auf Ventilinseln oder einzeln in Antriebsnähe montiert.

Die große Anzahl der Komponenten und ihr räumlicher Abstand machen die Verdrahtung zu einem wesentlichen Kostenfaktor bei einer elektropneumatischen Steuerung.

Anforderungen an die Verdrahtung

Die Verdrahtung einer elektropneumatischen Steuerung muss folgenden Anforderungen genügen:

- kostengünstiger Aufbau (Verwendung von Komponenten, die bei gutem Preis-/Leistungsverhältnis eine zügige Verdrahtung ermöglichen, Optimierung des Stromlaufplanes bezüglich Verdrahtungsaufwand, Verwendung von Komponenten mit reduzierter Anschlussanzahl),

- einfache Fehlersuche (übersichtliche, leicht nachvollziehbare und genau dokumentierte Verdrahtung),

- schnelle Reparatur (einfacher Austausch von Komponenten durch Klemm- oder durch Steckverbindungen, keine angelöteten Komponenten).

In der Elektropneumatik werden in zunehmendem Maße Feldbussysteme zur Übertragung von Signalen eingesetzt. Sie weisen folgende Eigenschaften auf:

- besonders übersichtlicher, wartungsfreundlicher Steuerungsaufbau,
- Verdrahtungsaufwand und -kosten reduzieren sich auf einen Bruchteil (steckbare Verbindungen),
- Hardwareaufwand und -kosten steigen (aufwendigere Elektronik).

Die Entscheidung, ob ein Feldbussystem eingesetzt wird oder ob die Steuerung per Einzelverdrahtung aufgebaut wird, hängt vom Anwendungsfall ab (vgl. Kap. 9).

Feldbussysteme

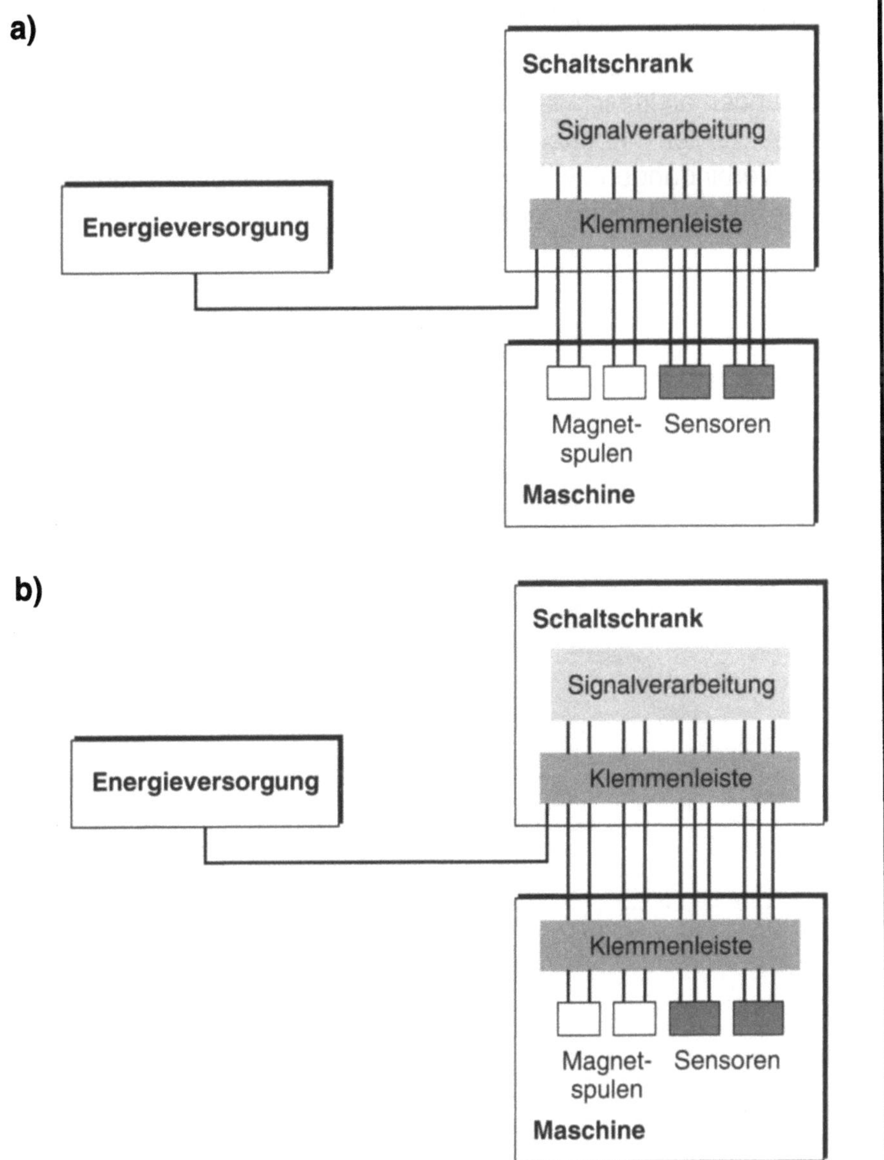

Bild 6.33:
Aufbau einer elektropneumatischen Steuerung unter Verwendung von Klemmenleisten

Verdrahtung mit Klemmleisten	Bei Steuerungen mit Einzelverdrahtung kommen Klemmleisten zum Einsatz, um die Anforderungen bezüglich niedriger Verdrahtungskosten, einfacher Fehlersuche und reparaturfreundlichem Aufbau zu erfüllen. Sämtliche Leitungen, die aus dem Schaltschrank heraus bzw. in ihn hineinführen, laufen über eine Klemmleiste (Bild 6.33a). Defekte Bauelemente können problemlos an der Leiste abgeklemmt und ausgetauscht werden.

Werden direkt an der Anlage bzw. Maschine zusätzliche Klemmenleisten montiert, lassen sich die außerhalb des Schaltschranks angeordneten Bauelemente über wesentlich kürzere Zuleitungen anschließen (Bild 6.33b). Installation und Austausch der Komponenten werden weiter vereinfacht. Jede zusätzliche Klemmenleiste wird zum Schutz vor Umwelteinflüssen in einen Klemmenkasten eingebaut.

Aufbau von Klemmen und Klemmenleisten	Eine Klemme weist zwei Aufnahmen für elektrische Leitungen auf, die untereinander elektrisch leitend verbunden sind (Bild 6.34). Sämtliche Klemmen werden nebeneinander auf einer Leiste befestigt. Elektrisch leitende Verbindungen zwischen nebeneinanderliegenden Klemmen lassen sich durch Brücken herstellen.

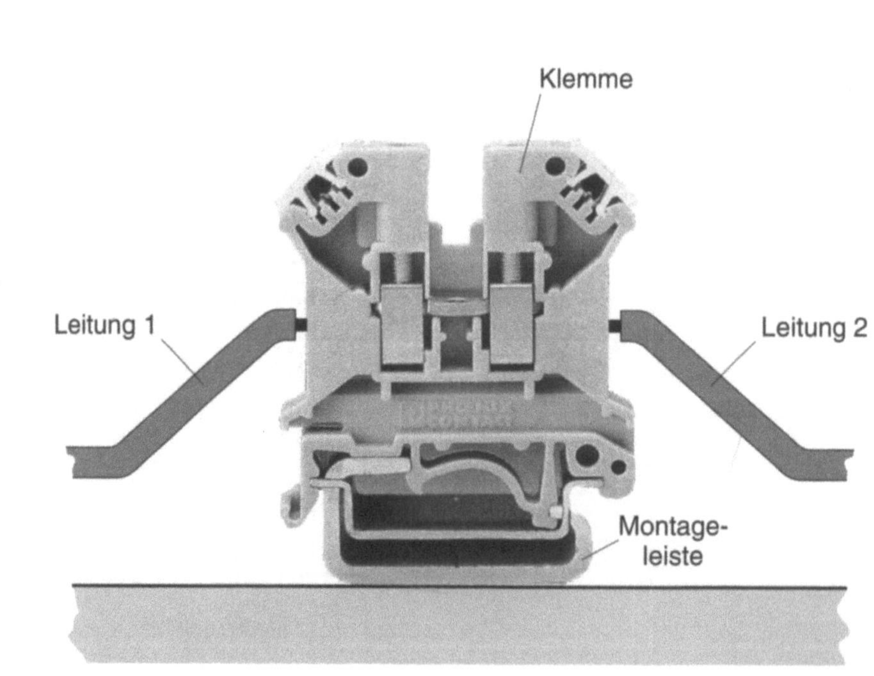

Bild 6.34:
Klemme

Die beiden Ziele, eine Steuerung möglichst kostengünstig und leicht nachvollziehbar zu verdrahten, lassen sich nicht gleichzeitig erreichen. Für die Wartung einer Steuerung ist es günstig, wenn die Klemmen einer Klemmenleiste so belegt werden, dass der Verdrahtungsaufbau leicht nachzuvollziehen ist (Tabelle 6.6). In der Praxis finden sich:

- Steuerungen mit systematischer, wartungsfreundlicher Klemmenbelegung,

- Steuerungen, bei denen die Klemmenanzahl auf Kosten der Übersichtlichkeit minimiert wurde,

- Mischformen zwischen beiden Varianten.

Auf keinen Fall darf ein Klemmenanschluss mit mehreren Drähten belegt werden.

Klemmenbelegung

	Übersichtliche Klemmenbelegung	minimierte Klemmenanzahl
Vorteile	– schnelle Fehlersuche – leicht nachvollziehbar – leicht reparierbar	– Einsparungen (Platz im Schaltschrank, Klemmen) – geringerer Verdrahtungsaufwand – weniger Fehlerquellen beim Verdrahten
Nachteile	– materieller Aufwand – Verdrahtung zeitaufwendig	– unübersichtlich, zeitaufwendig insbesondere für Anlagenfremde

Tabelle 6.6:
Vorgehensweisen bei der
Klemmenbelegung

Aufbau eines Klemmenanschlussplans

Die Klemmenbelegung wird im Klemmenanschlussplan dokumentiert. Er besteht aus zwei Teilen: dem Stromlaufplan und der Klemmenbelegungsliste.

Im Stromlaufplan wird jede Klemme als ein Kreis dargestellt (Bild 6.37). Die Klemmen werden mit X bezeichnet und innerhalb einer Klemmenleiste der Reihe nach durchnumeriert (Klemmenbezeichnung z. B. X1, X2 usw.). Sind mehrere Klemenleisten vorhanden, erhält jede Klemmenleiste zusätzlich eine Ordnungsziffer (Klemmenbezeichnung z.B. X2.6 für die 6. Klemme der Klemmenleiste 2).

In einer Klemmenbelegungsliste wird die Belegung sämtlicher Klemmen einer Leiste der Reihe nach aufgeführt. Weist eine Steuerung mehrere Klemmenleisten auf, wird für jede Leiste eine Liste erstellt. Klemmenbelegungslisten dienen als Unterlage bei der Steuerungsmontage, bei der Fehlersuche (Messen von Signalen an den Klemmen) und bei der Reparatur.

Erstellung eines Klemmenanschlussplans

Ausgangsbasis für den Klemmenanschlussplan ist der Stromlaufplan ohne Klemmenbelegung. Die Erstellung des Klemmenanschlussplans erfolgt in zwei Schritten:

1. Vergabe der Klemmennummern und Einzeichnen der Klemmen in den Stromlaufplan,

2. Erstellung der Klemmenbelegungsliste(n).

Anwendungsbeispiel

Nachfolgend wird ein Verfahren zur Klemmenbelegung erläutert, mit dem man eine übersichtliche, leicht nachvollziehbare Verdrahtung erhält. Ausgangsbasis für die Erstellung des Klemmenanschlussplanes sind:

- der Stromlaufplan einer Steuerung ohne Markierung der Klemmen (Bild 6.35),

- ein Vordruck für eine Klemmenbelegungsliste (Bild 6.36).

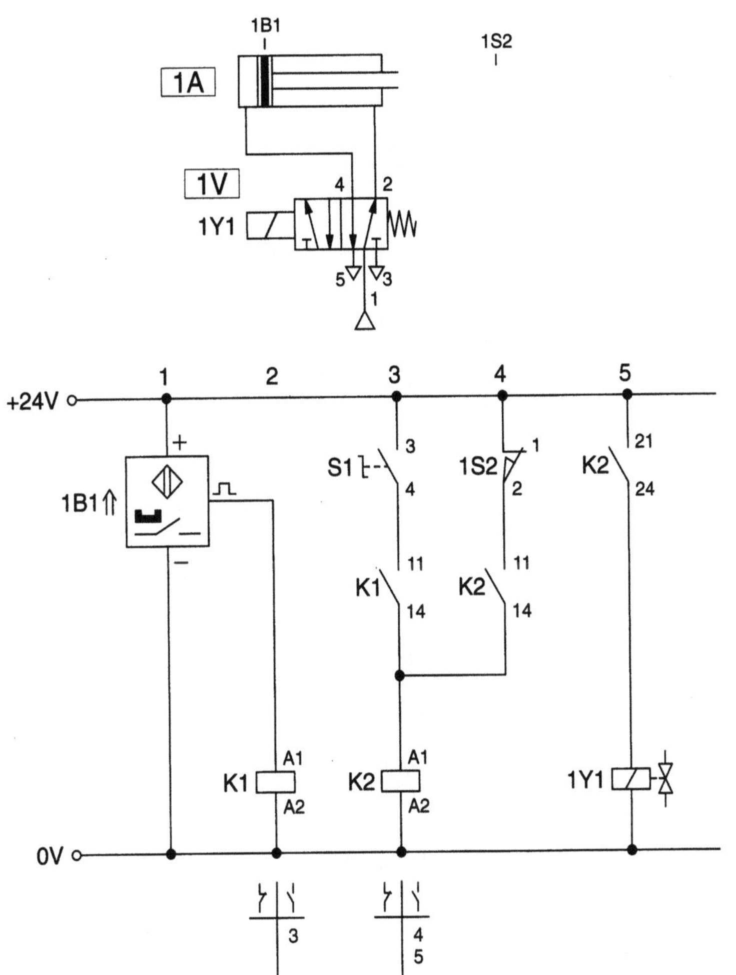

Bild 6.35:
Pneumatischer Schaltplan
und Stromlaufplan einer
elektropneumatischen
Steuerung

Ziel		Verbindungsbrücke	Klemmen - Nr. X . . .	Ziel	
Bauteil - Bezeichnung	Anschluss - Bezeichnung			Bauteil - Bezeichnung	Anschluss - Bezeichnung
		◯	1		
		◯	2		
		◯	3		
		◯	4		
		◯	5		
		◯	6		
		◯	7		
		◯	8		
		◯	9		
		◯	10		
		◯	11		
		◯	12		
		◯	13		
		◯	14		
		◯	15		
		◯	16		
		◯	17		
		◯	18		
		◯	19		
		◯	20		

Bild 6.36:
Vordruck für eine
Klemmenbelegungsliste

Die Klemmennummern werden in aufsteigender Reihenfolge vergeben und im Stromlaufplan markiert. Die Zuordnung Stromlaufplan-Klemmen erfolgt in drei Schritten:

1. Spannungsversorgung aller Strompfade (Klemmen X1-1 bis X1-4 im Stromlaufplan Bild 6.37),

2. Masseanschluss aller Strompfade (Klemmen X1-5 bis X1-8 im Stromlaufplan Bild 6.37).

3. Anschluss sämtlicher außerhalb des Schaltschranks angeordneter Bauelemente nach folgender Systematik:
   - in der Reihenfolge der Strompfade,
   - innerhalb eines Strompfades von oben nach unten,
   - bei Kontakten in der Reihenfolge der Funktionsziffern,
   - bei elektronischen Bauelementen in der Reihenfolge Anschluss Versorgungsspannung, Signalanschluss (falls vorhanden), Masseanschluss.

Die Bauelemente belegen im Schaltplan Bild 6.37 die Klemmen X1-9 bis X1-17.

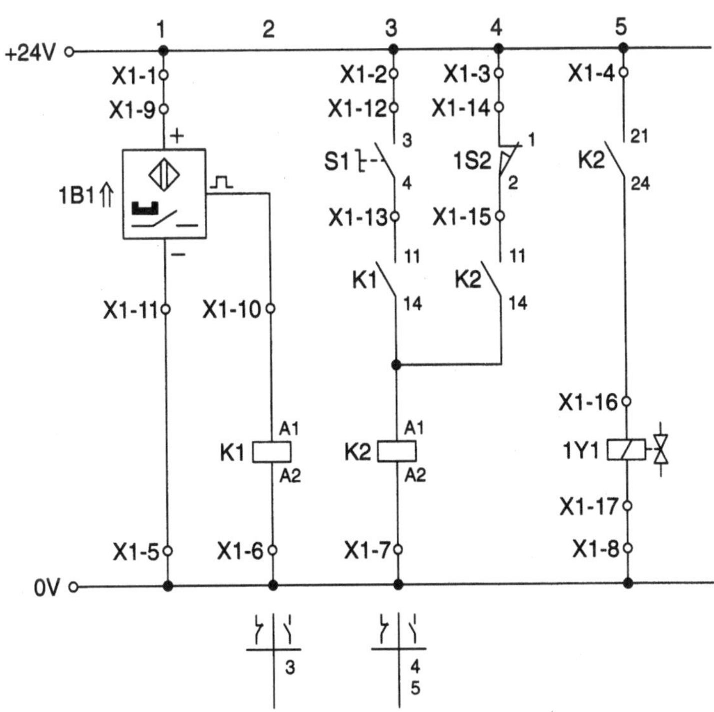

Bild 6.37:
Stromlaufplan mit eingezeichneten Klemmen

Ausfüllen der Klemmenbelegungsliste

Das Ausfüllen der Klemmenbelegungsliste umfasst folgende Schritte:

1. Eintragen der Bauteil- und Anschlussbezeichnungen der Bauelemente außerhalb des Schaltschranks (auf der linken Seite der Klemmenbelegungsliste),

2. Eintragen der Bauteil- und Anschlussbezeichnungen von Bauelementen innerhalb des Schaltschranks (auf der rechten Seite der Klemmenbelegungsliste),

3. Einzeichnen der erforderlichen Brücken (im Beispiel: Klemmen X1-1 bis X1-4 für 24 V Versorgungsspannung, X1-5 bis X1-8 für Versorgungsmasse),

4. Eintragen der Verbindungen Klemme-Klemme, die nicht als Brücke realisiert werden können.

| | Maschine | | | | Schaltschrank | |
| | Ziel | | | Klemmen - Nr. X1 | Ziel | |
Bauteil - Bezeichnung	Anschluss - Bezeichnung	Verbindungsbrücke			Bauteil - Bezeichnung	Anschluss - Bezeichnung
	+24V	●	1		X1	9
		●	2		X1	12
		●	3		X1	14
		●	4		K2	21
	0V	●	5		X1	11
		●	6		K1	A2
		●	7		K2	A2
		●	8		X1	17
1B1	+	○	9		X1	1
1B1	⎍	○	10		K1	A1
1B1	-	○	11		X1	5
S1	3	○	12		X1	2
S1	4	○	13		K1	11
1S2	1	○	14		X1	3
1S2	2	○	15		K2	11
1Y1		○	16		K2	24
1Y1		○	17		X1	8
		○	18			
		○	19			
		○	20			

Bild 6.38:
Klemmenbelegungsliste
für die Beispielsteuerung

Die Gestaltung einer Klemmenbelegungsliste orientiert sich am Klemmenleistenaufbau. Dementsprechend lässt sich eine elektropneumatische Steuerung in weiten Teilen auf Basis der Klemmenbelegungsliste (Bild 6.38) verdrahten:

- Sämtliche Leitungen, die zu Bauelementen ausserhalb des Schaltschranks führen, werden entsprechend der Liste auf der linken Seite der Klemmenleiste angeschlossen.

- Sämtliche Leitungen, die zu Bauelementen innerhalb des Schaltschranks führen, werden entsprechend der Liste auf der rechten Seite der Leiste angeklemmt.

- Benachbarte Klemmen, bei denen in der Klemmenbelegungsliste eine Brücke eingezeichnet ist, werden elektrisch leitend verbunden.

Leitungen, die zwei Bauelemente im Schaltschrank verbinden, laufen nicht über die Klemmenleiste. Sie sind deshalb in der Klemmenbelegungsliste nicht dargestellt und müssen nach Stromlaufplan verdrahtet werden.

Verdrahtung einer elektropneumatischen Steuerung

Kapitel 7

Sicherheitsmaßnahmen bei elektropneumatischen Steuerungen

7.1 Gefahren und Schutzmaßnahmen

Um den gefahrlosen Betrieb elektropneumatischer Steuerungen sicherzustellen, sind zahlreiche Schutzmaßnahmen erforderlich.

Eine Gefahrenursache sind bewegte Maschinen- und Anlagenteile. Bei einer pneumatischen Presse muss z. B. verhindert werden, dass die Finger bzw. Hände des Bedieners eingeklemmt werden. Bild 7.1 gibt eine Übersicht über Gefahrenquellen und geeignete Schutzmaßnahmen.

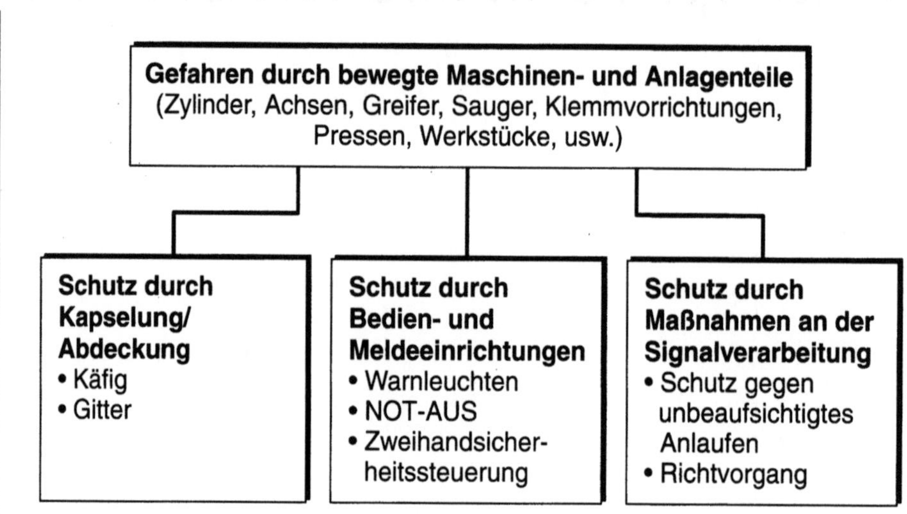

Bild 7.1:
Bewegte Maschinen- und Anlagenteile: Gefahrenquellen und Schutzmaßnahmen

Weitere Gefahren gehen vom elektrischen Strom aus. In Bild 7.2 sind diesbezügliche Gefahren und Schutzmaßnahmen zusammengefasst.

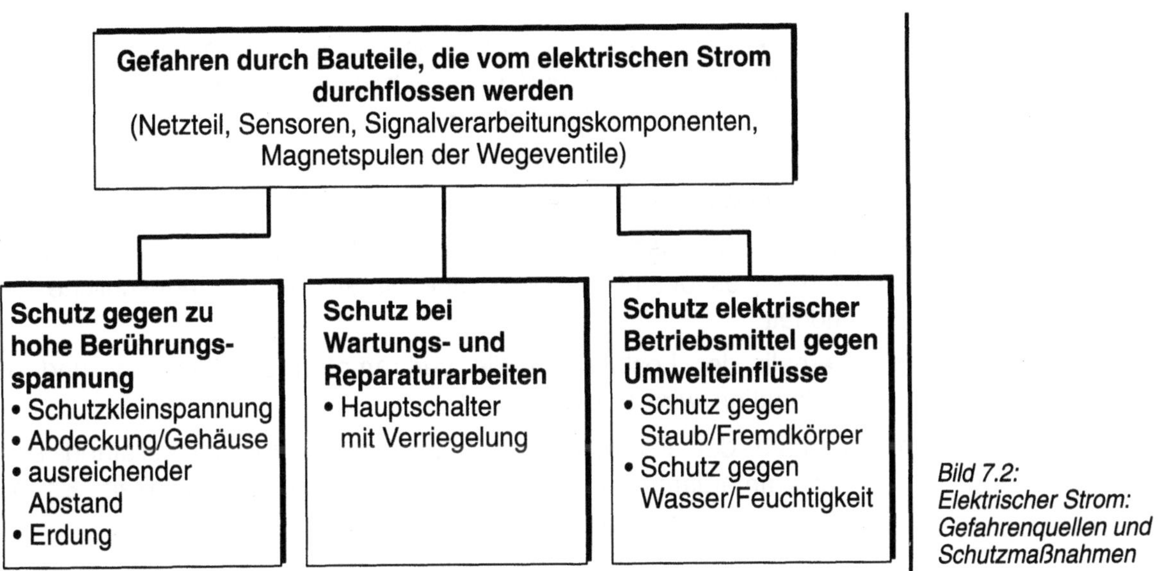

Bild 7.2:
Elektrischer Strom:
Gefahrenquellen und
Schutzmaßnahmen

Um eine Gefährdung des Bedienpersonals weitestmöglich auszuschließen, müssen beim Aufbau elektropneumatischer Steuerungen zahlreiche Sicherheitsvorschriften und Normen eingehalten werden. Nachfolgend sind die wesentlichen Normen zum Schutz vor den Gefahren des elektrischen Stromes aufgelistet:

Sicherheitsvorschriften

- Schutzmaßnahmen bei Starkstromanlagen bis 1000 V (DIN VDE 0100),

- Bestimmungen über die elektrische Ausrüstung und Sicherheit von Maschinen (DIN/EN 60204),

- Schutzarten der verwendeten elektrischen Betriebsmittel (DIN-VDE 470-1).

7.2 Wirkung des elektrischen Stromes auf den Menschen

Wirkung des elektrischen Stromes

Beim Berühren spannungsführender Teile wird ein elektrischer Stromkreis geschlossen (Bild 7.3a). Es fließt ein elektrischer Strom I durch den menschlichen Körper.

Die Auswirkung des elektrischen Stromes auf den Menschen steigt mit wachsender Stromstärke und mit wachsender Berührungsdauer. Man unterscheidet folgende Schwellwerte:

- Unterhalb der Wahrnehmbarkeitsschwelle hat der elektrische Strom keine Auswirkung auf den Menschen.

- Bis zur Loslassschwelle wird der elektrische Strom zwar wahrgenommen, es besteht jedoch keine Gefahr für die menschliche Gesundheit.

- Oberhalb der Loslassschwelle verkrampfen die Muskeln, und die Herzfunktion wird beeinträchtigt.

- Oberhalb der Flimmerschwelle kommt es zu Herzstillstand bzw. Herzkammerflimmern, Atemstillstand und Bewusstlosigkeit. Es besteht akute Lebensgefahr.

In Bild 7.4 sind Wahrnehmbarkeits-, Loslass- und Flimmerschwelle für Wechselstrom mit einer Frequenz von 50 Hz aufgetragen. Dies entspricht der Frequenz des elektrischen Versorgungsnetzes. Bei Gleichstrom liegen die Schwellwerte für die Gefährdung des Menschen geringfügig höher.

Elektrischer Widerstand des Menschen

Der menschliche Körper setzt dem Stromfluss einen Widerstand entgegen. Der elektrische Strom tritt z.B. durch die Hand in den Menschen ein, fließt dann durch den Körper und tritt an einer anderen Stelle (z.B. an den Füßen) wieder aus (Bild 7.3a). Der elektrische Widerstand R_M des Menschen (Bild 7.3c) wird dementsprechend gebildet durch eine Reihenschaltung des Eintrittswiderstandes $R_{Ü1}$, des inneren Widerstand R_I und des Austrittswiderstandes $R_{Ü2}$ (Bild 7.3b). Er wird nach folgender Formel berechnet:

$$R_M = R_{Ü1} + R_I + R_{Ü2}$$

Die Übergangswiderstände $R_{Ü1}$ und $R_{Ü2}$ variieren sehr stark in Abhängigkeit der Berührungsfläche, der Hautfeuchtigkeit und der Hautdicke. Dies wirkt sich auf den Gesamtwiderstand R_M aus. Er schwankt zwischen folgenden Extremwerten:

- weniger als 1000 Ohm (große Berührflächen, nasse, verschwitzte Haut),

- mehrere Millionen Ohm (punktförmige Berührung, sehr trockene, dicke Haut).

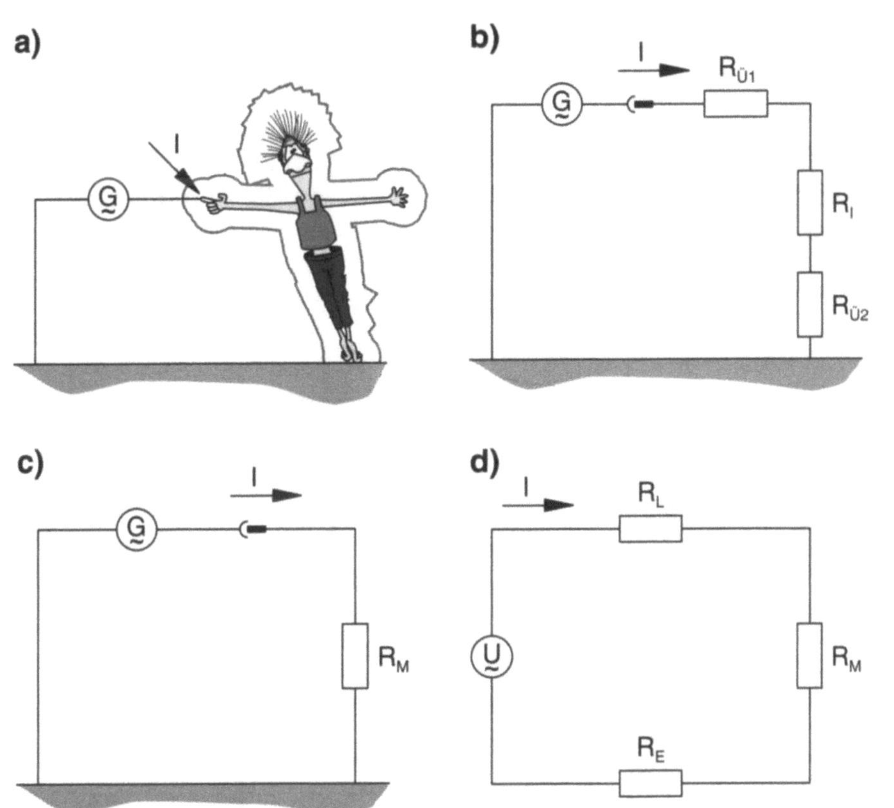

Bild 7.3:
Berühren
spannungsführender Teile

Einflussgrößen auf die Unfallgefahr

Der Strom I durch den menschlichen Körper hängt ab von der Quellenspannung U, dem Widerstand R_L der elektrischen Leitung, dem Widerstand R_M des Menschen und dem Widerstand R_E der Erde (Bild 7.3d). Er wird wie folgt berechnet:

$$I \ = \ \frac{U}{R_L + R_M + R_E}$$

Nach dieser Formel ergibt sich ein hoher Strom, d. h. eine starke Gefährdung

- beim Berühren eines elektrischen Leiters unter hoher Spannung U (z.B. Leiter des elektrischen Versorgungsnetzes, 230 V Wechselspannung),

- bei Berührungen mit geringem Übergangswiderstand Rü und demzufolge geringem Widerstand R_M (z. B. große Berührflächen, verschwitzte Haut, nasse Kleidung).

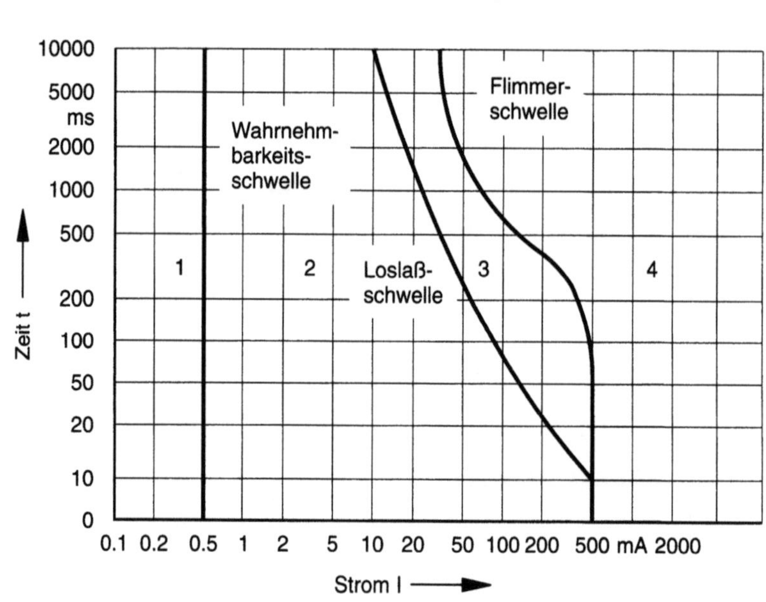

Bild 7.4:
Gefährdungsbereiche
bei Wechselspannung
(Frequenz 50 Hz/ 60 Hz)

Vielfältige Schutzmaßnahmen verhindern, dass der Bediener einer elektropneumatischen Steuerung durch den elektrischen Strom gefährdet wird.

Ein Schutz gegen die Berührung spannungsführender Teile ist sowohl bei niedrigen wie auch bei hohen Spannungen vorgeschrieben. Er kann durch

- Isolierung,
- Abdeckung,
- ausreichenden Abstand

gewährleistet werden.

Bauteile, die vom Menschen berührt werden können, müssen geerdet werden. Wenn ein geerdetes Gehäuse unter Spannung gerät, führt dies zu einem Kurzschluss, und die Überstromschutzorgane lösen aus. Dadurch wird die Spannungsversorgung unterbrochen. Zum Einsatz als Überstromschutzorgane kommen

- Schmelzsicherungen,
- Leistungsschutzschalter,
- FI-Schutzschalter,
- FU-Schutzschalter.

Bei Berühren eines elektrischen Leiters, dessen Spannung geringer ist als ca. 30 V, besteht keine Lebensgefahr, da nur ein geringer Strom durch den menschlichen Körper fließt.

Aus diesem Grund betreibt man elektropneumatischen Steuerungen in der Regel nicht mit der Spannung des elektrischen Versorgungsnetzes (z.B. 230 V Wechselspannung), sondern mit 24 V Gleichspannung. Die Versorgungsspannung wird durch ein Netzteil mit Schutztrafo herabgesetzt (vgl. Kap. 3.1).

7.3 Schutzmaßnahmen gegen Unfälle durch elektrischen Strom

Schutz gegen
direktes Berühren

Erdung

Schutzkleinspannung

Achtung
Trotz dieser Schutzmaßnahme stehen die elektrischen Leiter an den Eingängen des Netzteils unter hoher Spannung!

7.4 Bedienfeld und Meldeeinrichtungen

Bedienelemente und Meldeeinrichtungen müssen so gestaltet sein, dass eine sichere und schnelle Bedienung der Steuerung gewährleistet ist. Die Funktion, die Anordnung und die farbliche Gestaltung von Bedienelementen und Kontrolleuchten sind genormt. Dadurch wird eine einheitliche Bedienung unterschiedlicher Steuerungen ermöglicht, und Fehlbedienungen werden weitestmöglich verhindert.

Hauptschalter

Jede Maschine und Anlage muss einen Hauptschalter aufweisen. Mit diesem Schalter wird die elektrische Energieversorgung für die Dauer von Reinigungs-, Wartungs- und Reparaturarbeiten sowie bei längeren Stillstandszeiten abgeschaltet. Der Hauptschalter muss handbetätigt sein und darf nur zwei Schaltstellungen aufweisen: "0" (Aus) und "1" (Ein). Die Aus-Stellung muss verriegelbar sein, so dass Handeinschaltung bzw. Ferneinschaltung verhindert werden. Bei mehreren Einspeisungen müssen die Hauptschalter gegeneinander verriegelt werden, so dass keine Gefährdung des Wartungspersonals eintreten kann.

NOT-AUS

Der NOT-AUS-Stellschalter wird vom Bediener in Gefahrensituationen betätigt.

Das Befehlsgerät NOT-AUS muss bei unmittelbarer Handbetätigung einen Pilzdruckknopf haben. Mittelbare Betätigung über Reißleine oder Trittleiste ist zulässig. Sind mehrere Arbeitsplätze oder Bedienstände vorhanden, so muss an jedem ein NOT-AUS-Befehlsgerät vorhanden sein. Die Farbe des NOT-AUS-Betätigungselementes ist auffälliges Rot. Die Fläche unterhalb des Stellschalters ist mit der Kontrastfarbe Gelb zu kennzeichnen.

Nach Betätigen von NOT-AUS sind die Antriebe möglichst schnell stillzusetzen, und die Steuerung sollte soweit wie möglich von der elektrischen und pneumatischen Energieversorgung getrennt werden. Dabei sind folgende Einschränkungen zu beachten:

- Falls die Beleuchtung erforderlich ist, darf sie nicht abgeschaltet werden.

- Hilfs- und Bremseinrichtungen zum schnellen Stillsetzen dürfen nicht wirkungslos werden.

- Eingespannte Werkstücke dürfen sich nicht lösen.

- Rücklaufbewegungen müssen, soweit erforderlich, durch Betätigen der NOT-AUS-Einrichtung ausgelöst werden. Sie dürfen allerdings nur eingeleitet werden, falls dies gefahrlos möglich ist.

Neben dem Hauptschalter und dem NOT-AUS-Schalter weist eine elektropneumatische Steuerung zusätzliche Bedienelemente auf. Bild 7.5 zeigt ein Beispiel für ein Bedienfeld.

Bedienelemente einer elektropneumatischen Steuerung

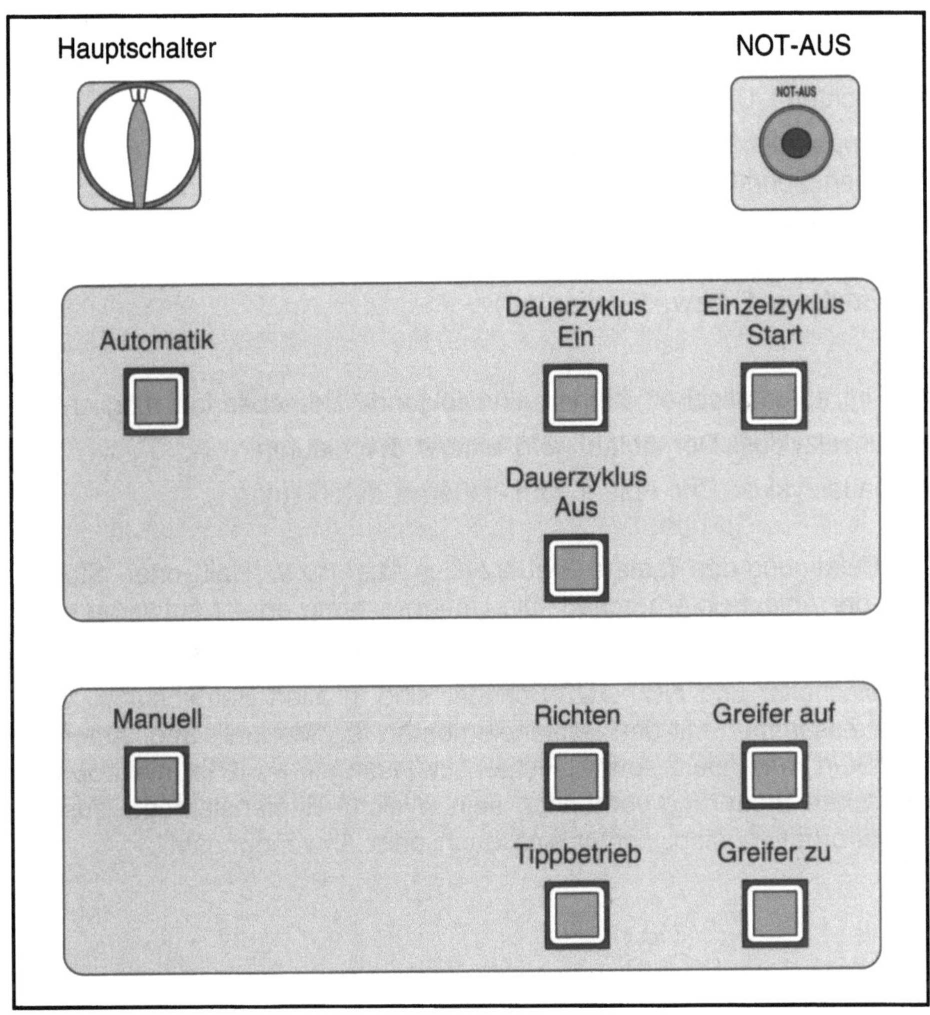

Bild 7.5:
Bedienfeld einer elektropneumatischen Steuerung
(Beispiel)

Bei elektropneumatischen Steuerungen unterscheidet man:

- manuellen, d. h. von Hand gesteuerten Betrieb,
- automatischen, d. h. programmgesteuerten Betrieb.

Manueller Betrieb

Im manuellen Betrieb haben folgende Bedienelemente einer Wirkung:

- "Richten": Die Anlage wird in die Grundstellung gebracht.
- "Tippbetrieb": Mit jeder Betätigung des Tasters wird der Ablauf um einen Schritt weitergetaktet.
- Einzelbewegungen: Bei Betätigung des entsprechenden Tasters bzw. Stellschalters wird ein Antrieb verfahren (Beispiel in Bild 7.5: "Greifer auf" bzw. "Greifer zu").

Automatischer Betrieb

Nur im automatischen Betrieb sind folgende Betriebsarten möglich:

- Einzelzyklus: Der Ablauf wird einmal durchlaufen.
- Dauerzyklus: Der Ablauf wird dauernd durchlaufen.

Bei Betätigung des Tasters "Dauerzyklus Aus" (bzw. "Halt" oder "Stopp") wird der Ablauf unterbrochen. Die Unterbrechung erfolgt entweder nach dem nächsten Schritt oder nach Beendigung des kompletten Ablaufs.

Hauptschalter und NOT-AUS-Schalter sind in allen Betriebsarten wirksam. Zusammen mit den Bedienelementen für "Manuell" und "Automatik", "Start" und "Halt" sowie "Richten" müssen sie an jeder elektropneumatischen Steuerung vorhanden sein. Welche Bedienelemente zusätzlich erforderlich sind, richtet sich nach dem Anwendungsfall.

Tabelle 7.1 gibt eine Übersicht über die Farben der Bedienelemente und ihre Bedeutung nach EN 60204.

Farbliche Kennzeichnung der Bedienelemente

Farbe	Befehl	Angestrebter Betriebszustand
Rot	Halt, Aus	Stillsetzen eines oder mehrerer Motoren. Stillsetzen von Einheiten der Maschine. Magnetische Spannvorrichtungen außer Betrieb setzen.
		Halt des Zyklus (wenn der Bediener den Druckknopf während eines Zyklus betätigt, hält die Maschine, nachdem der laufende Zyklus beendet ist).
	NOT-AUS	Halt bei Gefahr! (z. B. Abschalten bei gefährlicher Überhitzung)
Grün oder Schwarz	Start, Ein, Tippen	Steuerstromkreise an Spannung (funktionsbereit). Anlauf eines oder mehrerer Motoren für Hilfsfunktionen. Start von Einheiten der Maschine. Magnetische Spannvorrichtungen in Betrieb setzen. Tippbetrieb (Tippen beim Einschalten).
Gelb	Start eines Rücklaufes außerhalb des normalen Arbeitsablaufes, oder Start einer Bewegung zur Beseitigung gefährlicher Bedingungen.	Rücklauf von Maschineneinheiten zum Ausgangspunkt des Zyklus, falls dieser noch nicht abgeschlossen war. Das Betätigen des gelben Druckknopfes kann andere vorher gewählte Funktionen außer Kraft setzten.
Weiß oder Schwarz	Jede Funktion, für die keine der obengenannten Farben gilt.	Steuern von Hilfsfunktionen, die nicht direkt mit dem Arbeitszyklus zusammenhängen.

Tabelle 7.1:
Farbliche Kennzeichnung der Bedienelemente von Maschinensteuerungen

Farbliche
Kennzeichnung der
Kontrolleuchten

Damit das Bedienpersonal den Betriebszustand einer Anlage, insbeson-dere Fehlfunktionen und Gefahrensituationen, unmittelbar erkennen kann, sind die Kontrolleuchten nach EN 60204 farblich gekennzeichnet. Tabelle 7.2 zeigt die Bedeutung der verschiedenen Farben.

Farbe	Betriebszustand	Anwendungsbeispiele
Rot	Anormale Zustände.	Hinweis, dass die Maschine durch ein Schutz-organ gestoppt wurde (z. B. wegen Überlast, Überfahren oder wegen eines anderen Fehlers). Auffordern zum Stillsetzen der Maschine (z. B. wegen Überlast).
Gelb	Achtung oder Vorsicht.	Ein Wert (Strom, Temperatur) nähert sich seiner zulässigen Grenze oder Signal für den automatischen Zyklus.
Grün	Maschine startbereit.	Maschine startklar: An Hilfen funktionieren. Die (verschiedenen) Einheiten befinden sich in der Ausgangsstellung und der pneumatische Druck oder die Spannung eines Umformers haben die vorgeschriebenen Werte. Der Arbeitszyklus ist beendet und die Maschine zu neuem Anlauf bereit.
Weiß (farblos)	Stromkreise liegen an Spannung. Normal im Betrieb.	Hauptschalter in Ein-Stellung. Wahl der Geschwindigkeit oder der Drehrichtung. Einzelantriebe und Hilfseinrichtungen sind in Betrieb. Maschine läuft.
Blau	Alle Funktionen, für die nicht eine der eben genann-ten Farben gilt.	

Tabelle 7.2:
Farbliche Kennzeichnung
der Kontrolleuchten von
Maschinensteuerungen

Elektrische Betriebsmittel, wie z. B. Sensoren oder speicherprogrammierbare Steuerungen, sind vielfältigen Umwelteinflüssen ausgesetzt. Zu den Umwelteinflüssen, die ihre Funktion beeinträchtigen können, zählen Staub, Feuchtigkeit und Fremdkörper.

Je nach Einbau- und Umgebungsbedingungen werden elektrische Betriebsmittel durch Gehäuse und Abdichtungen geschützt. Diese Maßnahme verhindert gleichzeitig, dass Menschen beim Umgang mit diesen Betriebsmitteln gefährdet werden.

Das Kennzeichen für die Schutzart nach DIN-VDE 470-1 setzt sich aus den zwei Buchstaben IP (für "International Protection") und zwei Ziffern zusammen. Die erste Ziffer gibt den Schutzumfang gegen das Eindringen von Staub bzw. Fremdkörpern, die zweite Ziffer den Schutzumfang gegen das Eindringen von Feuchtigkeit bzw. Wasser an. Die Tabellen 7.3 und 7.4 zeigen die Zuordnung zwischen Schutzklassen und Schutzumfang.

7.5 Schutz elektrischer Betriebsmittel gegen Umwelteinflüsse

Kennzeichnung der Schutzart

Erste Kennziffer	Schutzumfang	
	Benennung	**Erklärung**
0	Kein Schutz	Kein besonderer Schutz von Personen gegen zufälliges Berühren unter Spannung stehender oder sich bewegender Teile. Kein Schutz des Betriebsmittels gegen Eindringen von festen Fremdkörpern.
1	Schutz gegen große Fremdkörper	Schutz gegen zufälliges großflächiges Berühren unter Spannung stehender und innerer sich bewegender Teile, z B. mit der Hand, aber kein Schutz gegen absichtlichen Zugang zu diesen Teilen. Schutz gegen Eindringen von festen Fremdkörpern mit einem Durchmesser größer als 50 mm.
2	Schutz gegen mittelgroße Fremdkörper	Schutz gegen Berühren mit den Fingern unter Spannung stehender oder innerer sich bewegender Teile. Schutz gegen Eindringen von festen Fremdkörpern mit einem Durchmesser größer als 12 mm.
3	Schutz gegen kleine Fremdkörper	Schutz gegen Berühren unter Spannung stehender oder innerer sich bewegender Teile mit Werkzeugen, Drähten oder ähnlichem von einer Dicke größer als 2,5 mm. Schutz gegen Eindringen von festen Fremdkörpern mit einem Durchmesser größer als 2,5 mm.
4	Schutz gegen kornförmige Fremdkörper	Schutz gegen Eindringen von festen Fremdkörpern mit einem Durchmesser größer als 1 mm.
5	Schutz gegen Staubablagerungen	Vollständiger Schutz gegen Berühren unter Spannung stehender oder innerer sich bewegender Teile. Schutz gegen schädliche Staubablagerungen. Das Eindringen von Staub ist nicht vollständig verhindert, aber der Staub darf nicht in solchen Mengen eindringen, dass die Arbeitsweise beeinträchtigt wird.
6	Schutz gegen Staubeintritt	Vollständiger Schutz gegen Berühren unter Spannung stehender oder innerer sich bewegender Teile. Schutz gegen Eindringen von Staub.

Tabelle 7.3:
Schutz gegen Berührung,
Staub und Fremdkörper

Zweite Kenn-ziffer	Schutzumfang	
	Benennung	**Erklärung**
0	Kein Schutz	Kein besonderer Schutz.
1	Tropfwasser	Senkrecht fallende Tropfen dürfen keine schädliche Wirkung haben.
2	Tropfwasser bei 15° Neigung	Senkrecht fallende Tropfen dürfen keine schädliche Wirkungen haben, wenn das Gehäuse um einen Winkel bis zu 15° beiderseits der Senkrechten geneigt ist.
3	Sprühwasser	Wasser, das in einem Winkel bis zu 60° beiderseits der Senkrechten gesprüht wird, darf keine schädlichen Wirkungen haben.
4	Spritzwasser	Wasser, das aus jeder Richtung gegen das Gehäuse spritzt, darf keine schädlichen Wirkungen haben.
5	Strahlwasser	Wasser, das aus jeder Richtung als Strahl gegen das Gehäuse gerichtet ist, darf keine schädlichen Wirkungen haben.
6	Starkes Strahlwasser	Wasser, das aus jeder Richtung als starker Strahl gegen das Gehäuse gerichtet ist, darf keine schädlichen Wirkungen haben.
7	Zeitweiliges Untertauchen	Wasser darf nicht in einer Menge eintreten, die schädliche Wirkungen verursacht, wenn das Gehäuse unter genormten Druck- und Zeitbedingungen zeitweilig in Wasser untergetaucht ist.
8	Dauerndes Untertauchen	Wasser darf nicht in einer Menge eintreten, die schädliche Wirkungen verursacht, wenn das Gehäuse dauernd unter Wasser getaucht ist unter Bedingungen, die zwischen Hersteller und Anwender vereinbart werden müssen. Die Bedingungen müssen jedoch schwieriger sein als für die Kennziffer 7.

Tabelle 7.4:
Schutz gegen
Feuchtigkeit und Wasser

Beispiel 1: **SPS**	Eine speicherprogrammierbare Steuerung ist in einem Metallgehäuse untergebracht, das zur Kühlung Schlitze aufweist. Als Schutzart wird IP 20 angegeben. d. h:

- erste Kennziffer 2: Schutz gegen Eindringen von Fremdkörpern mit mehr als 12 mm Durchmesser, spannungsführende Teile sind gegen das Berühren mit den Fingern geschützt;
- zweite Kennziffer 0: kein Schutz gegen das Eindringen von Wasser bzw. Feuchtigkeit.

Beispiel 2: **Induktiver** **Näherungsschalter**	Die Elektronik eines induktiven Näherungsschalters ist in einem geschlossenen Gehäuse untergebracht, und der Kabelanschluss ist abgedichtet. Der Sensor weist die Schutzart IP 65 auf, d. h.

- erste Kennziffer 6: staubdicht,
- zweite Kennziffer 5: Schutz gegen Schwallwasser.

Kapitel 8

Relaissteuerungen

8.1 Anwendungen von Relaissteuerungen in der Elektropneumatik

Mit Relais läßt sich die komplette Signalverarbeitung einer elektropneumatischen Steuerung realisieren. Relaissteuerungen wurden früher in großen Stückzahlen hergestellt. Viele dieser Steuerungen sind noch heute im industriellen Einsatz.

Heutzutage werden statt der Relaissteuerungen meistens speicherprogrammierbare Steuerungen zur Signalverarbeitung verwendet. Aber auch bei einer modernen Steuerung kommen Relais zum Einsatz, z.B. im NOT-AUS-Schaltgerät.

Die Hauptvorteile einer Relaissteuerung sind ihr anschaulicher Aufbau und die leicht verständliche Funktionsweise.

8.2 Direkte und indirekte Ansteuerung

Die Kolbenstange eines einfachwirkenden Zylinders soll bei Betätigung des Tasters S1 ausfahren und bei Loslassen des Tasters wieder einfahren.

Bild 8.1a zeigt den zugehörigen pneumatischen Schaltplan.

Direkte Steuerung eines einfachwirkenden Zylinders

Der elektrische Schaltplan für die direkte Steuerung des einfachwirkenden Zylinders ist in Bild 8.1b dargestellt. Wird der Taster betätigt, fließt Strom durch die Magnetspule 1Y1 des 3/2-Wegeventils. Der Elektromagnet zieht an, das Ventil schaltet in die betätigte Stellung, und die Kolbenstange fährt aus.

Loslassen des Tasters führt zur Unterbrechung des Stromflusses. Der Elektromagnet fällt ab, das Wegeventil schaltet in die Grundstellung, und die Kolbenstange fährt ein.

Indirekte Steuerung eines einfachwirkenden Zylinders

Wird der Taster bei der indirekten Steuerung betätigt (Bild 8.1c), fließt Strom durch die Relaisspule. Der Kontakt K1 des Relais schließt, und das Wegeventil schaltet. Die Kolbenstange fährt aus.

Durch Loslassen des Tasters wird der Stromfluss durch die Relaisspule unterbrochen. Das Relais fällt ab, und das Wegeventil schaltet in die Grundstellung. Die Kolbenstange fährt ein.

Die aufwendigere, indirekte Ansteuerung wird immer dann eingesetzt, wenn

- Steuerstromkreis und Hauptstromkreis mit unterschiedlichen Spannungen arbeiten (z. B. 24 V und 230 V),

- der Strom durch die Spule des Wegeventils den für den Taster zulässigen Strom übersteigt (z. B. Strom durch die Spule: 0,5 A; zulässiger Strom durch den Taster: 0,1 A),

- mit einem Taster oder mit einem Stellschalter mehrere Ventile geschaltet werden,

- umfangreiche Verknüpfungen zwischen den Signalen der verschiedenen Taster erforderlich sind.

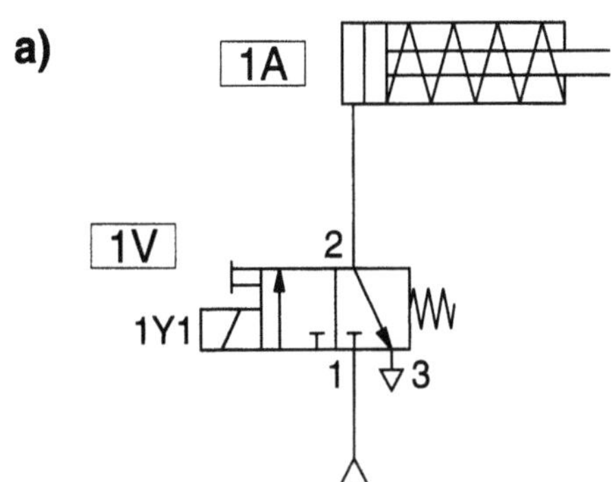

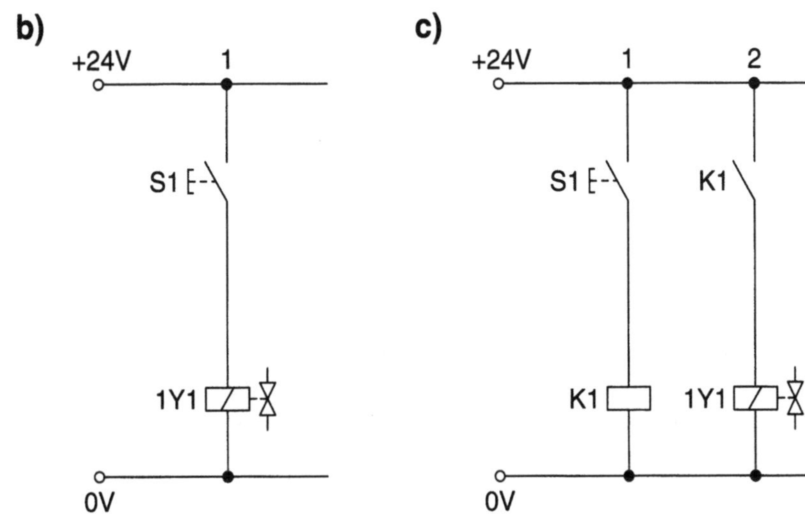

Bild 8.1:
Schaltpläne für die
Steuerung eines einfach-
wirkenden Zylinders

a) pneumatischer
Schaltplan

b) elektrischer Schaltplan
für die direkte Steuerung

c) elektrischer Schaltplan
für die indirekte Steuerung

Steuerung eines doppeltwirkenden Zylinders

Die Kolbenstange eines doppeltwirkenden Zylinders soll bei Betätigung des Tasters S1 ausfahren und beim Loslassen des Tasters einfahren.

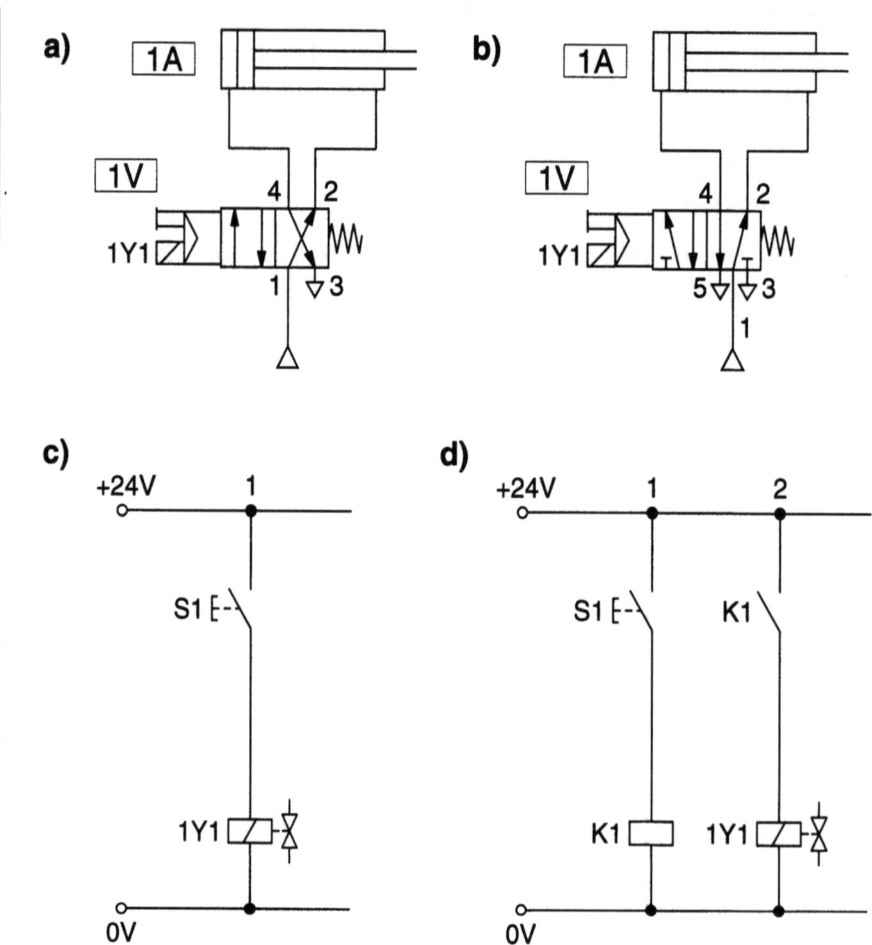

Bild 8.2:
Schaltpläne für die
Steuerung eines doppelt-
wirkenden Zylinders

a) pneumatischer Schalt-
plan mit 4/2-Wegeventil

b) pneumatischer Schalt-
plan mit 5/2-Wegeventil

c) elektrischer Schaltplan
mit direkter Steuerung

d) elektrischer Schaltplan
mit indirekter Steuerung

Der elektrische Signalsteuerteil bleibt gegenüber der Steuerung des einfachwirkenden Zylinders unverändert. Da zwei Zylinderkammern entlüftet bzw. belüftet werden müssen, kommt entweder ein 4/2- oder ein 5/2-Wegeventil zum Einsatz (Bild 8.2a bzw. 8.2b).

Um die gewünschten Bewegungen von Pneumatikzylindern zu realisieren, müssen häufig Signale von mehreren Bedienelementen miteinander verknüpft werden.

8.3 Logische Verknüpfungen

Das Ausfahren der Kolbenstange eines Zylinders soll mit zwei unterschiedlichen Eingabeelementen, den Tastern S1 und S2, ausgelöst werden können.

Parallelschaltung (ODER-Verknüpfung)

Die Kontakte der beiden Taster S1 und S2 sind im Schaltplan parallel angeordnet (Bild 8.3c bzw. 8.3d).

- Solange kein Taster betätigt ist, bleibt das Wegeventil in der Grundstellung. Die Kolbenstange ist eingefahren.

- Wird mindestens einer der beiden Taster betätigt, schaltet das Wegeventil in die betätigte Stellung. Die Kolbenstange fährt aus.

- Werden beide Taster freigegeben, schaltet das Ventil in die Grundstellung. Die Kolbenstange fährt ein.

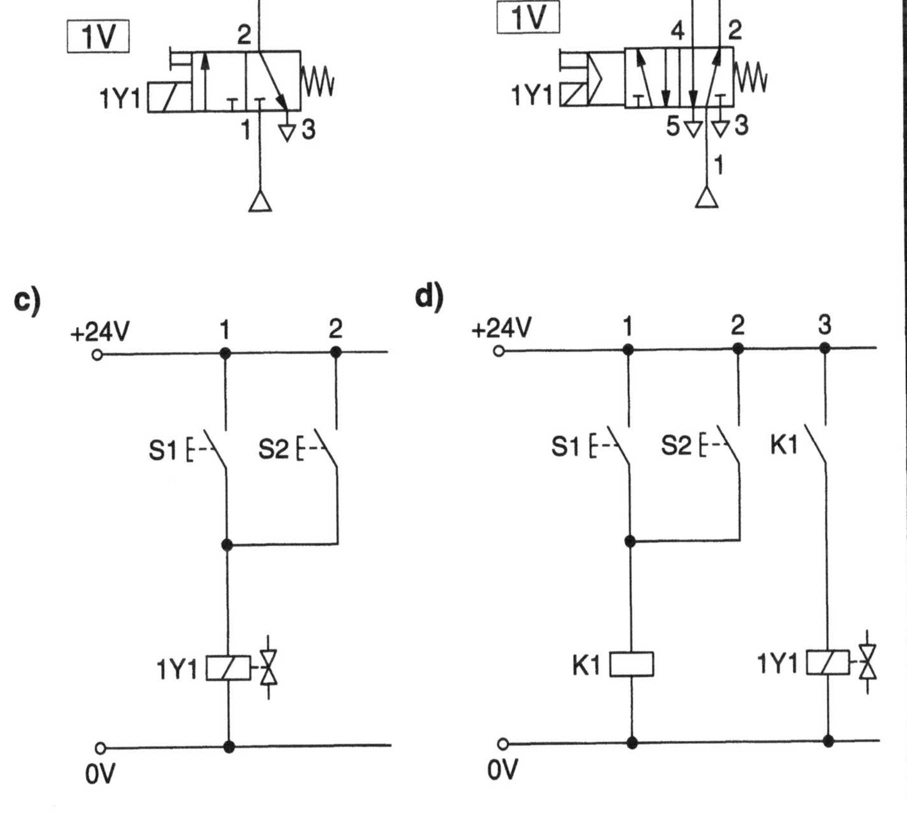

Bild 8.3:
Parallelschaltung von zwei Kontakten (ODER-Verknüpfung)

a) pneumatischer Schaltplan mit einfachwirkendem Zylinder

b) pneumatischer Schaltplan mit doppeltwirkendem Zylinder

c) elektrischer Schaltplan mit direkter Steuerung

d) elektrischer Schaltplan mit indirekter Steuerung

Reihenschaltung
(UND-Verknüpfung)

Die Kolbenstange eines Zylinders soll nur dann ausfahren, wenn die beiden Taster S1 und S2 betätigt werden.

Die Kontakte der beiden Taster sind im Schaltplan in Reihe angeordnet (Bild 8.4c bzw. 8.4d).

- Solange keiner oder nur einer der beiden Taster betätigt wird, bleibt das Ventil in der Grundstellung. Die Kolbenstange ist eingefahren.

- Sind beide Taster gleichzeitig betätigt, schaltet das Wegeventil. Die Kolbenstange fährt aus.

- Wird mindestens einer der beiden Taster losgelassen, schaltet das Ventil in die Grundstellung. Die Kolbenstange fährt ein.

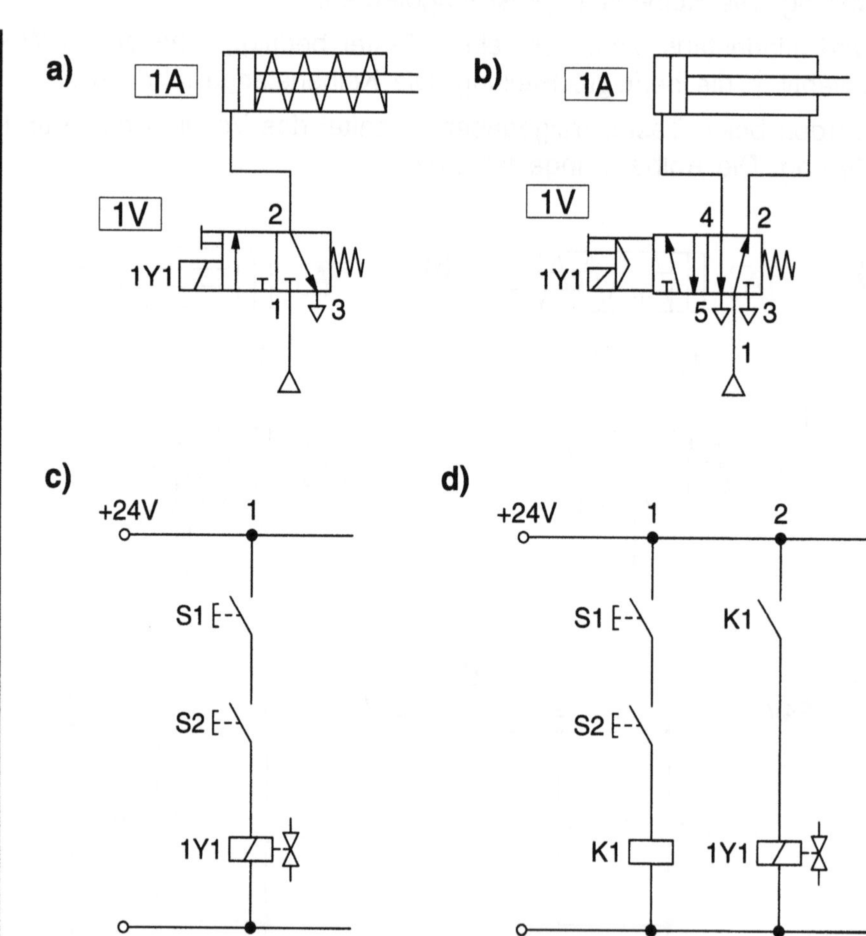

Bild 8.4:
Reihenschaltung von zwei Kontakten (UND-Verknüpfung)

a) pneumatischer Schaltplan mit einfachwirkendem Zylinder

b) pneumatischer Schaltplan mit doppeltwirkendem Zylinder

c) elektrischer Schaltplan mit direkter Steuerung

d) elektrischer Schaltplan mit indirekter Steuerung

Die ODER- und UND Verknüpfungen sind in den Tabellen 8.1 und 8.2 zusammenfassend dargestellt. In den 3 rechten Spalten sind den Signalen folgende Werte zugeordnet:

Tabellarische Darstellung der Verknüpfungen

– 0: Taster nicht betätigt bzw. Kolbenstange fährt nicht aus,

– 1: Taster betätigt bzw. Kolbenstange fährt aus.

Taster S1 betätigt	Taster S2 betätigt	Kolbenstange fährt aus	S1	S2	1Y1
nein	nein	nein	0	0	0
ja	nein	ja	1	0	1
nein	ja	ja	0	1	1
ja	ja	ja	1	1	1

Tabelle 8.1:
ODER-Verknüpfung

Taster S1 betätigt	Taster S2 betätigt	Kolbenstange fährt aus	S1	S2	1Y1
nein	nein	nein	0	0	0
ja	nein	nein	1	0	0
nein	ja	nein	0	1	0
ja	ja	ja	1	1	1

Tabelle 8.2:
UND-Verknüpfung

8.4 Signal-speicherung

Bei den bisher behandelten Schaltungen fährt die Kolbenstange nur aus, solange der Eingabetaster betätigt ist. Wird der Taster während des Ausfahrvorgangs losgelassen, fährt die Kolbenstange ein, ohne die vordere Endlage erreicht zu haben.

In der Praxis ist es meistens erforderlich, dass die Kolbenstange auch dann vollständig ausfährt, wenn der Taster nur kurzzeitig betätigt wird. Dazu muss das Wegeventil nach dem Loslassen des Tasters in der betätigten Stellung bleiben, d.h.: Die Betätigung des Tasters muss gespeichert werden.

Signalspeicherung durch Magnetimpulsventil

Ein Magnetimpulsventil hält seine Schaltstellung auch dann, wenn die zugehörige Magnetspule nicht mehr erregt ist. Es wird als Speicher eingesetzt.

Manuelle Vor- und Rückhubsteuerung mit Magnetimpulsventil

Die Kolbenstange eines Zylinders soll durch kurzes Betätigen von zwei Tastern gesteuert werden (S1: Ausfahren, S2: Einfahren).

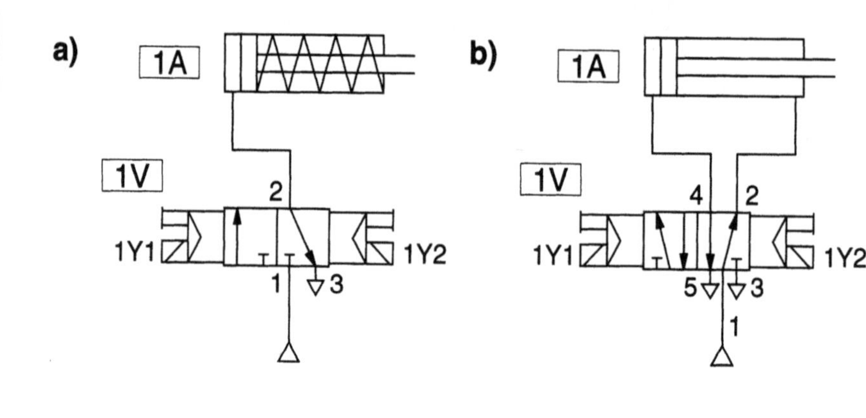

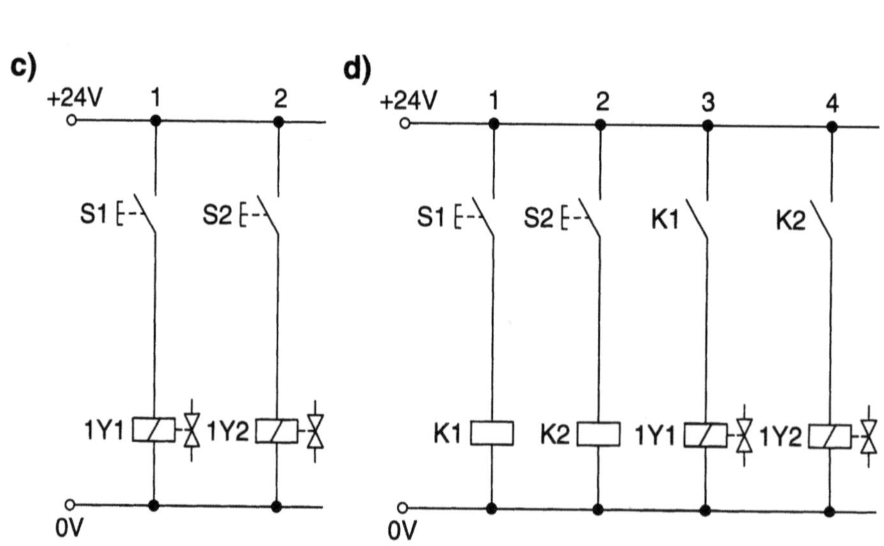

Bild 8.5:
Manuelle Vor- und Rückhubsteuerung mit Signalspeicherung durch Magnetimpulsventil

a) pneumatischer Schaltplan mit einfachwirkendem Zylinder

b) pneumatischer Schaltplan mit doppeltwirkendem Zylinder

c) elektrischer Schaltplan mit direkter Steuerung

d) elektrischer Schaltplan mit indirekter Steuerung

Die beiden Taster wirken direkt bzw. indirekt auf die Spulen eines Magnetimpulsventils (Bild 8.5c bzw. 8.5d).

Bei Betätigung des Tasters S1 zieht die Magnetspule 1Y1 an. Das Magnetimpulsventil schaltet, und die Kolbenstange fährt aus. Wird der Taster während des Ausfahrvorgangs losgelassen, fährt die Kolbenstange trotzdem bis zur vorderen Endlage, da das Ventil seine Schaltstellung beibehält.

Wird der Taster S2 betätigt, zieht die Magnetspule 1Y2 an. Das Magnetimpulsventil schaltet erneut, und die Kolbenstange fährt ein. Loslassen des Tasters S2 beeinflusst den Bewegungsvorgang nicht.

Bei Betätigung des Taster S1 soll die Kolbenstange eines doppeltwirkenden Zylinders ausfahren. Nach Erreichen der vorderen Endlage soll die Kolbenstange selbsttätig wieder einfahren.

Selbsttätige Rückhubsteuerung mit Magnetimpulsventil

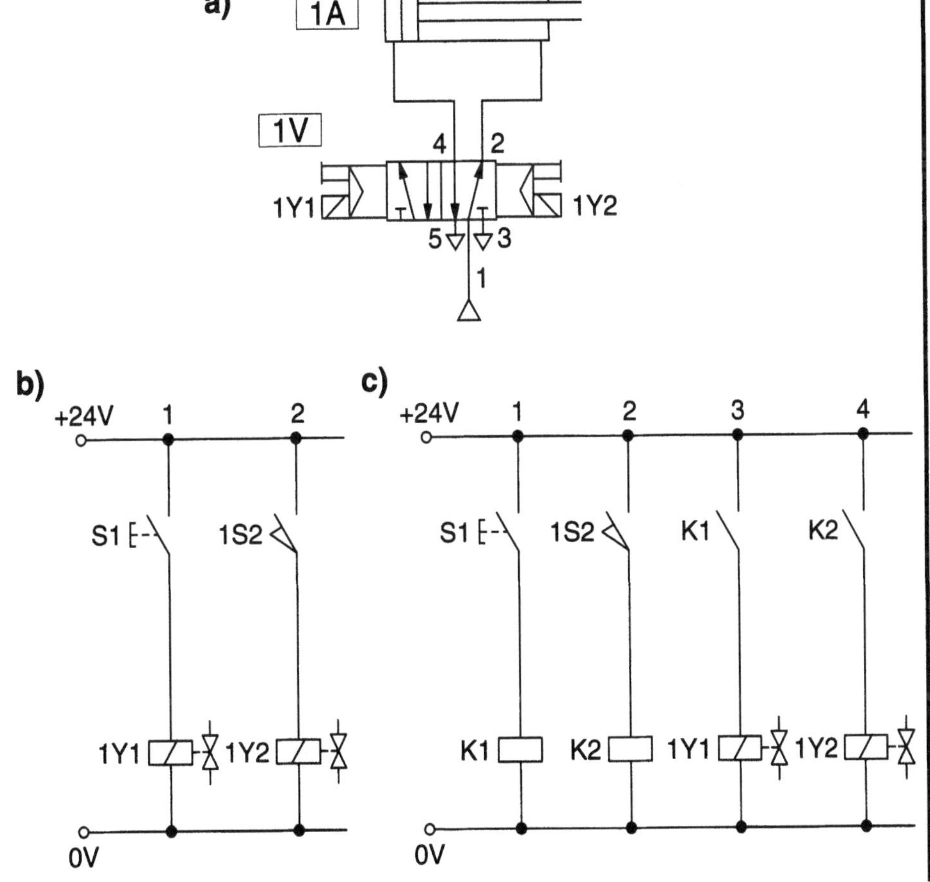

Bild 8.6:
Selbsttätige Rückhubsteuerung mit Signalspeicherung durch Magnetimpulsventil

a) pneumatischer Schaltplan

b) elektrischer Schaltplan mit direkter Steuerung

c) elektrischer Schaltplan mit indirekter Steuerung

Die Bilder 8.6b bzw. 8.6c zeigen den Schaltplan der Rückhubsteuerung. Bei Betätigung des Tasters S1 fährt die Kolbenstange aus (vgl. voriges Beispiel). Erreicht die Kolbenstange die vordere Endlage, wird über den Grenztaster 1S2 die Magnetspule 1Y2 mit Strom beaufschlagt, und die Kolbenstange fährt ein.

Voraussetzung für das Einfahren ist, dass zuvor der Taster S1 freigegeben wurde.

Oszillierende Bewegung mit Magnetimpulsventil

Die Kolbenstange eines Zylinders soll selbsttätig aus- und einfahren, sobald der Stellschalter S1 betätigt wird. Wird der Stellschalter zurückgestellt, soll die Kolbenstange die hintere Endlage einnehmen.

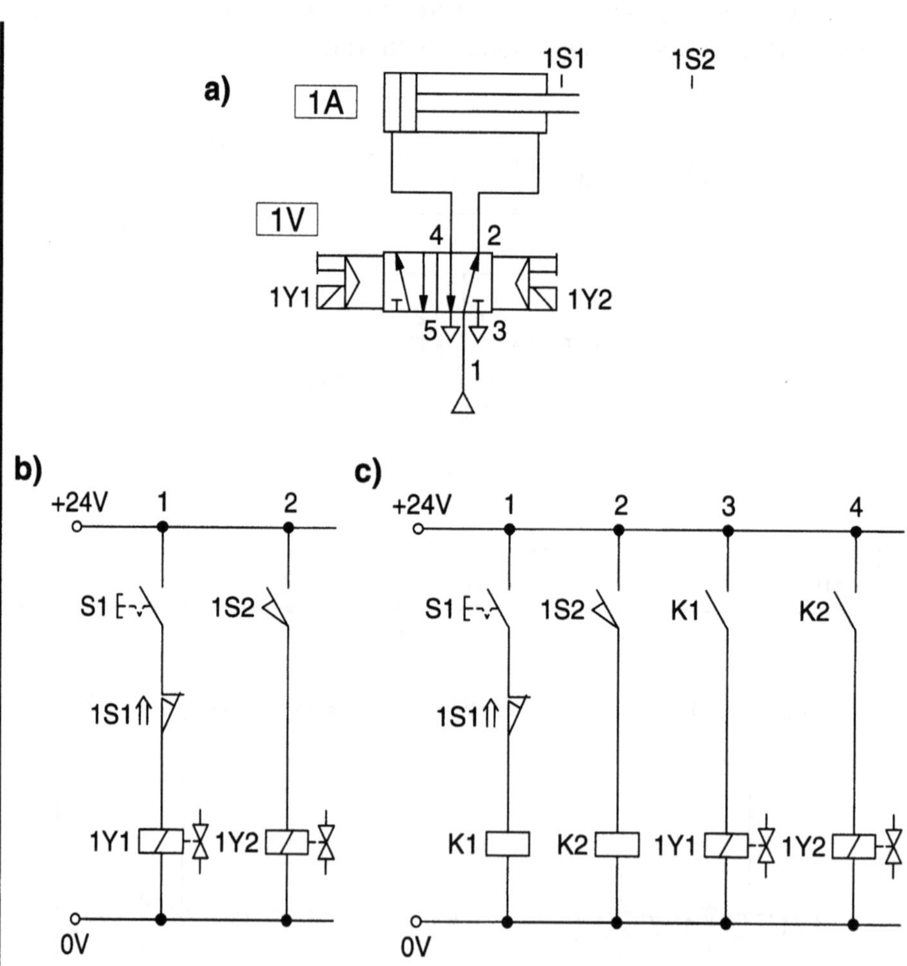

Bild 8.7:
Selbsttätige Vorhub- und Rückhubsteuerung mit Signalspeicherung durch Magnetimpulsventil

a) pneumatischer Schaltplan

b) elektrischer Schaltplan mit direkter Steuerung

c) elektrischer Schaltplan mit indirekter Steuerung

Zu Beginn befindet sich die Steuerung in der Grundstellung. Die Kolbenstange ist eingefahren und der Grenztaster S1 betätigt (Bild 8.7b bzw. 8.7c). Wird der Kontakt 1S3 geschlossen, fährt die Kolbenstange aus. Bei Erreichen der vorderen Endlage wird der Grenztaster 1S2 betätigt, und die Kolbenstange fährt ein. Sofern der Kontakt von S1 noch immer geschlossen ist, beginnt bei Erreichen der hinteren Endlage ein neuer Bewegungszyklus. Wurde zwischenzeitlich der Kontakt von S1 geöffnet, bleibt die Kolbenstange in der hinteren Endlage stehen.

Wird der Taster "EIN" der Schaltung in Bild 8.8a betätigt, so wird die Relaisspule erregt. Das Relais zieht an, und der Kontakt K1 schließt. Nach Freigabe des "EIN"-Tasters fließt über den Kontakt K1 weiterhin Strom durch die Spule, und das Relais bleibt in der betätigten Stellung. Das "EIN"-Signal ist gespeichert. Es handelt sich um eine Relaisschaltung mit Selbsthaltung.

Relaisschaltung
mit Selbsthaltung

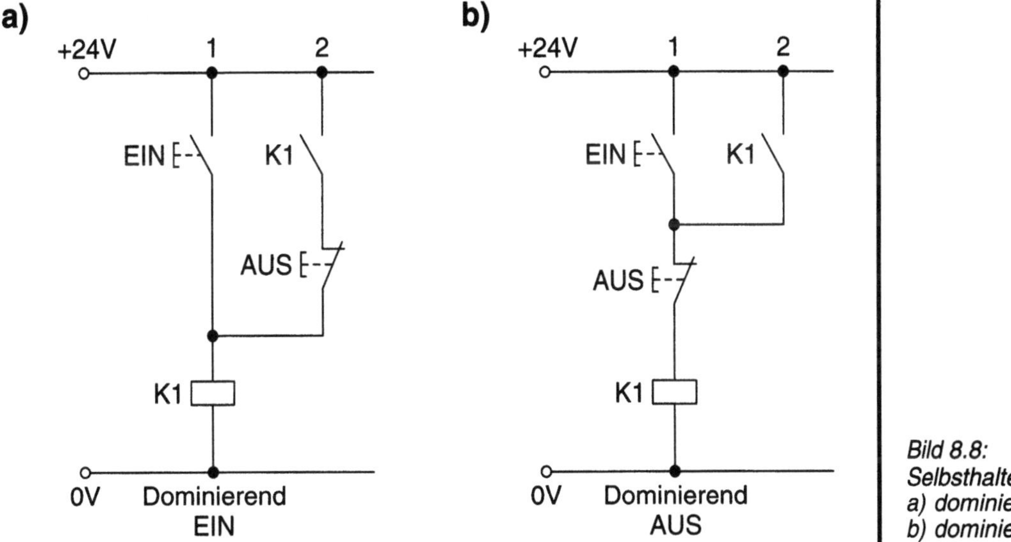

Bild 8.8:
Selbsthalteschaltung
a) dominierend setzend
b) dominierend rücksetzend

Bei Betätigung des "AUS"-Tasters wird der Stromfluss unterbrochen, und das Relais fällt ab. Werden die Taster "EIN" und "AUS" gleichzeitig betätigt, so wird die Relaisspule erregt. Die Schaltung wird als dominierend setzende Selbsthaltung bezeichnet.

Die Schaltung in Bild 8.8b zeigt das gleiche Verhalten wie die Schaltung in Bild 8.8a, sofern nur der Taster "EIN" oder nur der Taster "AUS" betätigt wird. Bei Betätigen beider Taster weicht das Verhalten ab: Die Relaisspule wird nicht erregt. Diese Schaltung wird als dominierend rücksetzende Selbsthaltung bezeichnet.

Manuelle Vorhub- und Rückhubsteuerung über Relais mit Selbsthaltung

Die Kolbenstange eines Zylinders soll bei Betätigung des Tasters S1 ausfahren, bei Betätigung des Tasters S2 einfahren. Zur Signalspeicherung soll ein Relais mit Selbsthaltung verwendet werden.

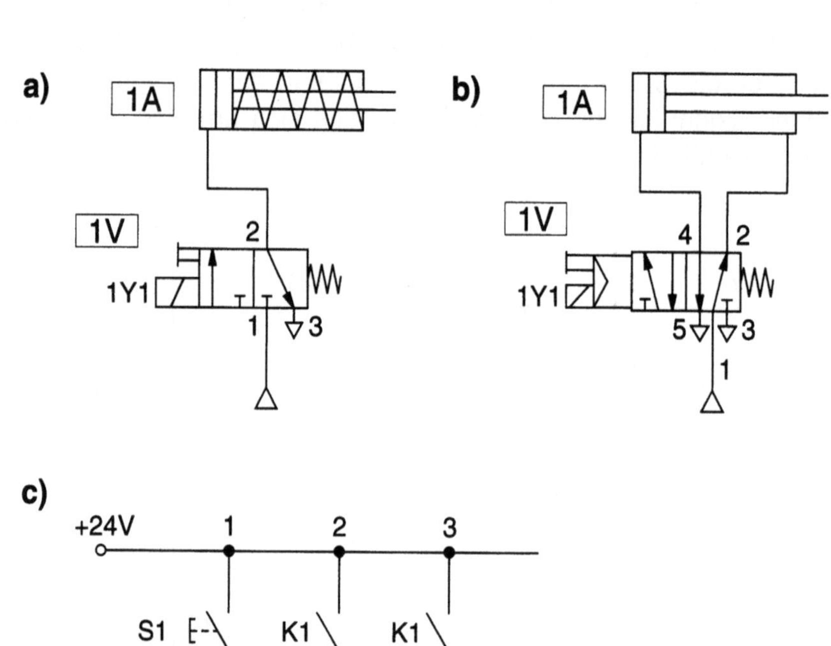

Bild 8.9:
Manuelle Vorhub- und Rückhubsteuerung mit Signalspeicherung durch selbsthaltendes Relais

a) pneumatischer Schaltplan mit einfachwirkendem Zylinder

b) pneumatischer Schaltplan mit doppeltwirkendem Zylinder

c) elektrischer Schaltplan

Bei Betätigung des Tasters S1 geht das Relais in die Selbsthaltung (Bild 8.9c). Über einen weiteren Relaiskontakt wird das Wegeventil betätigt. Die Kolbenstange fährt aus. Wird durch Betätigen des Tasters S2 die Selbsthaltung unterbrochen, fährt die Kolbenstange ein.

Da es sich um eine dominierend rücksetzende Relaisschaltung handelt, führt das Betätigen beider Taster zum Einfahren der Kolbenstange bzw. zum Verharren in der hinteren Endlage.

Die Signalspeicherung kann im Leistungsteil durch ein Magnetimpulsventil, oder aber im Signalsteuerteil durch ein Relais mit Selbsthaltung erfolgen. Die verschiedenen Schaltungen zeigen unterschiedliches Verhalten bei gleichzeitigem Vorliegen von Setz- und Rücksetzsignal sowie bei Ausfall der elektrischen Energie bzw. bei Kabelbruch (Tabelle 8.3, vgl. Kap.4.3).

Vergleich der Signalspeicherung durch Magnetimpulsventil und selbsthaltendes Relais

	Signalspeicherung durch Magnetimpulsventil	Signalspeicherung durch elektrische Selbsthalteschaltung kombiniert mit federrückgestelltem Ventil	
		dominierend setzend	dominierend rücksetzend
Setz- und Rücksetzsignal gemeinsam	Ventilstellung unverändert	Ventil wird betätigt	Ventil geht in Ruhestellung
Ausfall der elektrischen Energieversorgung	Ventilstellung unverändert	Ventil geht in Ruhestellung	Ventil geht in Ruhestellung

Tabelle 8.3:
Vergleich der Signalspeicherung durch Selbsthalteschaltung und Magnetimpulsventil

8.5 Verzögerung

Bei vielen Anwendungen ist es erforderlich, dass die Kolbenstange eines Pneumatikzylinders für eine festgelegte Zeitspanne in einer Position verharrt. Dies gilt z. B. für den Antrieb einer Pressvorrichtung, der zwei Werkstücke solange gegeneinander drückt, bis der Kleber abgebunden hat.

Für derartige Aufgabenstellungen werden anzugs- oder abfallverzögerte Relais eingesetzt.

Steuerung eines Zylinders mit Zeitablauf

Die Kolbenstange eines Zylinders soll bei Tippbetätigung des Tasters S1 ausfahren, anschließend zehn Sekunden in der vorderen Endlage verharren und selbsttätig wieder einfahren.

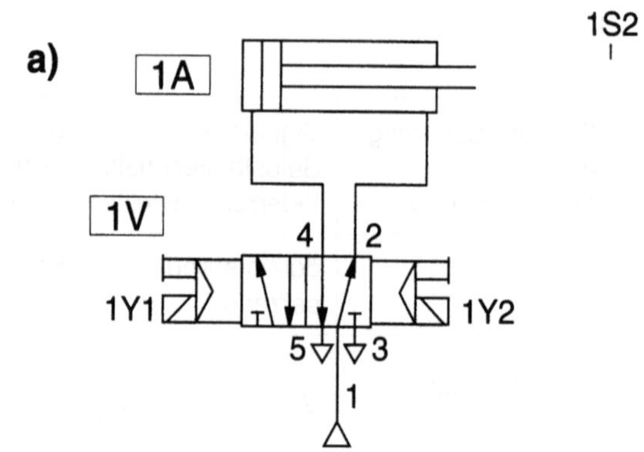

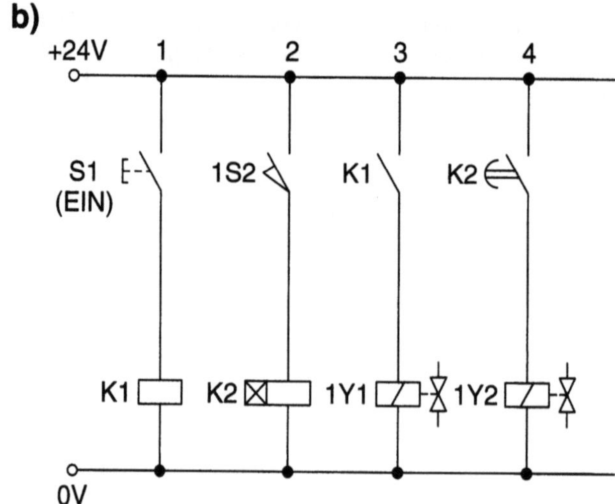

Bild 8.10:
Verzögertes Einfahren (anzugsverzögertes Relais, Speicherung über Magnetimpulsventil)

a) pneumatischer Schaltplan

b) elektrischer Schaltplan

Bild 8.10b zeigt den elektrischen Schaltplan für ein verzögertes Einfahren. Bei Betätigung des Tasters S1 fährt die Kolbenstange aus. Ist die vordere Endlage erreicht, schließt der Grenztaster 1S2. Strom fließt durch die Spule K2. Bis die einstellbare Verzögerungszeit (hier: 10 Sekunden) abgelaufen ist, bleibt der Kontakt K2 geöffnet. Anschließend wird er geschlossen, und die Kolbenstange fährt ein.

Bei Ablaufsteuerungen ist die Speicherung von Signalen erforderlich. Sie kann entweder durch selbsthaltende Relais oder durch Magnetimpulsventile erfolgen. Nachfolgend wird der Entwurf einer Schaltung mit Signalspeicherung durch Magnetimpulsventile erläutert.

8.6 Ablaufsteuerung mit Signalspeicherung durch Magnetimpulsventile

In Bild 8.11 ist der Lageplan einer Zuführvorrichtung dargestellt. Die Endlagen der beiden Zylinderantriebe 1A und 2A werden durch die positiv schaltenden, induktiven Näherungsschalter 1B1 bis 2B2 erfasst.

Anwendungsbeispiel: Zuführvorrichtung

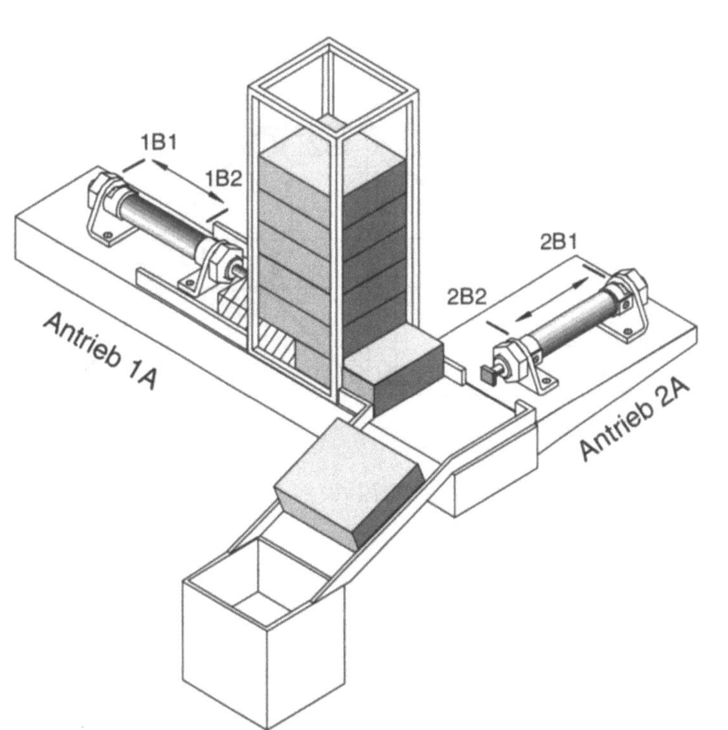

Bild 8.11:
Lageplan der
Zuführvorrichtung

Weg-Schritt-Diagramm
der Zuführvorrichtung

Betätigt der Bediener den Taster "START", wird der programmgesteuerte Ablauf ausgelöst. Er umfasst folgende Schritte:

- Schritt 1: Die Kolbenstange von Zylinder 1A fährt aus. Das Werkstück wird aus dem Magazin geschoben.
- Schritt 2: Die Kolbenstange von Zylinder 2A fährt aus. Das Werkstück wird der Bearbeitungsstation zugeführt.
- Schritt 3: Die Kolbenstange von Zylinder 1A fährt ein.
- Schritt 4: Die Kolbenstange von Zylinder 2A fährt ein.

Um einen weiteren Zuführvorgang auszulösen, muss erneut der "Start"-Taster betätigt werden.

Der programmgesteuerte Bewegungsablauf der Zuführvorrichtung ist im Weg-Schritt-Diagramm (Bild 8.12) dargestellt.

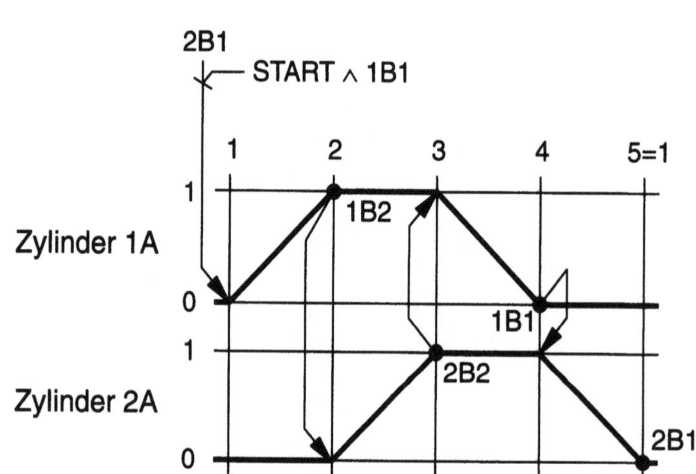

Bild 8.12:
Weg-Schritt-Diagramm
der Zuführvorrichtung

Die Steuerung wird unter Verwendung von doppeltwirkenden Zylindern und 5/2-Wege-Magnet-Impulsventilen realisiert. Bild 8.13 zeigt den pneumatischen Schaltplan.

Pneumatischer Schaltplan der Zuführvorrichtung

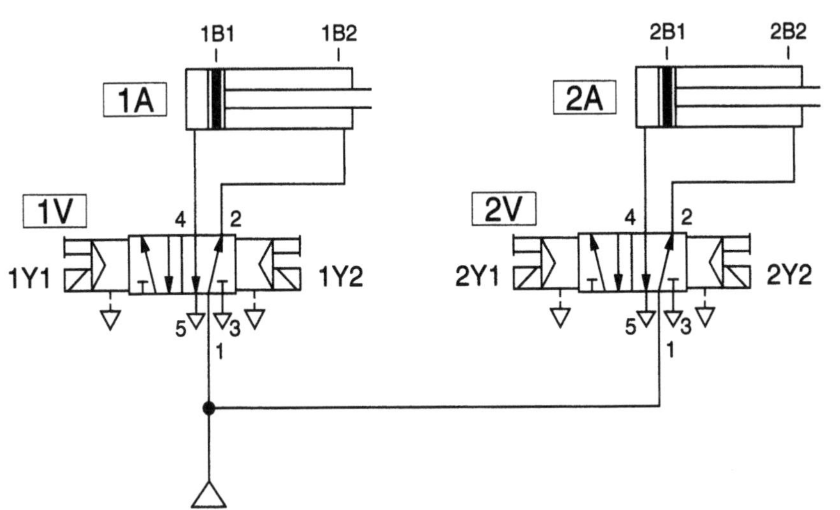

Bild 8.13:
Pneumatischer Schaltplan
der Zuführvorrichtung

Entwurf des
Relaisschaltplans

Beim Entwurf des Relaisschaltplans sollte systematisch vorgegangen werden. Es bietet sich an, zunächst den Schaltplan für die Sensorauswertung und den Taster "START" zu entwerfen. Anschließend wird dieser Schaltplan um die einzelnen Ablaufschritte ergänzt. Die Entwurfsschritte sind in Bild 8.14 dargestellt.

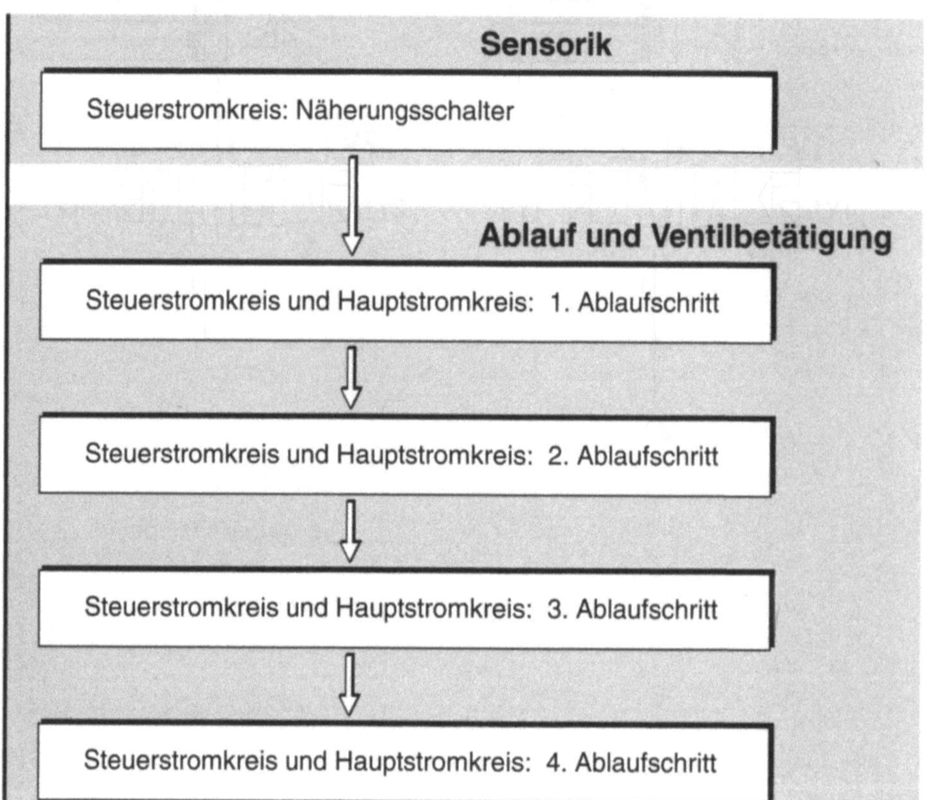

Bild 8.14:
Vorgehensweise beim
Entwurf des Relaisschalt-
plans für die
Zuführvorrichtung

In einer Relaisschaltung werden die Signale durch Kontakte von Stellschaltern, Tastern und Relais miteinander verknüpft. Die hier verwendeten elektronischen Näherungsschalter weisen keinen Kontakt auf,
sondern sie erzeugen das Ausgangssignal durch eine elektronische
Schaltung. Jedes Sensorausgangssignal wirkt deshalb auf die Spule
eines Relais, das seinerseits den bzw. die benötigten Kontakte schaltet
(Bild 8.15). Spricht z. B. der Näherungsschalter 1B1 an, wird die Spule
des Relais K1 von Strom durchflossen. Die zugehörigen Kontakte
schalten in die betätigte Stellung.

Sensorauswertung

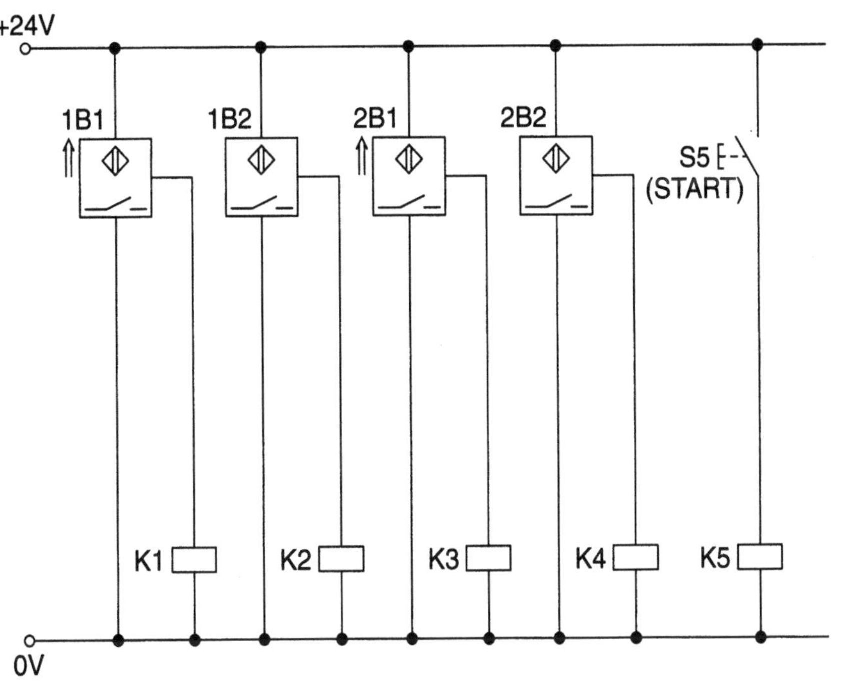

Bild 8.15:
Elektrischer Schaltplan
mit Sensorauswertung

1. Ablaufschritt   Um den Ablauf zu starten, müssen folgende Voraussetzungen erfüllt sein:

- Kolbenstange des Zylinders 1A in hinterer Endlage (Näherungsschalter 1B1 und Relais K1 betätigt),

- Kolbenstange des Zylinders 2A in hinterer Endlage (Näherungsschalter 2B1 und Relais K3 betätigt),

- Taster START (S5) betätigt.

Sind sämtliche Bedingungen erfüllt, zieht die Relaisspule K6 an. Die Magnetspule 1Y1 wird betätigt, und die Kolbenstange von Zylinder 1A fährt aus.

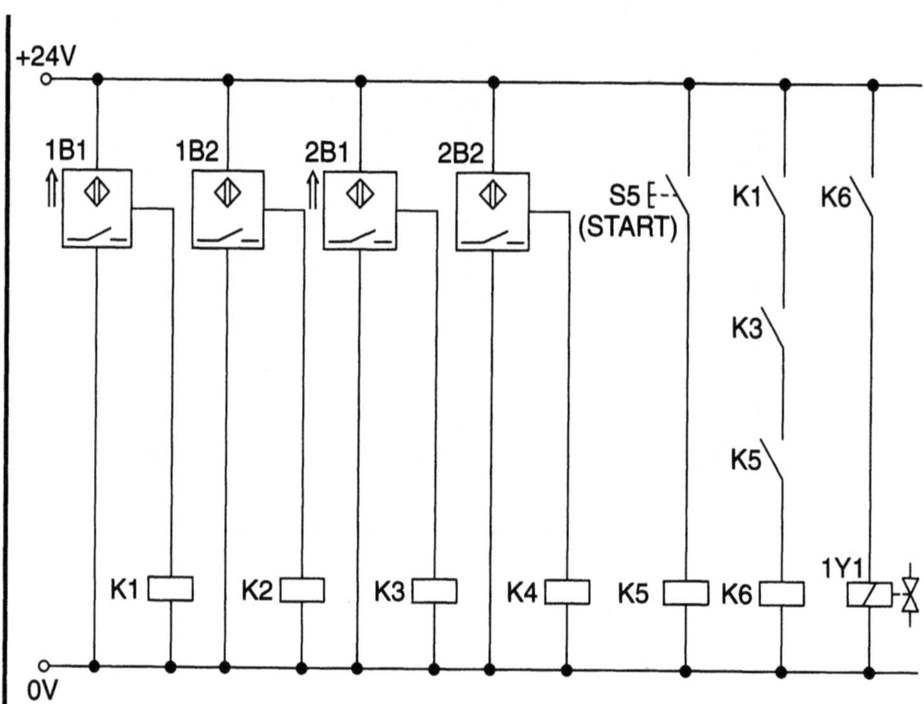

Bild 8.16:
Elektrischer Schaltplan
mit Sensorauswertung
und 1. Ablaufschritt

Sobald die Kolbenstange von Zylinder 1A die vordere Endlage erreicht, 2. Ablaufschritt spricht Sensor 1B2 an. Der zweite Ablaufschritt wird aktiviert. Die Magnetspule 2Y1 wird betätigt, und die Kolbenstange von Antrieb 2A fährt aus.

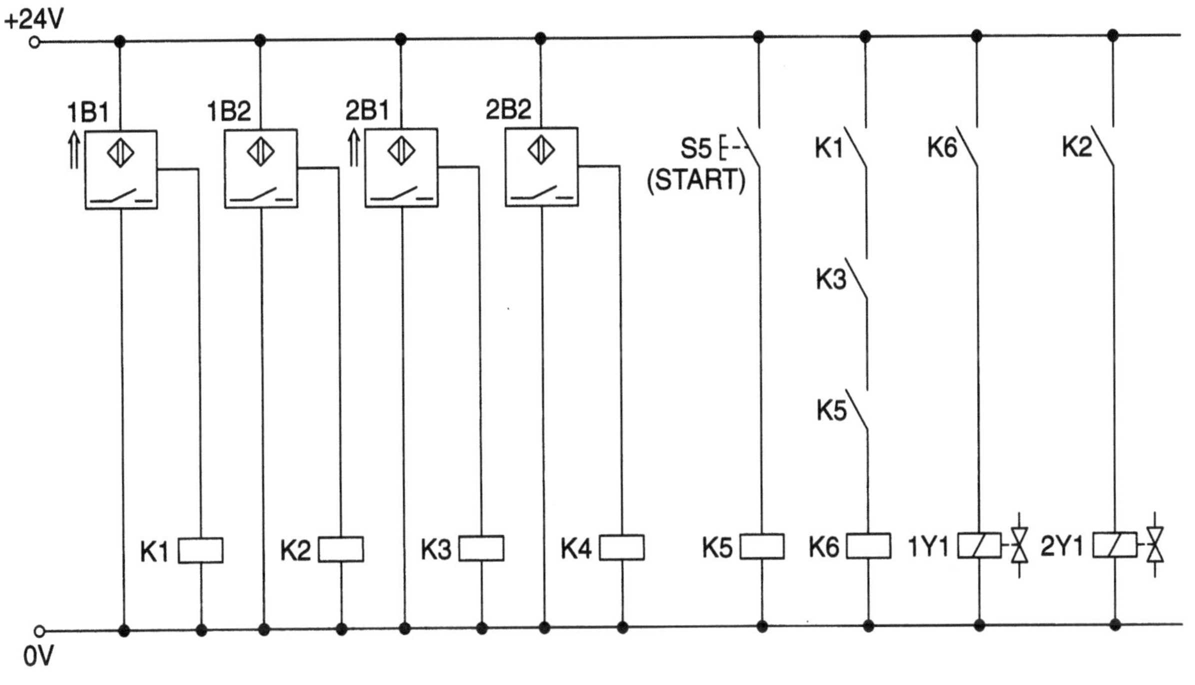

Bild 8.17:
Elektrischer Schaltplan mit Sensorauswertung sowie 1. Ablaufschritt und 2. Ablaufschritt

3. Ablaufschritt Erreicht die Kolbenstange von Zylinder 2A die vordere Endlage, spricht Sensor 2B2 an. Der dritte Ablaufschritt wird aktiviert. Die Magnetspule 1Y2 wird betätigt, und die Kolbenstange von Antrieb 1A fährt ein.

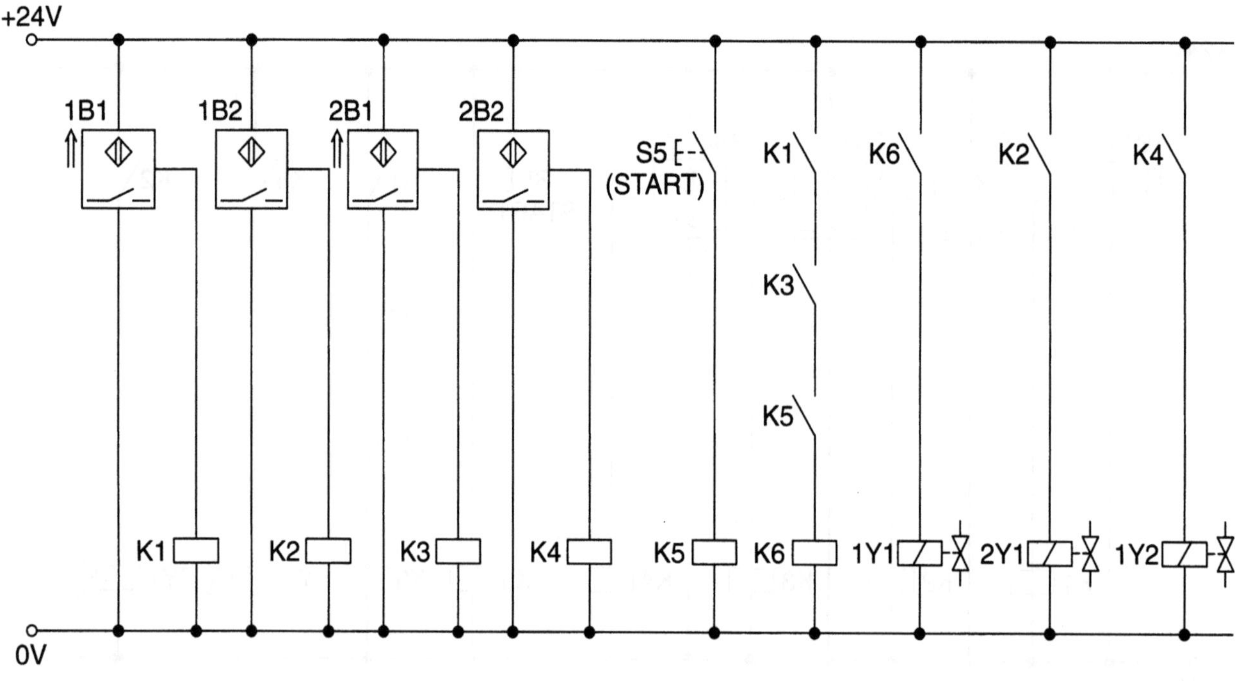

Bild 8.18:
Elektrischer Schaltplan mit Sensorauswertung sowie 1., 2. und 3. Ablaufschritt

Hat die Kolbenstange von Zylinder 1A die hintere Endlage erreicht, spricht Sensor 1B1 an. Der 4. Ablaufschritt wird aktiviert. Die Magnetspule 2Y2 wird betätigt, und die Kolbenstange von Antrieb 2A fährt ein.

4. Ablaufschritt

In Bild 8.19 ist der vollständige elektrische Schaltplan der Zuführvorrichtung dargestellt, einschließlich Schaltgliedertabellen und Strompfadbezeichnungen.

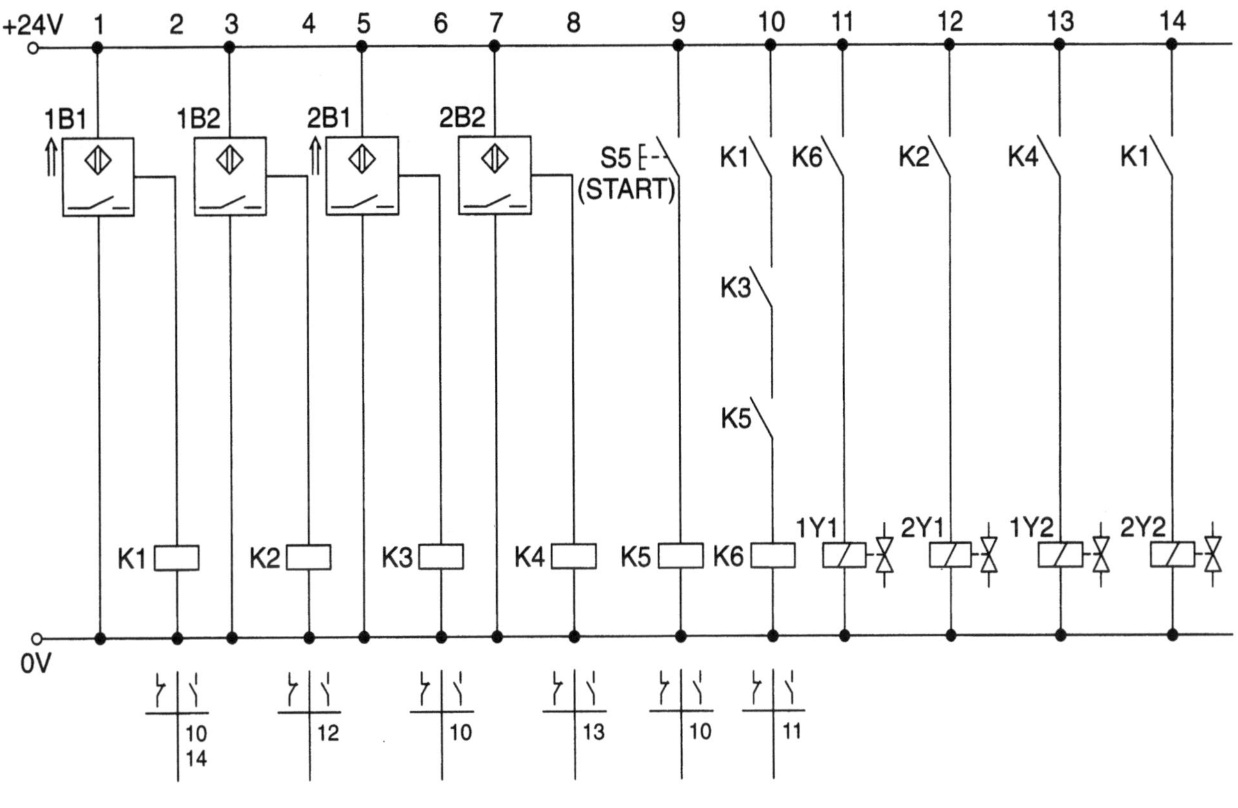

Bild 8.19:
Elektrischer Schaltplan der Zuführvorrichtung

8.7 Schaltung zur Auswertung der Bedienelemente

Die in den Kapiteln 8.2 bis 8.6 dargestellten elektropneumatischen Steuerungen erfüllen die gewünschte Funktion. Wichtige Bedienelemente, wie z. B. Hauptschalter und NOT-AUS-Schalter, fehlen (vgl. Kap. 7.4).

Vorgehensweise beim Entwurf einer Steuerung

Eine Standardschaltung zur Auswertung der Bedienelemente bildet meist die Basis für den Entwurf einer Relaissteuerung. Diese Standardschaltung wird um steuerungsspezifische Funktionen, wie Ablauf und Verknüpfungen, erweitert.

Relaisschaltung zur Auswertung der Bedienelemente

Zum Einschalten der elektrischen Energie und für die NOT-AUS-Funktion ist die Verwendung von Stellschaltern vorgeschrieben. Jedes andere Bedienelement kann entweder als Taster oder als Stellschalter realisiert werden. Bei der in Bild 8.20 dargestellten Schaltung sind die Bedienelemente für "Manuell", "Richten", "Automatik", "Dauerzyklus ein", "Dauerzyklus aus", "Einzelzyklus Start" sowie für die Einzelbewegungen als Taster ausgeführt.

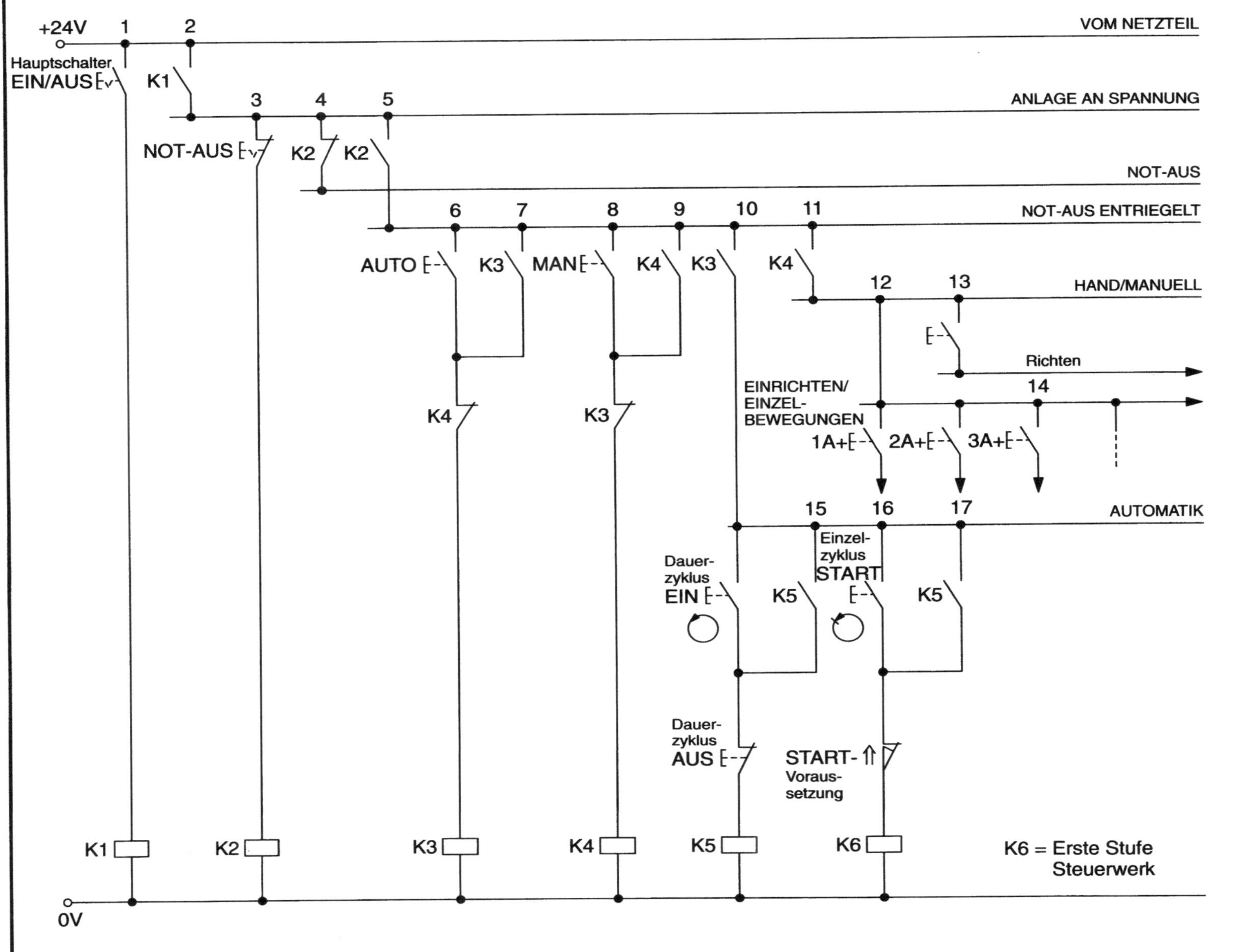

Bild 8.20:
Aufbau einer Relaissteuerung mit Betriebsartenwahl durch Taster

Hauptschalter	Wird der Hauptschalter geschlossen, zieht das Relais K1 an. Über den Kontakt K1 wird der Signalsteuerteil und die gesamte Anlage mit Spannung versorgt.

NOT-AUS	Wird der NOT-AUS-Schalter betätigt, so fällt das Relais K2 ab und die zugehörigen Kontakte schalten in die Grundstellung.

- Der NOT-AUS-Strang wird über den Öffner von K2 mit der Versorgungsspannung verbunden. Über diesen Strang können z. B. Warnleuchten betätigt werden.

- Der "NOT-AUS entriegelt" Strang wird energielos. Dadurch wird die Spannungsversorgung des Signalsteuerteils unterbrochen. Solange NOT-AUS anliegt, sind bis auf den Hauptschalter sämtliche Bedienelemente außer Funktion gesetzt.

Manueller Betrieb	Bei Betätigung des Tasters "Manuell" zieht das Relais K4 an und geht in die Selbsthaltung. Die im Schaltplan mit "Hand/Manuell" gekennzeichneten Leitung wird mit der Versorgungsspannung verbunden. Die mögliche Selbsthaltung des Relais K3 wird unterbrochen. Die mit "Automatik" gekennzeichnete Leitung wird von der Versorgungsspannung getrennt.

Richten, Einrichten, Einzelbewegungen	Diese Funktionen sind nur im Manuellbetrieb möglich. Die zugehörigen Kontakte und Relais werden deshalb über die mit "Hand/Manuell" gekennzeichnete Leitung mit Energie versorgt.

Automatischer Betrieb	Bei Betätigung des Tasters "Automatik" zieht das Relais K3 an und geht in die Selbsthaltung. Die im Schaltplan mit "Automatik" gekennzeichneten Leitung wird mit der Versorgungsspannung verbunden. Die mögliche Selbsthaltung des Relais K4 wird unterbrochen, und die mit "Hand/Manuell" gekennzeichnete Leitung wird von der Versorgungsspannung getrennt.

Diese Funktionen sind nur im Automatikbetrieb möglich. Die zugehörigen Kontakte und Relais werden deshalb über die mit "Automatik" gekennzeichnete Leitung mit elektrischer Energie versorgt.

Ist die Betriebsart "Automatik" gewählt (Relais K3 in Selbsthaltung) und "Dauerzyklus Ein" aktiv (Relais K5 in Selbsthaltung), arbeitet die Steuerung im Dauerbetrieb, d.h.: Ist ein Bewegungszyklus beendet, so folgt automatisch der nächste.

Durch Betätigen des Tasters "Dauerzyklus Aus" wird die Selbsthaltung des Relais K5 unterbrochen. Der programmgesteuerte Ablauf stoppt, sobald der letzte Ablaufschritt beendet ist.

Wird der Taster "Einzelzyklus Start" betätigt, so wird der Ablauf (Bewegungszyklus) genau einmal durchlaufen.

Dauerzyklus Ein,
Dauerzyklus Aus,
Einzelzyklus Start

Nachfolgend wird der Entwurf einer Relaissteuerung mit klar definierten Anforderungen an die Bedienung, an das Betriebsverhalten und an das Verhalten im Fehlerfall erläutert. Als Beispiel dient die Steuerung der Hubvorrichtung. Sämtliche Anforderungen an diese Steuerung sind in Kapitel 5.3 dargestellt.

Die Relaissteuerung wird in folgender Reihenfolge entworfen:

- Spannungsversorgung,
- Sensorauswertung,
- Bedienung,
- programmgesteuerter Ablauf,
- Beschaltung der Magnetspulen.

Das Flussdiagramm (Bild 8.21) verdeutlicht die verschiedenen Schritte des Schaltplanentwurfs.

Wegen des großen Schaltungsumfangs wird die Schaltung in insgesamt 6 Teilschaltplänen dargestellt (Bilder 8.22, 8.25 bis 8.27, 8.29 und 8.30).

8.8 Ablaufsteuerung für eine Hubvorrichtung

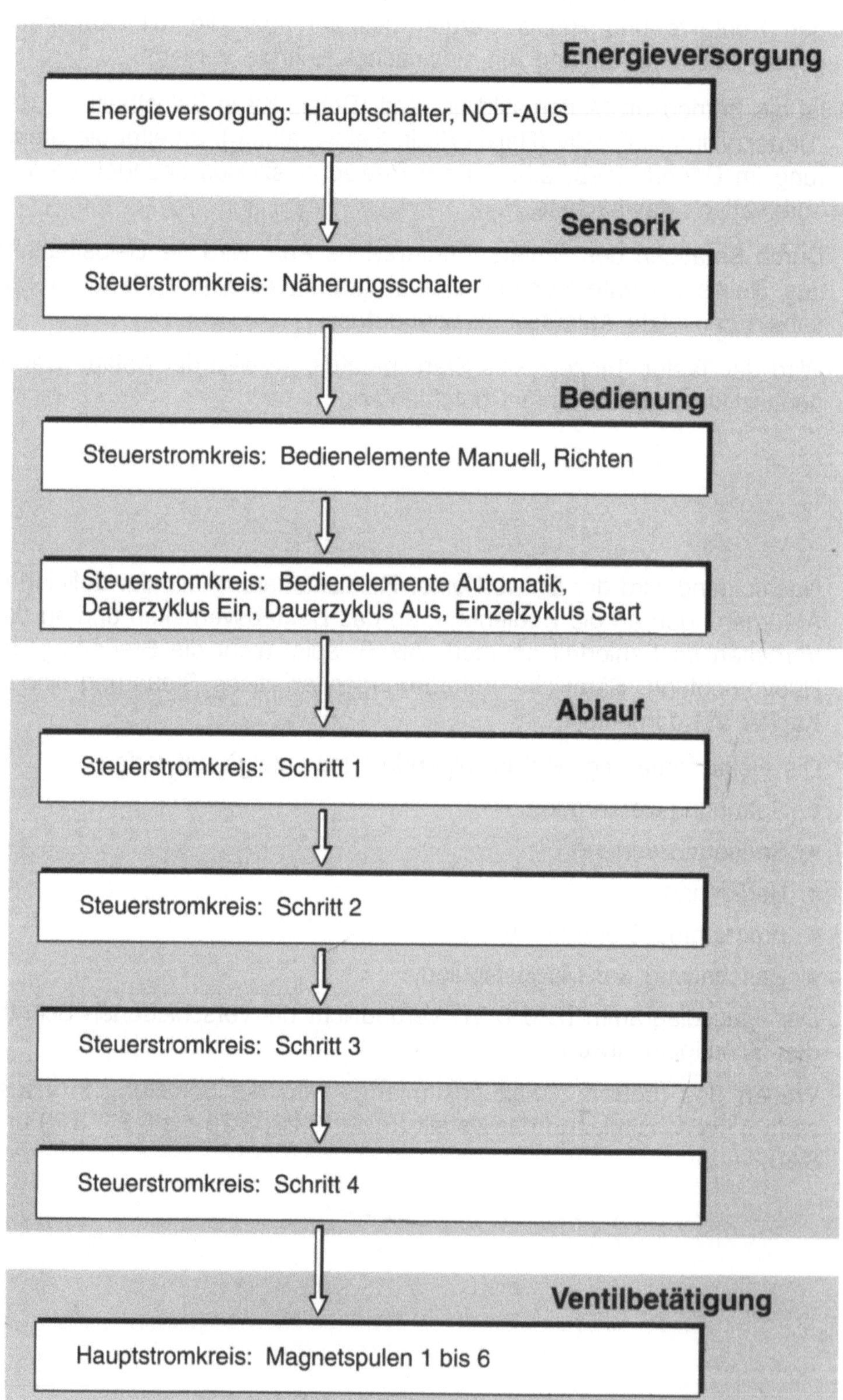

Bild 8.21:
Vorgehensweise beim
Entwurf des Relais-
schaltplans für die
Hubvorrichtung

Die Auswertung der Bedienelemente Hauptschalter und NOT-AUS kann gegenüber der Standardschaltung in Bild 8.20 vereinfacht werden, da das Signal NOT-AUS nur in invertierter Form benötigt wird. Bild 8.22 zeigt den zugehörigen Schaltplan.

Bedienelemente
Hauptschalter (S1)
und NOT-AUS (S2)

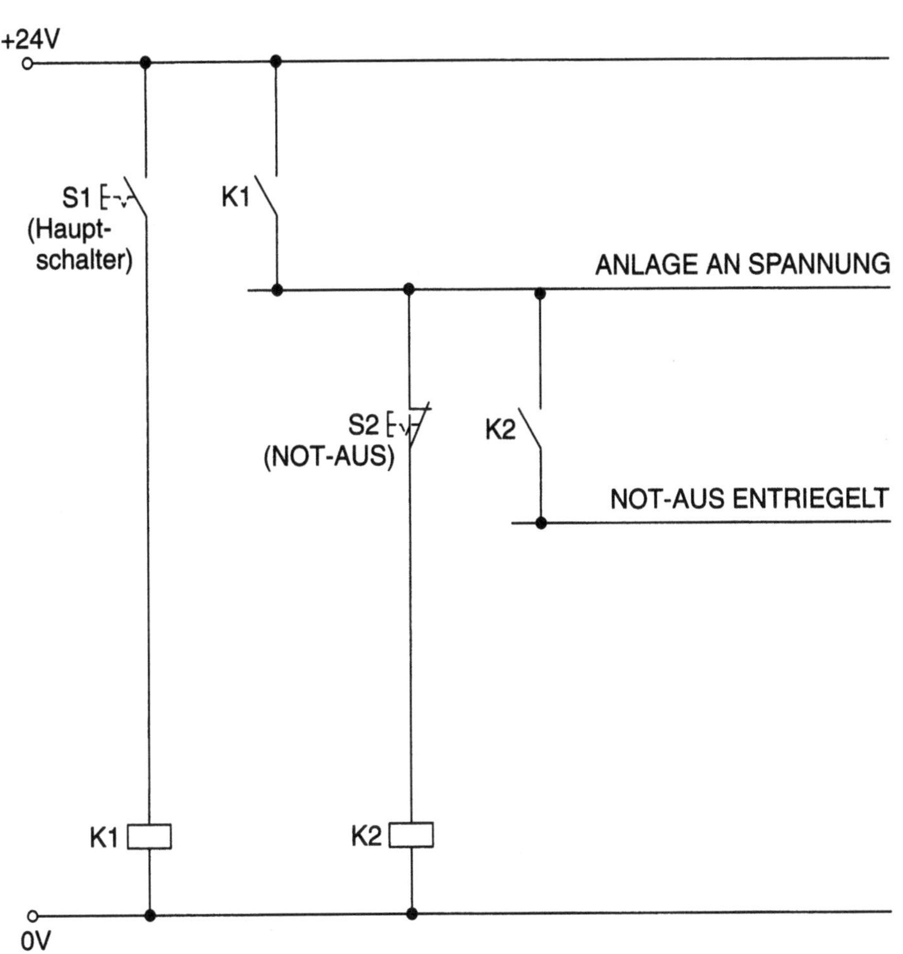

Bild 8.22:
Relaisschaltung für die
Bedienelemente
Hauptschalter und
NOT-AUS

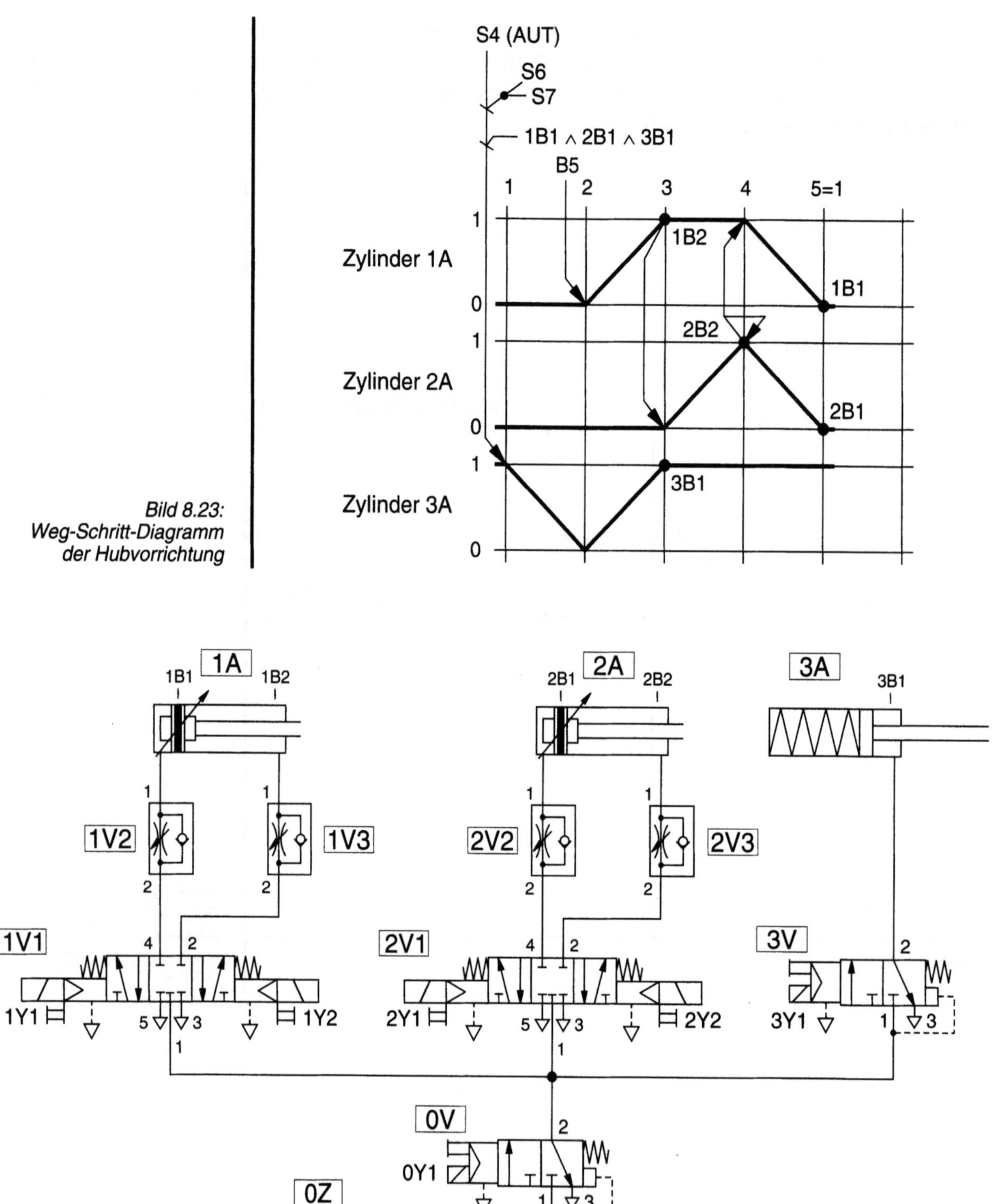

Bild 8.23:
Weg-Schritt-Diagramm
der Hubvorrichtung

Bild 8.24: Pneumatischer Schaltplan der Hubvorrichtung

Die Sensoren werden mit elektrischer Energie versorgt, solange NOT-AUS nicht betätigt ist. Den Sensoren 1B1 bis 3B1 und B5 werden die Relais K6 bis K11 zugeordnet (Bild 8.25).

Sensorauswertung

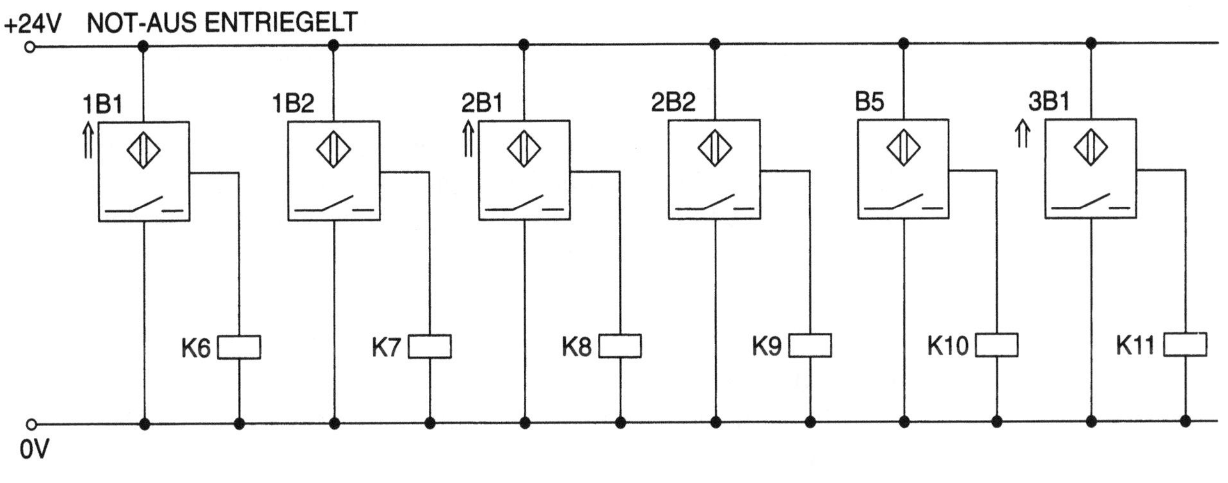

Bild 8.25
Relaisschaltplan für die Sensorauswertung

Bedienelemente Manuell (S3) und Richten (S5)

Der Schaltplan zur Auswertung der Bedienelemente Manuell und Richten ist in Bild 8.26 dargestellt. Die Auswertung des Tasters "Manuell" erfolgt entsprechend der Standardschaltung (Bild 8.20). Wird der Taster S3 betätigt, so geht das Relais K4 in Selbsthaltung (Bild 8.26).

Nach Betätigung des NOT-AUS-Tasters bleiben die Kolbenstangen der Zylinder 1A und 2A in beliebigen Zwischenstellungen stehen. Um die Steuerung wieder in einen betriebsbereiten Zustand zu versetzen, müssen die Antriebe in die Grundstellung gebracht werden. Hierzu dient der Richtvorgang.

Wird die Betriebsart "Manuell" gewählt (Relais K4 in Selbsthaltung) und der Taster "Richten" (S5) betätigt, geht das Relais K12 in Selbsthaltung. Der Richtvorgang ist beendet, wenn die Kolbenstangen der Zylinder folgende Stellungen einnehmen:

- Zylinder 1A:
  hintere Endlage (Sensor 1B1 spricht an, Relais K6 betätigt),

- Zylinder 2A:
  hintere Endlage (Sensor 2B1 spricht an, Relais K8 betätigt),

- Zylinder 3A:
  vordere Endlage (Sensor 3B1 spricht an, Relais K11 betätigt).

Sind alle drei Bedingungen erfüllt, wird über die Öffner K6, K8 und K11 die Selbsthaltung des Relais K12 gelöst.

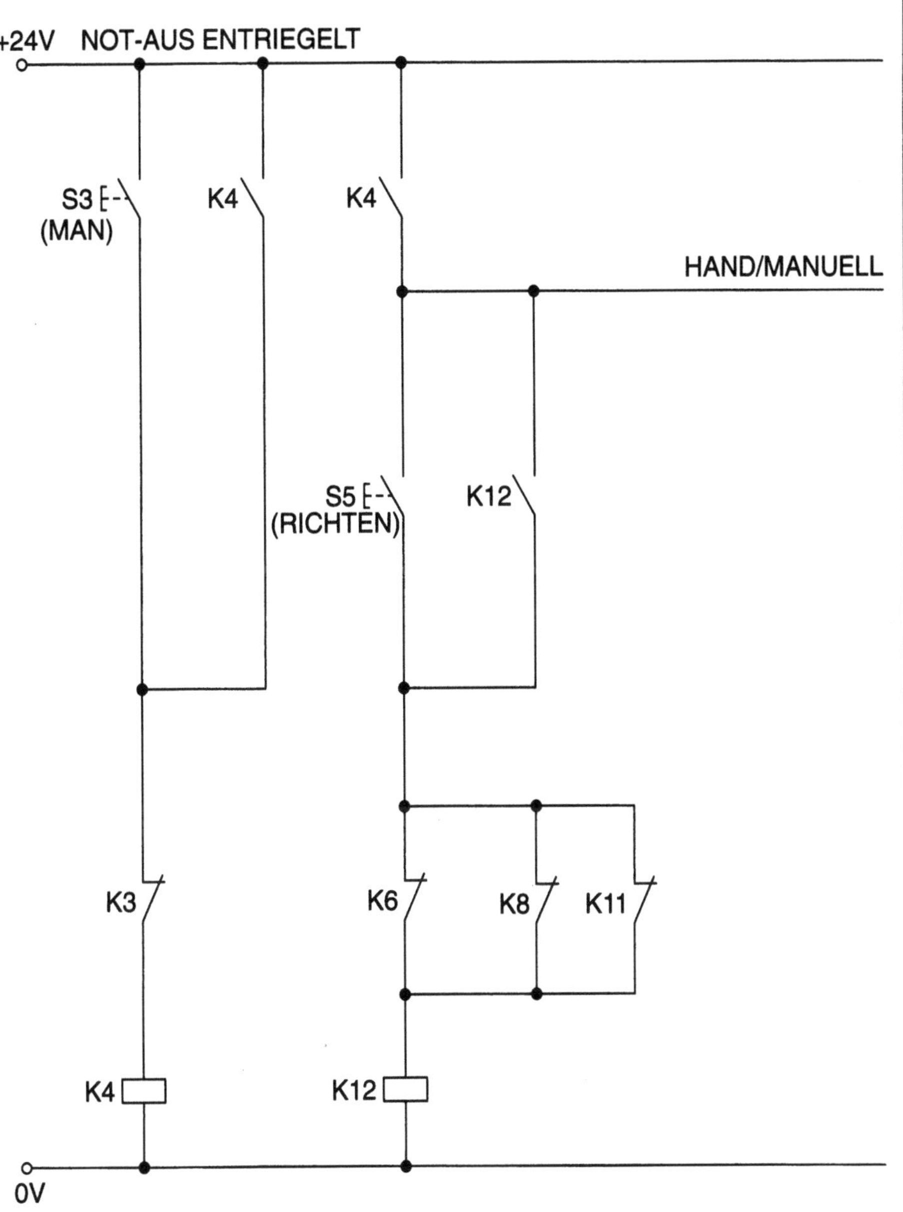

Bild 8.26:
Relaisschaltplan für die
Bedienelemente "Manuell"
und "Richten"

Bedienelemente
Automatik (S4),
Dauerzyklus Ein (S6),
Dauerzyklus Aus (S8)

Die Auswertung der Taster "Automatik", "Dauerzyklus Ein" und "Dauerzyklus Aus" erfolgt entsprechend der Standardschaltung (Bild 8.20). "Dauerzyklus Ein" wird durch die Selbsthaltung des Relais K5 gespeichert (Bild 8.27).

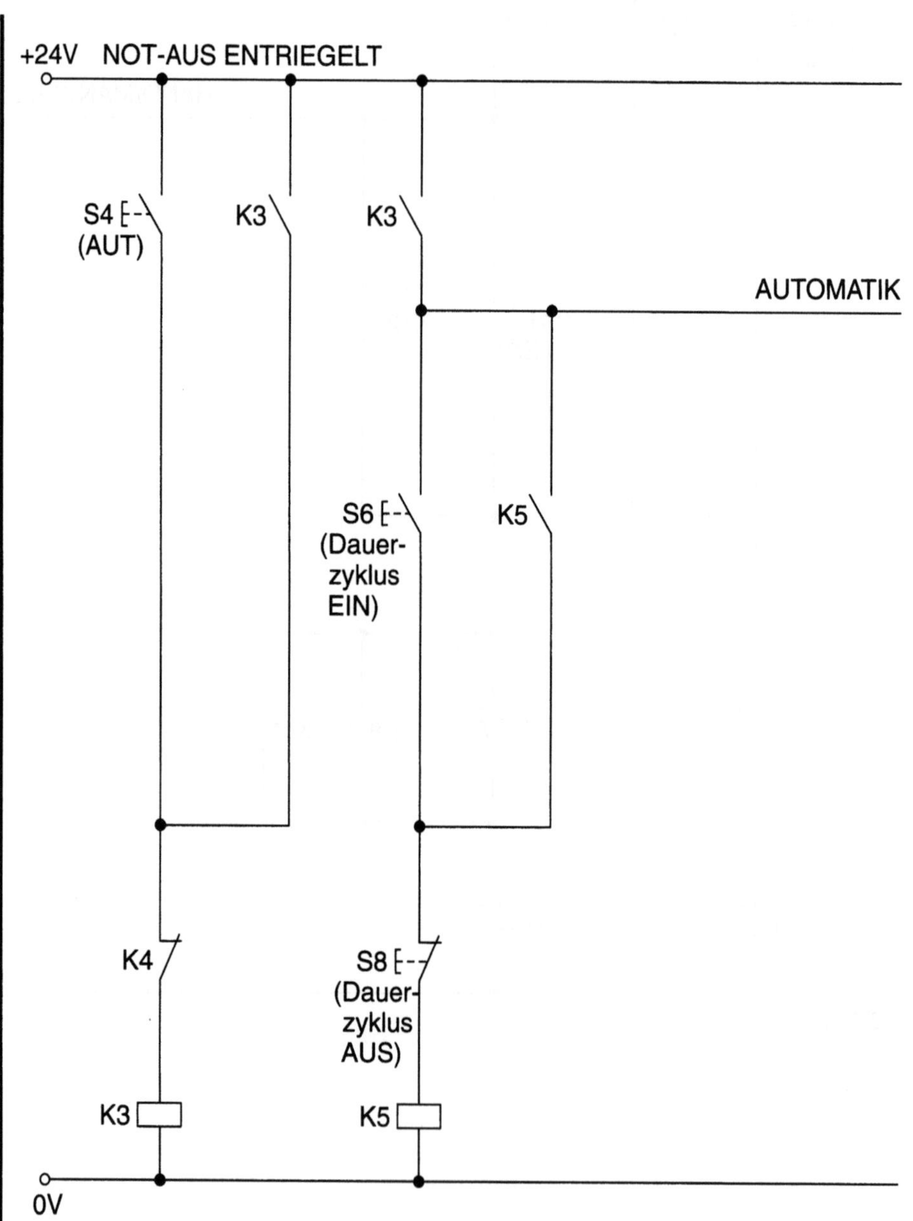

Bild 8.27:
Relaisschaltplan für die
Bedienelemente
"Automatik",
"Dauerzyklus Ein",
"Dauerzyklus Aus"

Zur Realisierung des schrittweisen Ablaufs mit einer Relaissteuerung gibt es unterschiedliche Möglichkeiten. Hier wird die löschende Taktkette eingesetzt.

Der Bewegungsvorgang umfasst vier Schritte (vgl. Tabelle 8.4). Diesen vier Schritten werden die Relais K13 (Schritt 1) bis K16 (Schritt 4) zugeordnet.

Bild 8.28 zeigt den prinzipiellen Aufbau der löschenden Taktkette mit Signalspeicherung durch selbsthaltende Relais.

Löschende Taktkette mit selbsthaltenden Relais

Schritt	Bewegung Kolbenstange Zylinder 1A	Bewegung Kolbenstange Zylinder 2A	Bewegung Kolbenstange Zylinder 3A	Ende des Schritts, Weiterschaltbedingung	Bemerkung
1	keine	keine	Einfahren	B5 spricht an (Paket da)	Vorrichtung öffnen
2	Ausfahren	keine	Ausfahren	1B2 spricht an	Paket anheben
3	keine	Ausfahren	keine	2B2 spricht an	Paket ausschieben
4	Einfahren	Einfahren	keine	1B1, 2B1 sprechen an	Antriebe in Grundstellung bringen

Tabelle 8.4:
Bewegungsvorgang der Hubvorrichtung

Die Funktionsweise der löschenden Taktkette wird am Beispiel des 2. Ablaufschritts erläutert.

Ist der vorhergehende Schritt gesetzt (hier: Schritt 1, Schließer des Relais K13 geschlossen) und sind die weiteren Setzbedingung für Schritt 2 erfüllt, geht das Relais K14 in Selbsthaltung. Über den Öffner des Relais K14 wird die Selbsthaltung des Relais K13 unterbrochen. Damit ist der zweite Ablaufschritt gesetzt und der erste Ablaufschritt deaktiviert.

Da im Dauerbetrieb auf Schritt 4 wieder Schritt 1 folgt, dient der Öffner K13 zur Unterbrechung der Selbsthaltung für das Relais K16.

Verriegelung der Schritte

Startbedingung
für die
löschende Taktkette

Damit der Ablauf gestartet werden kann, muss der 4. Ablaufschritt (Relais K16) aktiviert sein. Beim Umschalten in den Automatikbetrieb wird deshalb über den Strang "Automatik" und den Öffner K17 die Relaisspule K16 betätigt. Das Relais K16 geht in Selbsthaltung. Über einen Schließer von K16 wird die Spule des Relais K17 von Strom durchflossen, und das Relais K17 geht ebenfalls in Selbsthaltung. Über den Öffner von K17 fließt kein Strom mehr.

Hinweis

Die Relais K1 bis K12 werden bereits für die Bedienelemente und die Sensorauswertung verwendet.

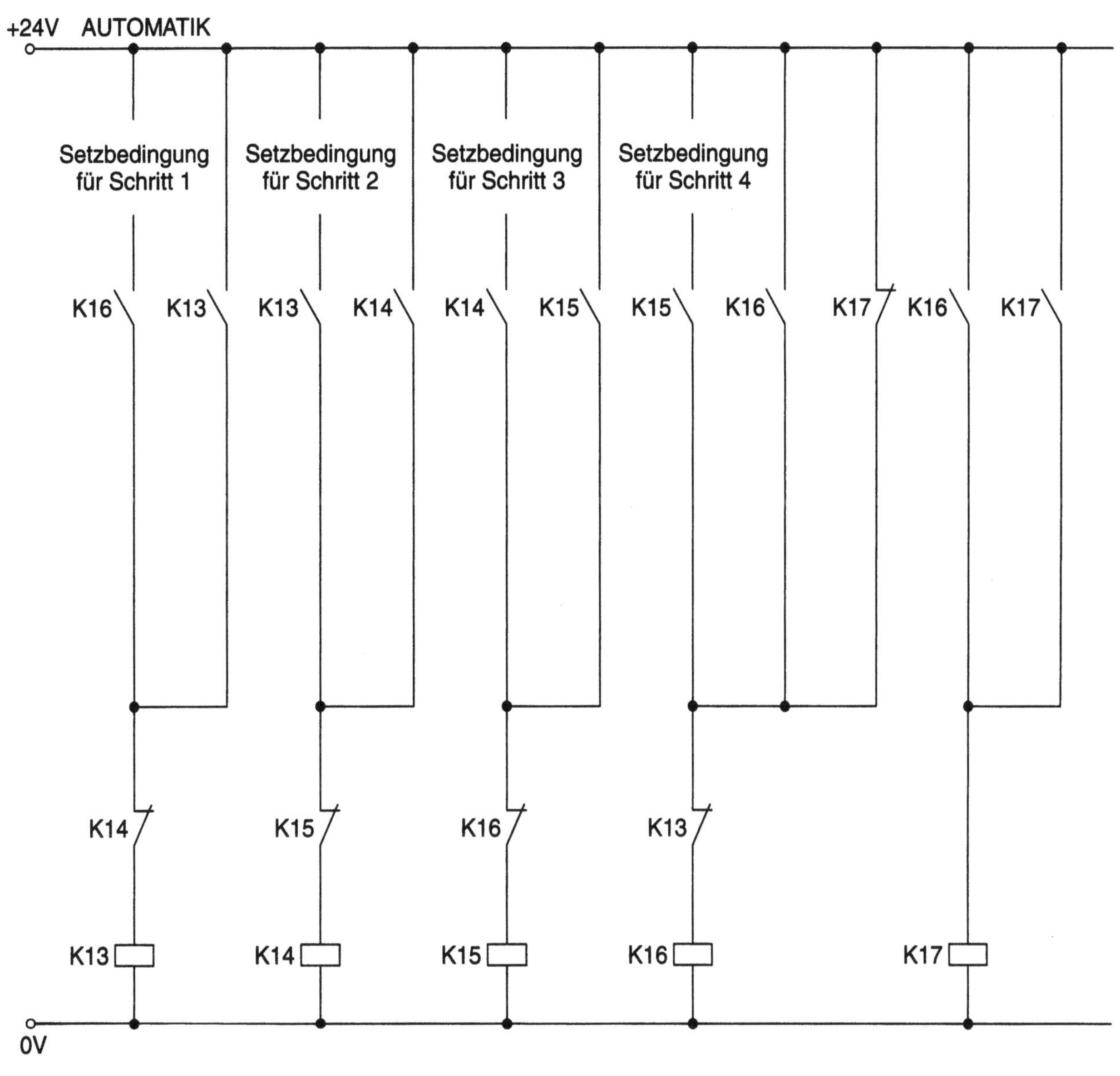

Bild 8.28:
Prinzipieller Aufbau der löschenden Taktkette für die Hubvorrichtung

| Weiterschalt-
bedingungen | Die Weiterschaltbedingungen für alle 4 Ablaufschritte sind in Tabelle 8.5 zusammengefasst. Um den gewünschten Ablauf sicherzustellen, können sämtliche Schritte nur gesetzt werden, wenn das Relais des jeweils vorhergehenden Schritts betätigt ist. |

Weiter- schaltung	Betriebsart, Bedienelement	betätigte(r) Sensor(en) mit zugehörigem Relais	aktiver Schritt mit zugehörigem Relais
Start des 1. Schritts	S7 oder K5	1B1 (K6) und 2B1 (K8) und 3B1 (K11)	4 (K16)
Schritt 1 nach Schritt 2	keine Bedingung	B5 (K10)	1 (K13)
Schritt 2 nach Schritt 3	keine Bedingung	1B2 (K7)	2 (K14)
Schritt 3 nach Schritt 4	keine Bedingung	2B2 (K9)	3 (K15)

Tabelle 8.5:
Weiterschaltbedingungen
für die vier Ablaufschritte

Durch Übertragen der Weiterschaltbedingungen in die löschende Taktkette (Bild 8.28) erhält man die Relaisschaltung zur Realisierung der
vier Ablaufschritte (Bild 8.29). Die Funktionsweise dieser Relaisschaltung wird nachfolgend erläutert.

Relaisschaltplan für
den programm-
gesteuerten Ablauf

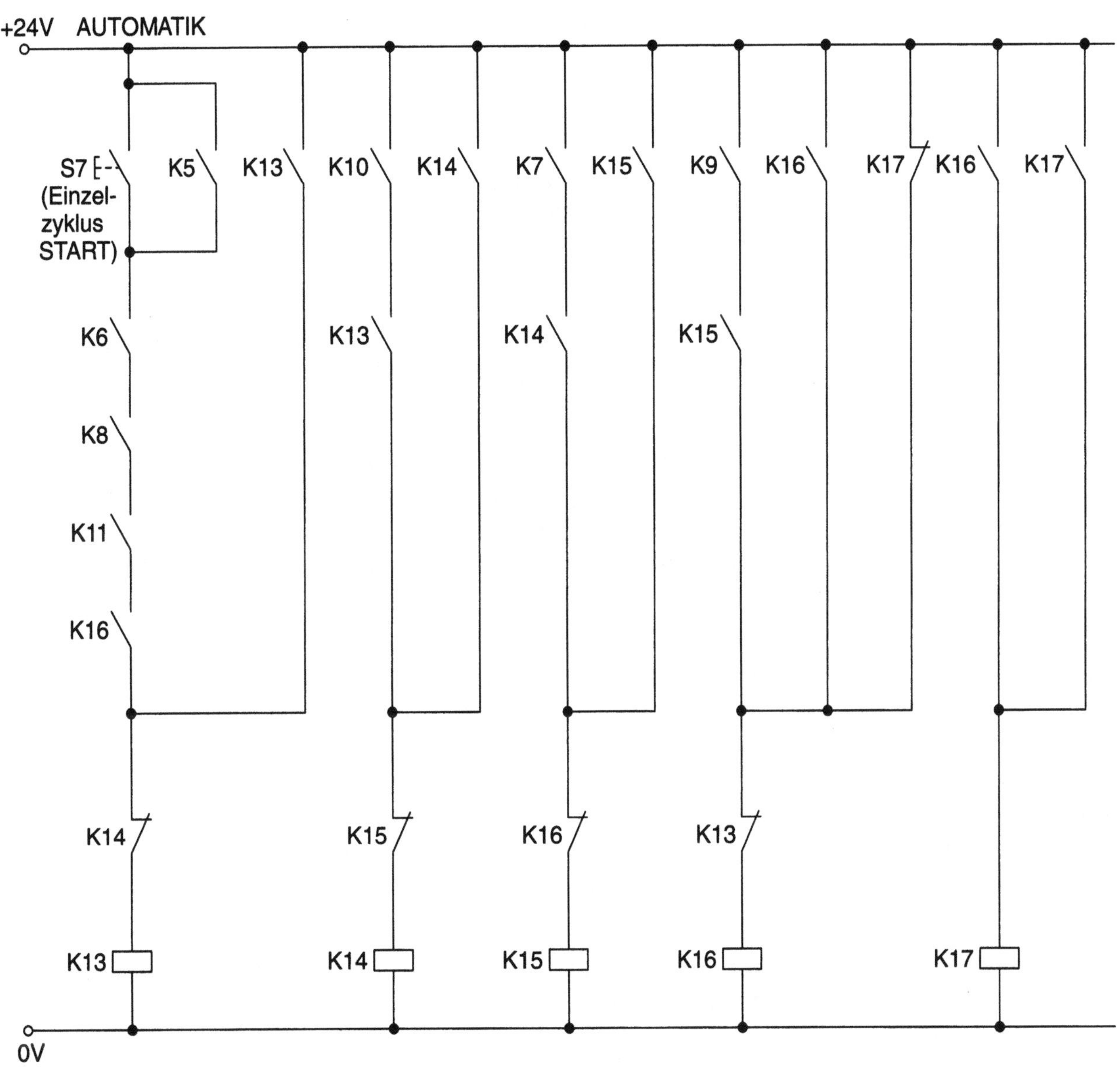

Bild 8.29:
Relaisschaltplan für die vier Ablaufschritte

<table>
<tr><td>Start des
1. Ablaufschritts</td><td>

Damit der erste Bewegungsschritt aktiviert werden kann, müssen folgende Bedingungen erfüllt sein:

- Kolbenstange des Zylinders 1A in der hinteren Endlage
  (Relais K6 betätigt),

- Kolbenstange des Zylinders 2A in der hinteren Endlage
  (Relais K8 betätigt),

- Kolbenstange des Zylinders 3A in der vorderen Endlage
  (Relais K11 betätigt),

- Schritt 4 aktiv
  (Relais K16 betätigt),

- entweder Dauerzyklus aktiv
  (Relais K5 in Selbsthaltung) oder
  "Einzelzyklus Start" (Taster S7) betätigt.

Sind sämtliche Bedingungen erfüllt, geht das Relais K13 in die Selbsthaltung, und der 1. Ablaufschritt ist aktiv.

</td></tr>
<tr><td>Weiterschaltung vom
1. zum 2.
Ablaufschritt</td><td>

Spricht der Lichttaster B5 an, während der 1. Ablaufschritt aktiv ist, so ist die Setzbedingung für den zweiten Ablaufschritt erfüllt. Der Schritt wird durch Betätigung des Relais K14 aktiviert. Das Relais K14 geht in die Selbsthaltung, und die Selbsthaltung des Relais K13 wird durch den Öffner K14 unterbrochen.

</td></tr>
<tr><td>Weiterschaltung vom
2. zum 3.
Ablaufschritt</td><td>

Spricht der Näherungsschalter 1B2 an, während der 2. Ablaufschritt aktiv ist, so geht das Relais K15 in Selbsthaltung. Die Selbsthaltung des Relais K14 wird unterbrochen.

</td></tr>
<tr><td>Weiterschaltung vom
3. zum 4.
Ablaufschritt</td><td>

Spricht der Näherungsschalter 2B2 an, während der 3. Ablaufschritt aktiv ist, so geht das Relais K16 in die Selbsthaltung. Die Selbsthaltung des Relais K15 wird unterbrochen.

</td></tr>
<tr><td>Weiterschaltung vom
4. zum 1.
Ablaufschritt</td><td>

Für die Weiterschaltung vom 4. zum 1. Ablaufschritt gelten die gleichen Bedingungen wie für den Start des 1. Ablaufschritts.

</td></tr>
</table>

Mit den Hauptstromkreisen werden die insgesamt 6 Magnetspulen der Wegeventile betätigt. Damit die Spulen mit Energie versorgt werden können, muss sich der Hauptschalter in der Stellung 1 befinden und NOT-AUS darf nicht betätigt sein. Die weiteren Bedingungen zur Betätigung der Magnetspulen sind in Tabelle 8.6 zusammengefasst.

Hauptstromkreise

Magnet-spule	Auswirkung	Bedingung (mit betätigtem Relais)	Bemerkung
1Y1	Zylinder 1A: ausfahren	Schritt 2 (K14)	
1Y2	Zylinder 1A: einfahren:	Schritt 4 (K16) oder Richten (K12)	
2Y1	Zylinder 2A: ausfahren	Schritt 3 (K15)	
2Y2	Zylinder 2A: einfahren	Schritt 4 (K16) oder Richten (K12)	
3Y1	Zylinder 3A: einfahren	Schritt 1 (K13)	
0Y1	Druckluftversorgung	K18	Zuschalten der Druckluft

Tabelle 8.6:
Bedingungen
für die Betätigung
der Magnetspulen

Die Druckluft wird über das Relais K18 zugeschaltet, um zu verhindern, dass sich die pneumatischen Antriebe bewegen, solange die Relais noch keine definierte Stellung eingenommen haben.

Die Beschaltung der Magnetspulen ist in Bild 8.30 dargestellt.

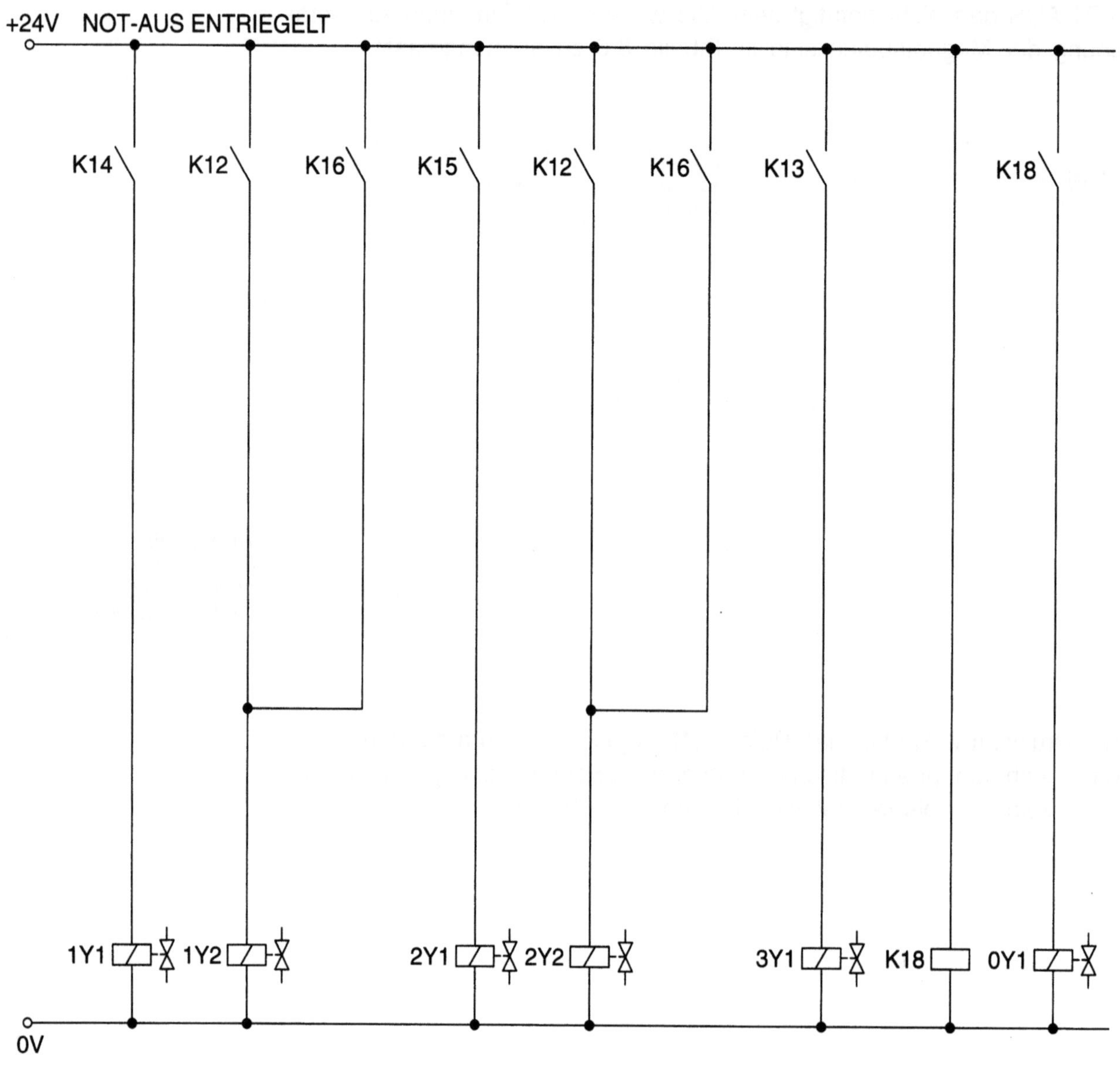

Bild 8.30:
Beschaltung der Wegeventil-Magnetspulen

In Tabelle 8.7 sind alle zur Steuerung der Hubvorrichtung eingesetzten Relais mit den zugehörigen Funktionen aufgelistet.

Auflistung der Relais

Relaisnummer im Schaltplan	Relaistyp/ Schaltungstyp	Aufgabe
K1	Standard	Schaltung der elektrischen Energie (Hauptschalter, S1)
K2	Standard	NOT-AUS, S2
K3	selbsthaltend	Automatikbetrieb, S4
K4	selbsthaltend	Manuellbetrieb, S3
K5	selbsthaltend	Dauerzyklus, S6
K6	Standard	Näherungsschalter 1B1
K7	Standard	Näherungsschalter 1B2
K8	Standard	Näherungsschalter 2B1
K9	Standard	Näherungsschalter 2B2
K10	Standard	Näherungsschalter B5
K11	Standard	Näherungsschalter 3B1
K12	selbsthaltend	Richten, S5
K13	selbsthaltend	Schritt 1
K14	selbsthaltend	Schritt 2
K15	selbsthaltend	Schritt 3
K16	selbsthaltend	Schritt 4
K17	selbsthaltend	Startbedingung Taktkette
K18	verzögernd	Druckluft zuschalten

Tabelle 8.7:
Funktionen der Relais

Auflistung der
Bedienelemente

In Tabelle 8.8 sind alle zur Steuerung der Hubvorrichtung eingesetzten
Schalter und Taster aufgeführt.

Schalternummer	Typ	Bemerkung
S1	Schalter	Hauptschalter
S2	Schalter	NOT-AUS (Öffner!)
S3	Taster	Manuell (MAN)
S4	Taster	Automatik (AUT)
S5	Taster	RICHTEN
S6	Taster	Dauerzyklus EIN
S7	Taster	Einzelzyklus START
S8	Taster	Dauerzyklus AUS

Tabelle 8.8:
Funktionen der
Bedienelemente

In den Abbildungen 8.31a -8.31d ist der vollständig elektrische Schaltplan der Hubvorrichtung dargestellt.

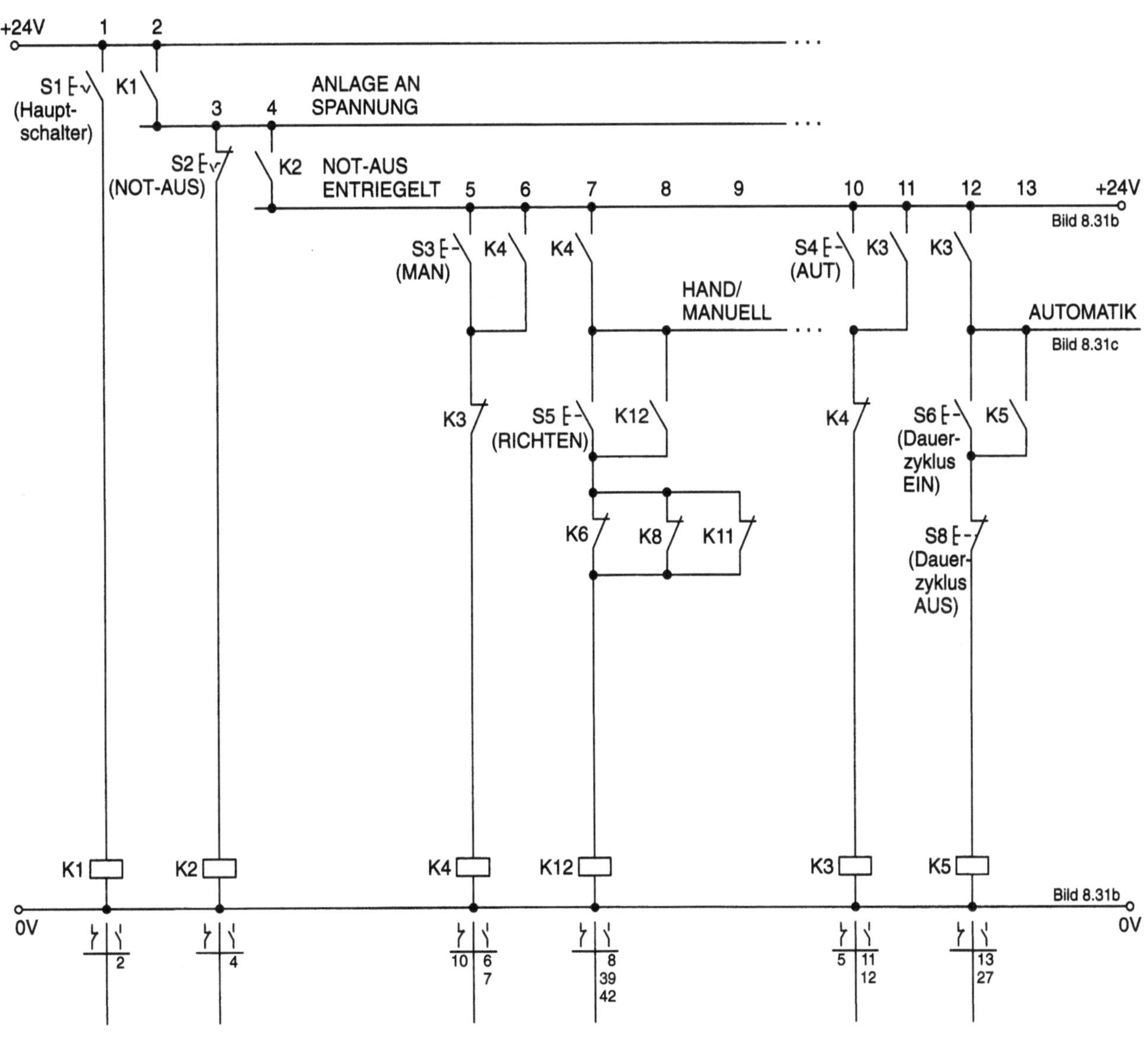

Bild 8.31a:
*Elektrischer Schaltplan der Hubvorrichtung – **Bedienelemente***

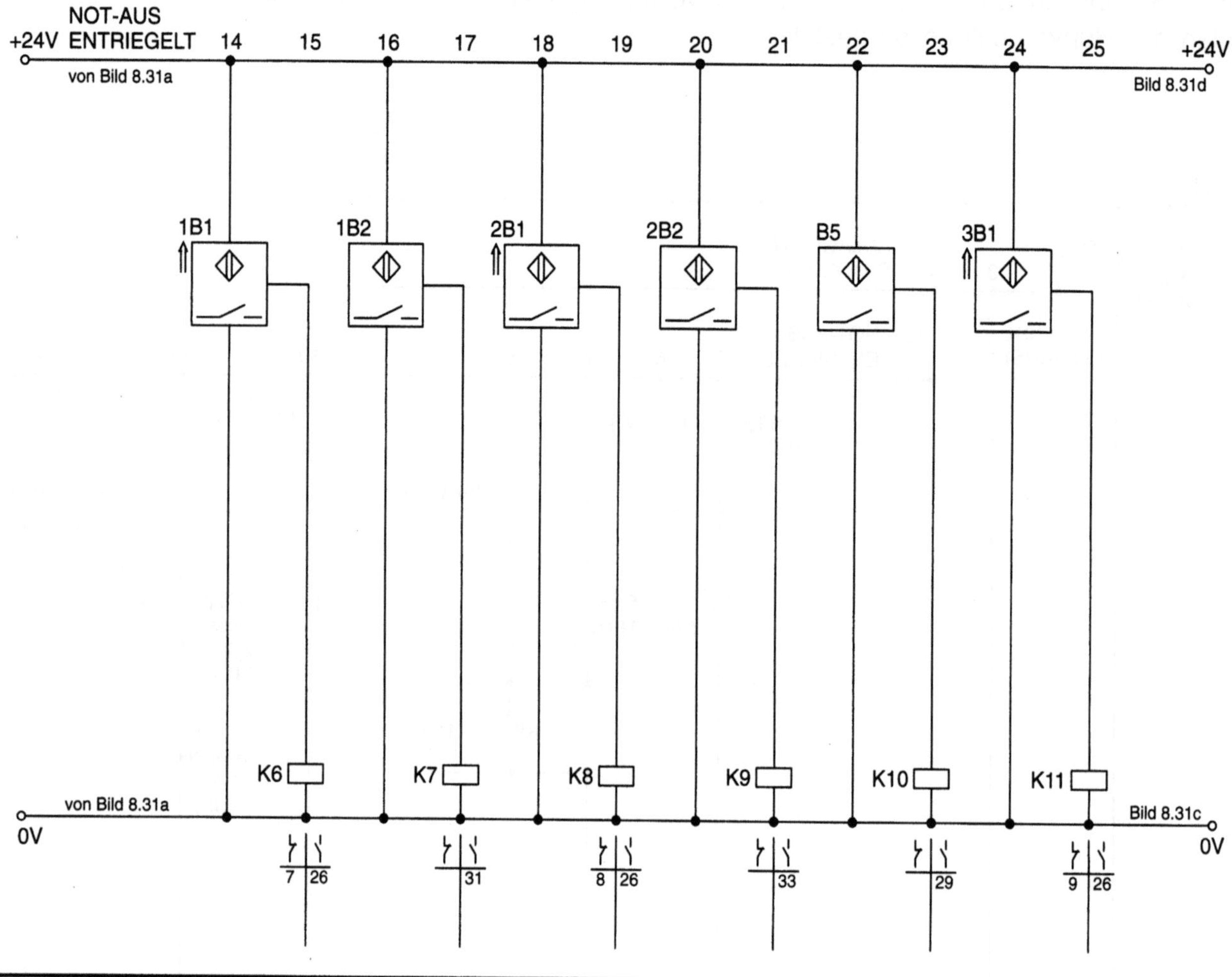

Bild 8.31b:
Elektrischer Schaltplan der Hubvorrichtung – **Sensorauswertung**

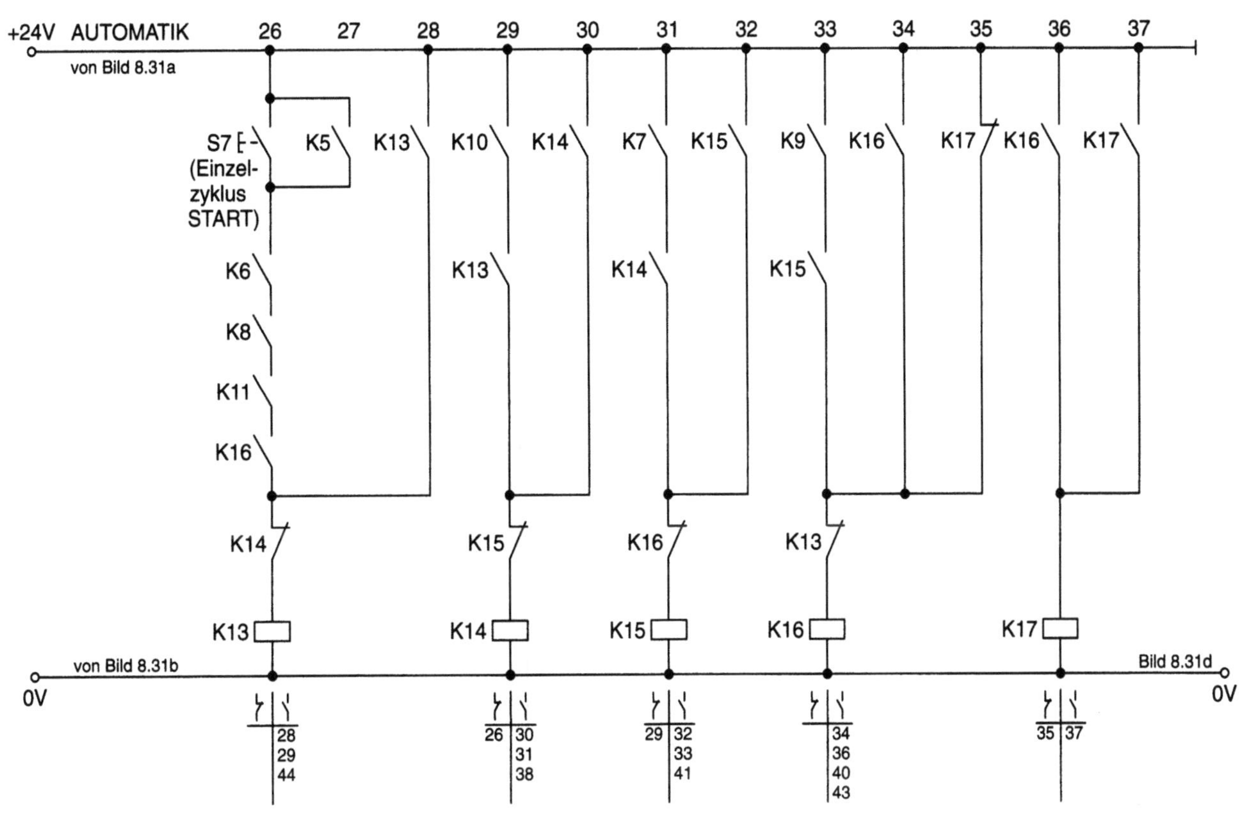

Bild 8.31c:
*Elektrischer Schaltplan der Hubvorrichtung – **Schaltung der Ablaufschritte***

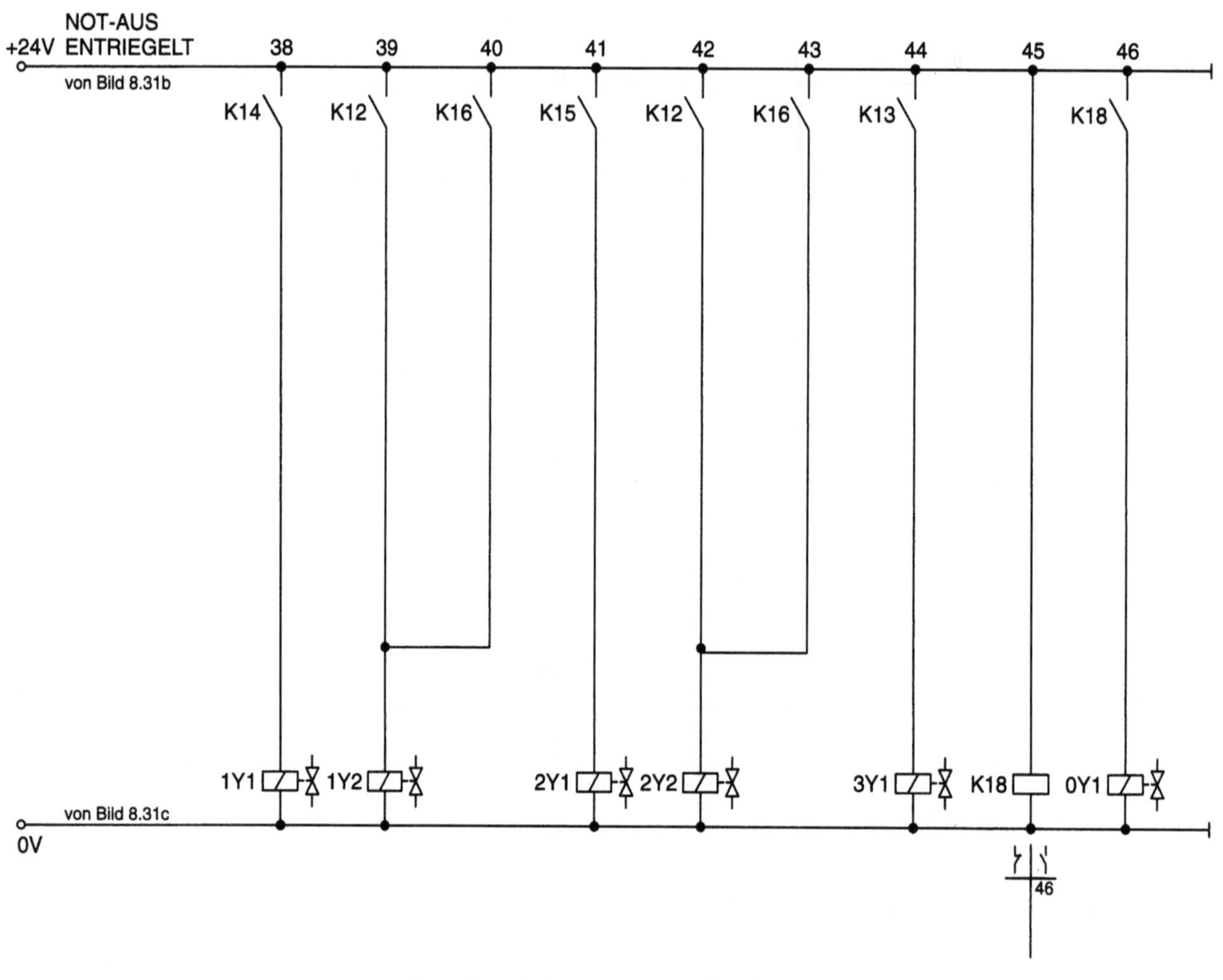

Bild 8.31d:
*Elektrischer Schaltplan der Hubvorrichtung – **Beschaltung der Magnetspulen***

Durch verschiedene Maßnahmen lässt sich die Relais- und Kontaktanzahl im Vergleich zum oben angeführten Beispiel reduzieren (Tabelle 8.9). Dadurch verringern sich die Investitions- und Installationskosten. Es treten aber auch unerwünschte Folgen auf, insbesondere bezüglich des Verhaltens im Fehlerfall. Ob und gegebenenfalls welche Maßnahmen zur Reduzierung der Relaisanzahl sinnvoll sind, hängt stark vom Anwendungsfall ab.

Maßnahmen zur Reduzierung der Geräte- und Installationskosten

Maßnahmen	Vorteile	Nachteile
Signalspeicherung durch Magnetimpulsventile	weniger Relais	häufig unerwünschtes Verhalten im Fehlerfall
		bei vielen Steuerungen nur eingeschränkt anwendbar
		erschwerte Fehlersuche
Vereinfachen der Setzbedingungen	weniger Kontakte und Verbindungen	ungünstiges Verhalten bei Fehlern
Reedschalter statt elektronischer Näherungsschalter	weniger Relais	geringere Lebensdauer der Sensoren
	Sensoren preisgünstiger	

Tabelle 8.9: Möglichkeiten zur Einsparung von Bauelementen bei Relaissteuerungen

Kapitel 9

Aufbau moderner elektro-pneumatischer Steuerungen

9.1 Trends und Entwicklungen in der Elektropneumatik

Die Komponenten von elektropneumatischen Steuerungen wurden in den letzten Jahren ständig verbessert. Zahlreiche neue Produkte, wie z.B. Ventilinseln, wurden auf den Markt gebracht. Auch in Zukunft wird diese Entwicklung weiter voranschreiten. Die wichtigsten Zielsetzungen bei allen Neu- und Weiterentwicklungen in der Elektropneumatik sind:

- Senkung der Gesamtkosten einer elektropneumatischen Steuerung,
- Verbesserung ihrer Leistungsdaten,
- Erschließung neuer Anwendungsgebiete.

Kostensenkung

Die Gesamtkosten einer elektropneumatischen Steuerung werden von vielen Faktoren beeinflusst. Dementsprechend vielschichtig sind die Möglichkeiten zur Kostenreduzierung (Bild 9.1). Die Konzeption moderner elektropneumatischer Steuerungen zielt in erster Linie auf die Verringerung der Projektierungs-, Installations-, Inbetriebnahme- und Wartungskosten.

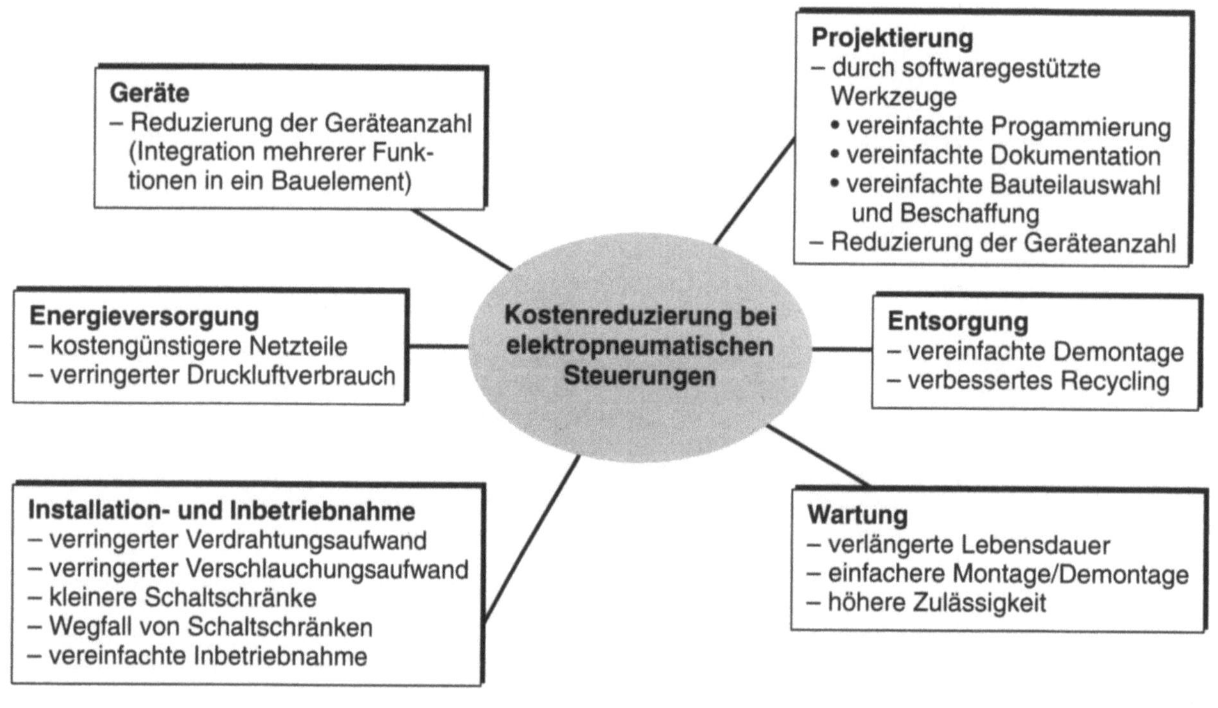

Bild 9.1:
Kostenreduzierung bei elektropneumatischen Steuerungen

Beispiele für die Verbesserung der Leistungsdaten pneumatischer Komponenten sind:

- die Reduzierung der Taktzeiten durch Erhöhung der Bewegungsgeschwindigkeiten,
- die Verringerung von Einbauraum und Gewicht,
- die Integration zusätzlicher Funktionen, wie z. B. Linearführungen.

Anwendungen, bei denen Geschwindigkeiten, Positionen und Kräfte kontinuierlich durch eine elektrische Steuerung eingestellt und überwacht werden, waren bislang elektrischen und hydraulischen Antrieben vorbehalten. Die Entwicklung kostengünstiger Proportionalventile und Drucksensoren erlaubt es heute, bei vielen Anwendungen pneumatische Antriebe einzusetzen. Dadurch entsteht ein neuer Markt für die Pneumatik. Dieser Markt ist zwar klein im Vergleich zum Markt der klassischen elektropneumatischen Steuerungen, er zeichnet sich aber durch starkes Wachstum aus.

Neben den Standardzylindern, die als kostengünstiges, vielseitig einsetzbares Antriebselement ihre Bedeutung behalten, gewinnen Spezialzylinder verstärkt an Bedeutung. Bei Verwendung dieser Antriebe sind zusätzliche Komponenten, wie z. B. Führungen und Halterungen, häufig direkt am Zylindergehäuse angebaut. Daraus resultieren Vorteile, wie kleinerer Einbauraum und verringerte bewegte Massen. Der reduzierte Material-, Projektierungs- und Montageaufwand führt zu einer merklichen Kostensenkung.

Verbesserung der Leistungsdaten

Erschließung neuer Anwendungsgebiete der Pneumatik

9.2 Pneumatische Antriebe

Mehrstellungszylinder

Mehrstellungszylinder werden für Anwendungen eingesetzt, bei denen mehr als zwei Positionen anzufahren sind. Bild 9.2 verdeutlicht die Funktionsweise eines doppeltwirkenden Mehrstellungszylinders. Eine Kolbenstange wird am Gestell befestigt, die zweite mit der Last verbunden. Es können vier unterschiedliche Positionen exakt auf Anschlag angefahren werden.

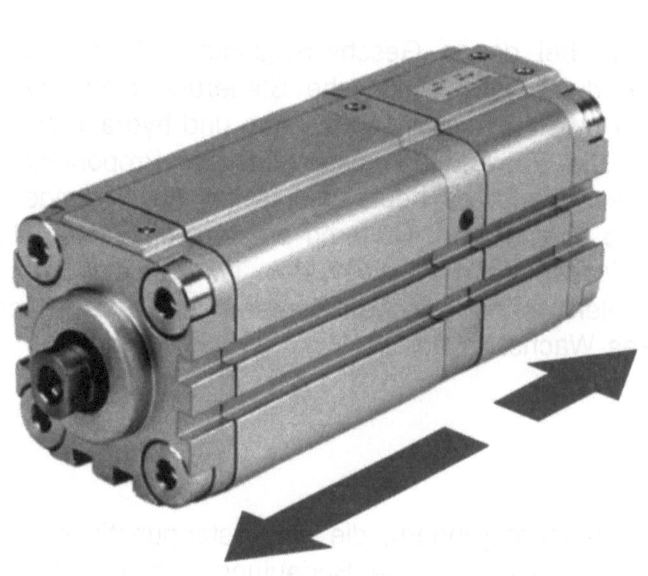

Zylinderstellungen

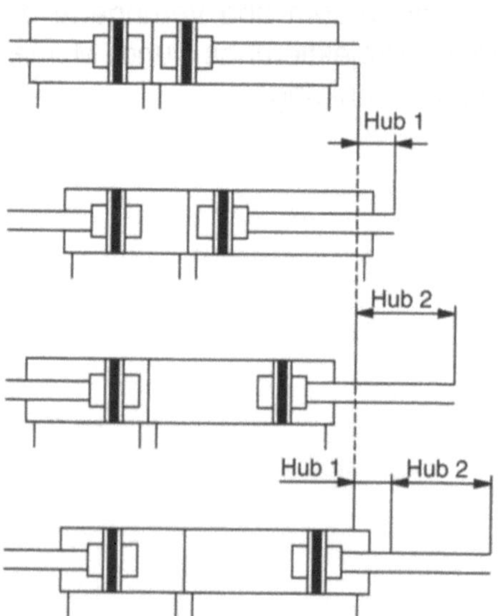

Bild 9.2:
Mehrstellungszylinder mit
vier verschiedenen
Stellungen

Für Handhabungs- und Montageoperationen werden häufig Komponenten benötigt, die Bewegungen in zwei oder drei verschiedenen Richtungen ausführen können. Früher dominierten in diesem Bereich Sonderkonstruktionen. Heute werden verstärkt serienmäßig lieferbare Handhabungsmodule verwendet, die sich anwendungsabhängig kombinieren lassen. Das modulare Konzept hat folgende Vorteile:

- einfache Montage,

- aufeinander abgestimmte Antriebe und mechanische Führungen,

- integrierte Energiezuleitung, z. B. für Greifer oder Sauger.

Handhabungstechnik

Schwenk-Lineareinheit

Die Schwenk-Lineareinheit (Bild 9.3a) kann z. B. zum Umsetzen von Werkstücken (Bild 9.3b) eingesetzt werden. Die Lagerung der Kolbenstange ist so ausgelegt, dass sie hohe Querlasten aufnehmen kann. Die Einheit lässt sich auf unterschiedliche Art befestigen, z. B. mit einem Flansch an der Stirnseite oder mit Nutensteinen, die in das Linearprofil eingeschoben werden. Bei Bedarf wird die Energie für den Greifer oder den Sauger durch die hohle Kolbenstange zugeführt.

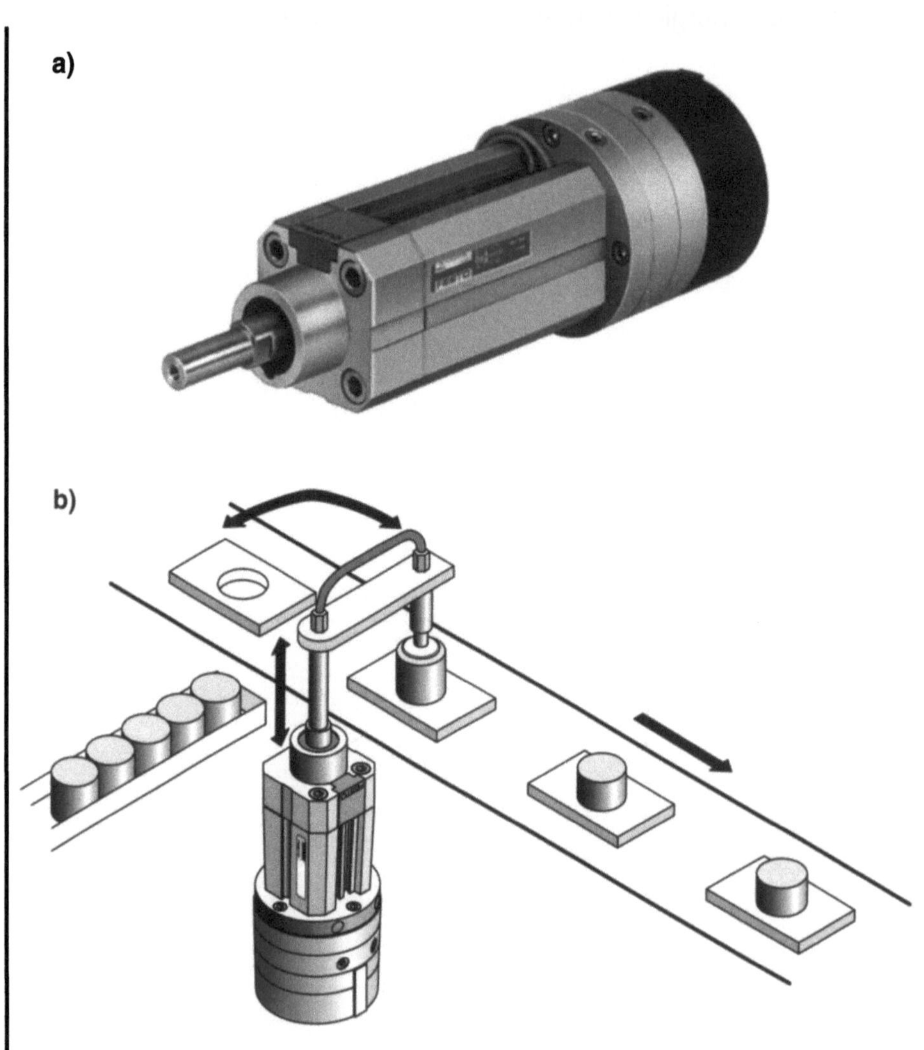

Bild 9.3:
Schwenk-Lineareinheit
(Festo)

Pneumatisch angetriebene Greifer werden zur Handhabung von Werkstücken verwendet. In Bild 9.4 sind verschiedene Greifertypen dargestellt.

Pneumatische Greifer

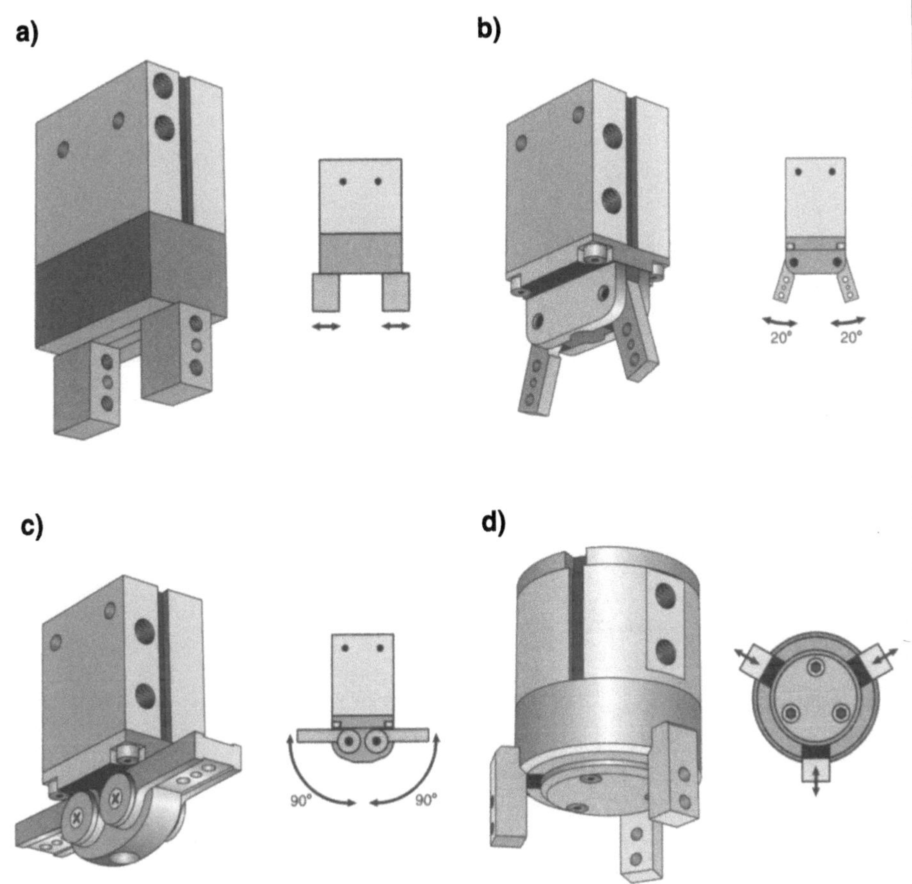

Bild 9.4:
Pneumatische Greifer

a) Parallel-Greifer,
b) Winkel-Greifer,
c) Radial-Greifer,
d) 3-Punkt-Greifer

Bild 9.5a zeigt einen Schnitt durch den in Bild 9.4b dargestellten Winkelgreifer. Er wird durch einen doppeltwirkenden Zylinder angetrieben. Bild 9.5b verdeutlicht, wie Greiferbacken (hier: für zylindrische Werkstücke) und Näherungsschalter am Greifer angebracht werden.

Die Auswahl von Greifertyp, Greiferbaugröße und Greiferbacken richtet sich nach Form und Gewicht der Werkstücke.

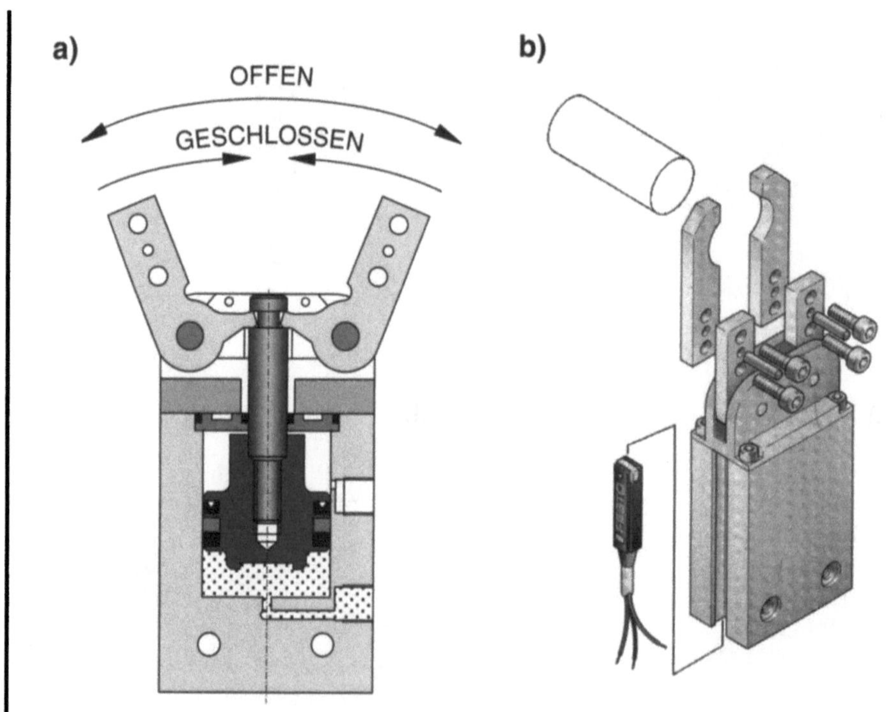

Bild 9.5:
Winkelgreifer:
Antriebsprinzip,
Greiferbacken
und Näherungsschalter

Vakuumsauger

Zur Handhabung von großen Werkstücken (z. B. Paketen), von biegeschlaffen Teilen (z. B. Folien) oder von Teilen mit empfindlicher Oberfläche (z. B. optische Linsen) werden Vakuumsauger eingesetzt.

Bild 9.6a verdeutlicht das Prinzip der Vakuumerzeugung mittels Ejektor. Die Druckluft durchströmt eine Strahldüse, in der sie auf hohe Geschwindigkeit beschleunigt wird. Hinter der Strahldüse entsteht ein Druck, der geringer ist als der Umgebungsdruck. Dadurch wird Luft vom Anschluss U angesaugt, so dass hier ebenfalls ein Unterdruck entsteht. Der Vakuumsauger wird am Anschluss U angebracht.

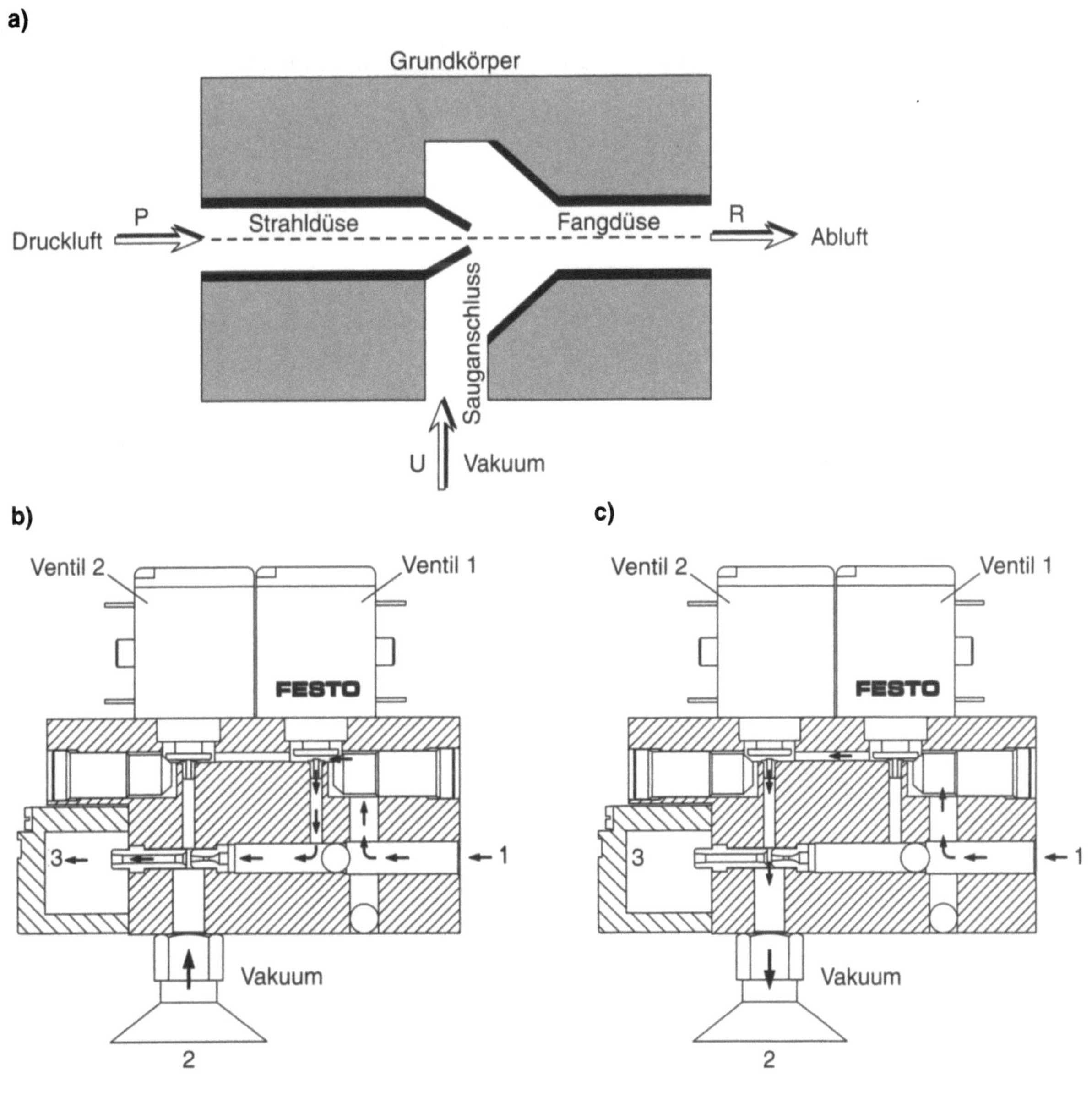

Bild 9.6:
Funktionsweise einer elektropneumatischen Vakuumsaugdüse
a) Ejektorprinzip, b) Betriebszustand "Ansaugen", c) Betriebszustand "Abblasen"

Vakuumsaugdüse

In den Bildern 9.6b und 9.6c ist die Funktionsweise einer Vakuumsaugdüse dargestellt, die auf dem Ejektorprinzip basiert. Bild 9.6b zeigt den Betriebszustand "Saugen". Das elektrisch betätigte 2/2-Wegeventil 1 ist geöffnet. Die Druckluft strömt vom Anschluss 1 durch die Strahldüse zum Schalldämpfer 3. Dadurch wird am Sauger 2 ein Unterdruck erzeugt, und das Werkstück wird angesaugt.

Bild 9.6c zeigt den Betriebszustand "Abblasen". Das Wegeventil 2 ist geöffnet, und die Druckluft wird direkt dem Sauger zugeführt. Durch einen Druckstoß vom Anschluss 1 über das Ventil 2 werden die angesaugten Teile schneller vom Sauger abgedrückt.

In der Elektropneumatik werden im verstärkten Maß elektronisch arbeitende binäre Sensoren verwendet, z. B.

9.3 Sensorik

- induktive Näherungsschalter statt Reedschalter,
- pneumatisch-elektronische Wandler statt Druckschalter.

Durch den Wegfall beweglicher Teile erreichen diese Sensoren eine verbesserte Lebensdauer und Zuverlässigkeit. Außerdem lässt sich der Schaltpunkt häufig präziser und einfacher einstellen.

Tabelle 9.1 gibt eine Übersicht über binäre Sensoren zur Erfassung der Position. Grenztaster finden wegen ihres robusten Aufbaus noch eine breite Verwendung.

Positionserfassung

Sensortyp	Auslösung	Schalten
Grenztaster	berührend	bewegter Kontakt
Reedschalter	berührungslos	bewegter Kontakt
Induktiver Näherungsschalter	berührungslos	elektronisch
Kapazitiver Näherungsschalter	berührungslos	elektronisch
Ultraschall-Näherungsschalter	berührungslos	elektronisch
Optische Näherungsschalter (Lichtschranke, Lichttaster)	berührungslos	elektronisch

Tabelle 9.1:
Näherungsschalter
und Grenztaster

**9.4 Signalver-
arbeitung**

Vorteile speicher-
programmierter
Steuerungen

Der Signalsteuerteil einer elektropneumatischen Steuerung kann auf zwei Arten aufgebaut werden: verbindungsprogrammiert (z. B. mit Relais) oder speicherprogrammiert (mit SPS).

Die speicherprogrammierbare Steuerung weist im Vergleich zur Relaissteuerung eine Reihe prinzipbedingter Vorteile auf:

- höhere Zuverlässigkeit und Lebensdauer, da sie ohne bewegte Kontakte arbeitet;

- Arbeitsersparnis bei der Projektierung, da bereits ausgetestete Programme und Programmteile für mehrere Steuerungen einsetzbar sind, während jede Relaissteuerung neu verdrahtet und geprüft werden muss;

- beschleunigte Steuerungsentwicklung, da Programmierung und Verdrahtung parallel durchgeführt werden können;

- einfachere Überwachung einer Station durch einen übergeordneten Leitrechner, da eine speicherprogrammierbare Steuerung problemlos Daten mit dem Leitrechner austauschen kann.

Berücksichtigt man nicht nur die Hardwarekosten, sondern auch den Aufwand für Projektierung, Aufbau, Inbetriebnahme und Wartung, so ist die SPS heute meist die günstigste Lösung zur Realisierung der Signalverarbeitung. Moderne elektropneumatische Steuerungen sind deshalb fast immer mit einer SPS ausgerüstet.

Die Weiterentwicklung der elektrisch betätigten Wegeventile betrifft separat montierte Einzelventile sowie Ventilkombinationen, z. B. Ventilblöcke oder Ventilinseln.

Die Weiterentwicklung von Einzelventilen hat zum Ziel, Baugröße und Gewicht zu minimieren, die Schaltzeiten zu verkürzen und die elektrische Leistungsaufnahme zu verringern. Dies wird durch folgende Maßnahmen erreicht:

- Die Magnetspulen erhalten eine veränderte Wicklung mit reduzierter Induktivität. Dadurch steigt beim Betätigen der Strom durch die Spule schneller an, und die Kraft zum Schalten der Vorstufe wird schneller aufgebaut. Nach dem Umschalten wird der Strom durch die Magnetspule elektronisch so weit verringert, dass die Vorstufe gegen die Kraft der Rückstellfeder gerade noch in der betätigten Stellung gehalten wird. Dadurch wird in dieser Phase die elektrische Leistungsaufnahme deutlich reduziert. Da die Haltephase wesentlich länger dauert als die Umschaltphase, wird zum Betrieb der Spule insgesamt erheblich weniger elektrische Energie benötigt.

- Die Wegeventile werden bezüglich Totvolumen, Betätigungskraft und bewegten Massen optimiert. Dadurch wird ein schnelles Schalten des Ventils erreicht.

- Das Gehäuse wird im Innern strömungsgünstig gestaltet, um einen hohen Durchfluss zu erzielen.

- Die Wandstärken des Gehäuses werden soweit wie möglich reduziert, um Gewicht und Abmaße zu minimieren.

Ein optimiertes elektrisch betätigtes Wegeventil weist folgende Vorteile auf:

- erhöhte Dynamik (durch kurze Schaltzeiten und hohen Durchfluss),

- verringerter Druckluftverbrauch (durch reduziertes Luftvolumen zwischen Ventil und Antrieb),

- reduzierte Kosten für das Netzteil (wegen geringerer elektrischer Leistungsaufnahme).

- verringerter Einbauraum und minimiertes Gewicht.

9.5 Wegeventile

Maßnahmen zur
Optimierung von
Einzelventilen

Vorteile optimierter
Einzelventile

Optimierte Ventile
für Blockmontage

Die in Bild 9.7b bzw. 9.7c dargestellten, modular aufgebauten Ventilblöcke weisen eine besonders verlustarme Luftführung, sehr kompakte Abmessungen und ein gutes Preis-Leistungsverhältnis auf. Ein Block besteht aus:

- Wegeventilmodulen,
- Modulen für den pneumatischen Anschluss,
- Modulen für den elektrischen Anschluss.

Bild 9.7a zeigt ein für die Blockmontage optimiertes Wegeventilmodul. Mehrere dieser Module werden zwischen zwei Abdeckplatten montiert. Die Druckluftversorgung erfolgt entweder über eine der beiden stirnseitigen Abdeckplatten (Bild 9.7b) oder über ein Anschlussmodul an der Unterseite (Bild 9.7c).

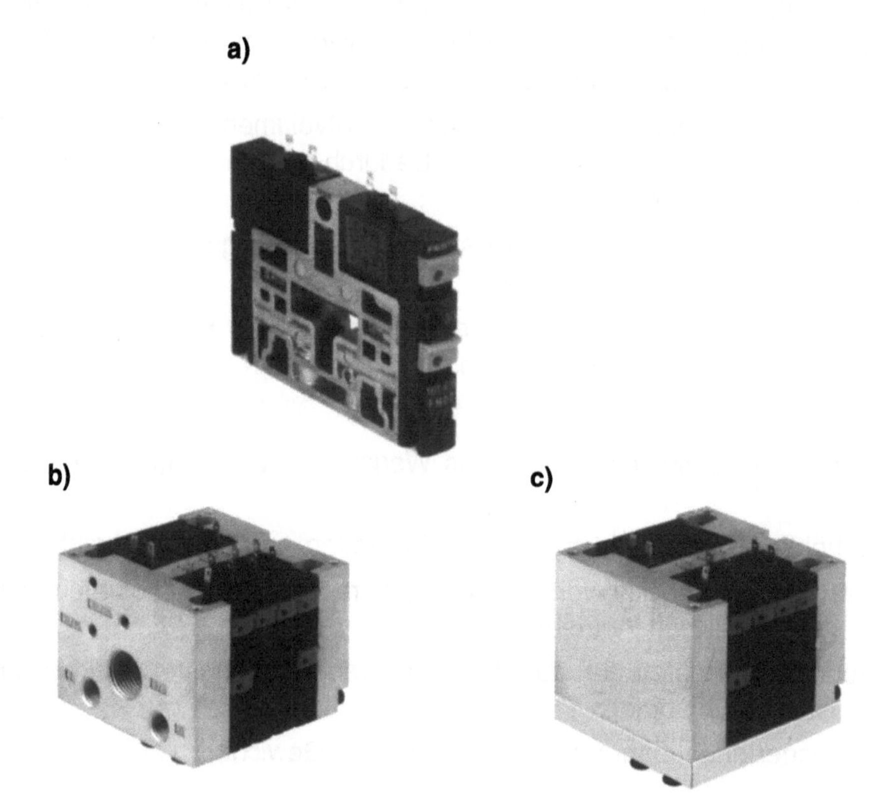

Bild 9.7:
Modularer Aufbau
eines Ventilblocks

a) Ventilmodul

b) Luftzuführung
und
Schalldämpfermontage
an einer Stirnseite

c) Luftzuführung
und
Schalldämpfermontage
an Unterseite

Die elektrischen Kontakte der Ventilblöcke in Bild 9.7 sind nach oben herausgeführt. Dies ermöglicht unterschiedliche Verdrahtungen der Magnetspulen durch Verwendung des entsprechenden elektrischen Anschlussmoduls (Bild 9.7):

1. Ohne zusätzliches Anschlussmodul wird jede Spule über eine separate Kabeldose angeschlossen (Bild 9.8 a).

2. Modul für Multipolanschluss: Sämtliche Magnetspulen werden innerhalb der Ventilinsel mit einem einzigen Vielfachstecker verbunden (Bild 9.8b, vgl. Kap. 9.6).

3. Modul für Feldbusanschluss: Sämtliche Magnetspulen werden innerhalb der Ventilinsel mit einer Feldbusschnittstelle verbunden (Bild 9.8c, vgl. Kap. 9.6).

4. Modul zum Anschluss des Aktor-Sensor-Interfaces: Sämtliche Magnetspulen werden innerhalb der Ventilinsel mit den beiden Schnittstellen zum Anschluss des Aktor-Sensor-Bus verbunden (Bild 9.8d, vgl. Kap. 9.6).

Elektrischer
Anschluss von
Ventilblöcken

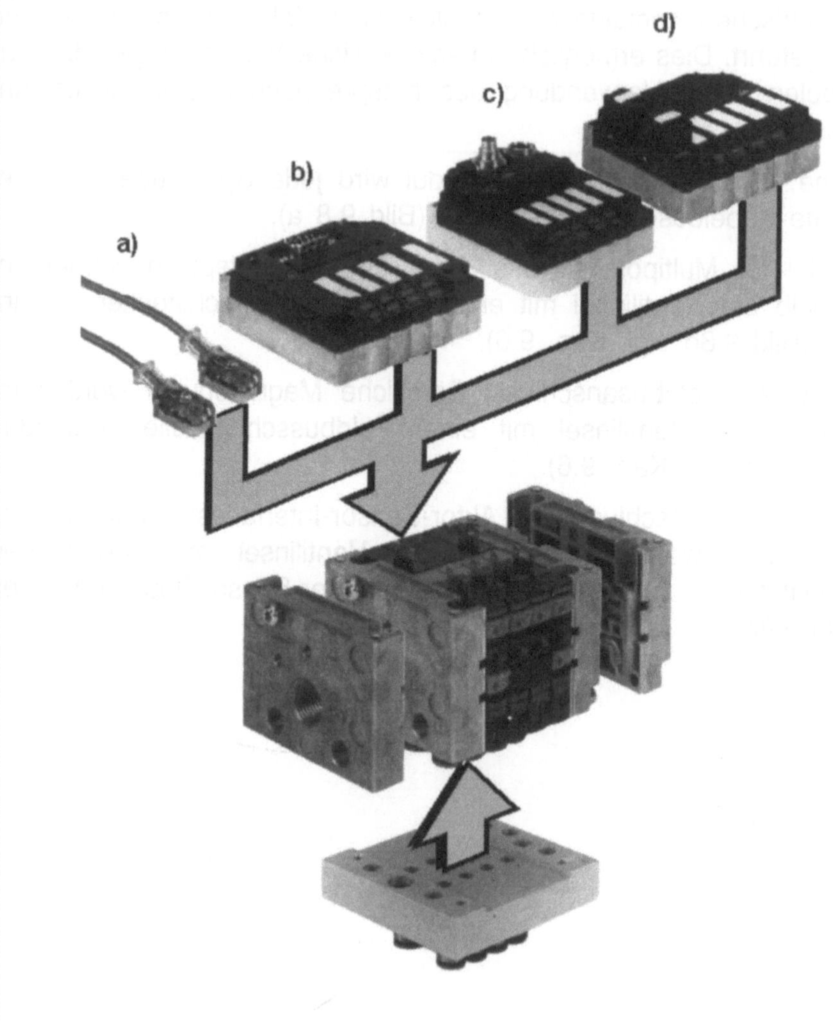

Bild 9.8
Elektrischer Anschluss
von Ventilblöcken bzw.
Ventilinseln

a) konventionell mit
separatem Stecker
für jede Magnetspule

b) Multipolanschluss

c) Feldbusanschluss

d) Aktor-Sensor-Interface

Ventilinsel Ein Ventilblock, bei dem zusätzlich die elektrischen Zuleitungen zusammengefasst sind (durch Multipol-, Feldbus- oder ASI-Anschluss), bezeichnet man als Ventilinsel.

Bei der konventionellen Verdrahtungstechnik werden sämtliche Komponenten einer elektropneumatischen Steuerung über Klemmenleisten angeschlossen. Zum Anschluss der Magnetspulen und Sensoren ist ein separater Klemmenkasten erforderlich (Bild 9.15a). Dementsprechend aufwendig ist die elektrische Installation.

9.6 Moderne Installationskonzepte

Moderne Komponenten in der Elektropneumatik erlauben es, die Ventile auf Ventilinseln zusammenzufassen. Die Kontakte der Magnetspulen rasten direkt in die entsprechenden Anschlussdosen der Ventilinsel ein (Bild 9.8). Die Sensoren werden per Stecker mit dem Eingangsmodul verbunden, das entweder separat angeordnet oder in der Ventilinsel integriert ist. Es ergeben sich folgende Vorteile:

Vorteile moderner Installationskonzepte

- Klemmenkasten und zugehörige Klemmenleiste entfallen (Bild 9.15b und 9.15c).

- Defekte Wegeventile und Sensoren können ausgetauscht werden, ohne dass ab- und angeklemmt werden muss.

- Der Verdrahtungsaufwand ist geringer.

In Bild 9.9 sind zwei Beispiele für moderne Steuerungskomponenten dargestellt.

Steuerungskomponenten für reduzierten Installationsaufwand

- Bild 9.9a zeigt eine Ventilinsel und ein Eingangsmodul, an das die Sensoren mit Steckern angeschlossen werden. Beide Komponenten sind durch eine Feldbusleitung miteinander verbunden.

- Bild 9.9b zeigt eine Insel, auf der Ventile, Sensoranschlüsse und SPS zusammengefasst sind.

Installationsinsel Eine Ventilinsel mit Zusatzfunktionen (z. B. integrierte SPS oder integriertes Sensoranschlussmodul) wird auch als Installationsinsel bezeichnet. Nachfolgend wird durchgängig der gebräuchlichere Begriff Ventilinsel verwendet.

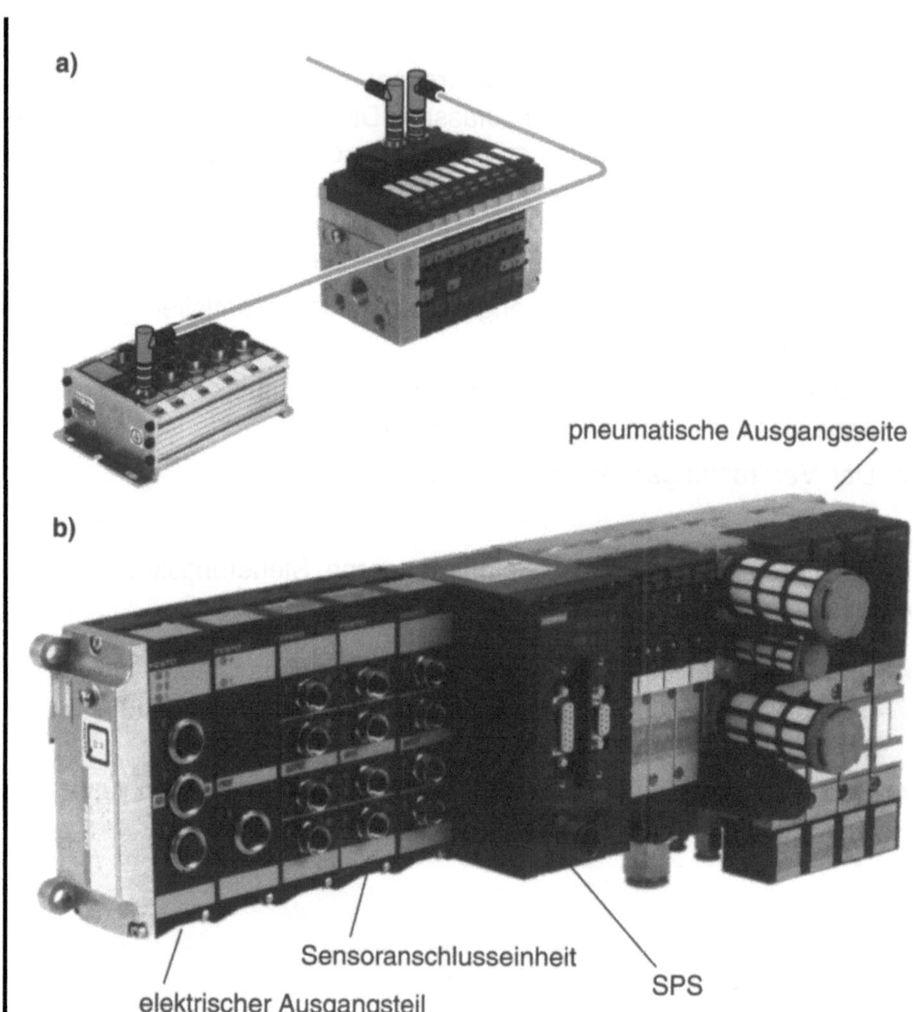

Bild 9.9:
Steuerungskomponenten
für reduzierten
Installationsaufwand

a) Ventilinsel und separate
Sensoranschlusseinheit

b) Ventilinsel mit
integrierter
Sensoranschlusseinheit
und integrierter SPS

Bei einer Ventilinsel mit Multipolanschluss werden sämtliche elektrischen Anschlüsse in der Ventilinsel auf einem vielpoligen Stekkeranschluss zusammengeführt (Bild 9.8b). Über einen Gegenstecker wird das Kabel angeschlossen, welches zur Klemmenleiste im Schaltschrank führt (Bild 9.15b). An die Klemmenleiste im Schaltschrank können mehrere Ventilinseln mit Multipolanschluss angeklemmt werden (Bild 9.15b).

Verdrahtung mit Multipolanschluss

Bild 9.10 verdeutlicht den Aufbau eines Feldbussystems in der Elektropneumatik.

Aufbau eines Feldbussystems

- Die speicherprogrammierbare Steuerung und die Ventilinseln verfügen jeweils über eine Schnittstelle, mit der sie an den Feldbus angeschlossen werden. Jede Schnittstelle besteht aus Sender- und Empfängerschaltung.

- Der Feldbus überträgt die Informationen zwischen SPS und Ventilinseln.

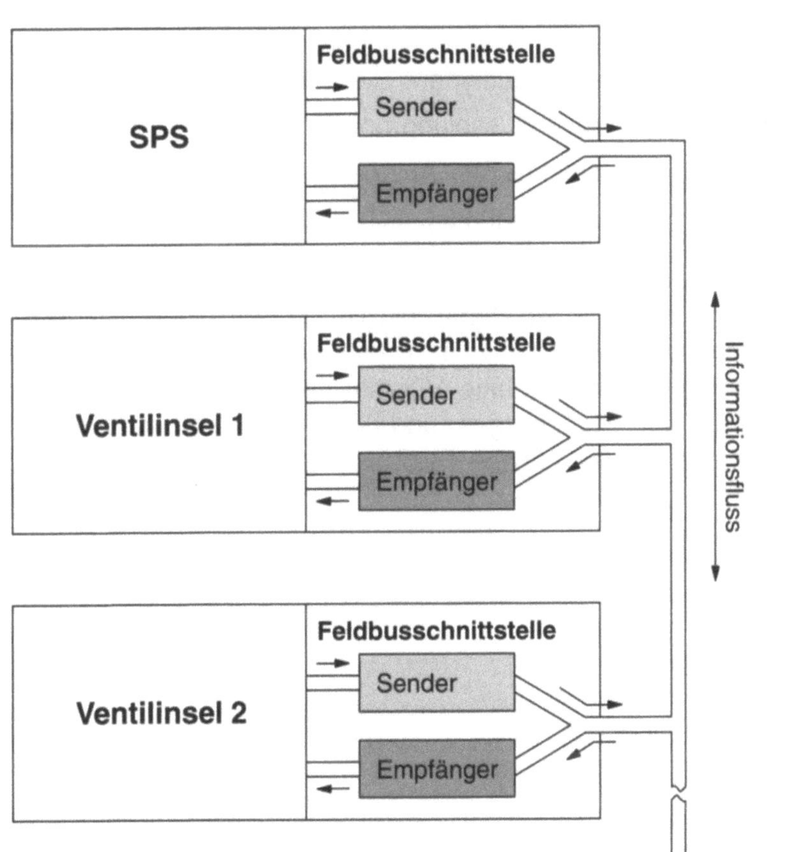

Bild 9.10:
Aufbau eines
Feldbussystems in der
Elektropneumatik

Die Energie zum Betrieb der Ventile und Sensoren wird über das gleiche Kabel übertragen.

Arbeitsweise eines Feldbussystems

Der Informationsaustausch zwischen SPS und Ventilinsel läuft folgendermaßen ab:

- Soll z. B. die Magnetspule eines Ventils betätigt werden, schickt die SPS eine Folge binärer Signale über den Feldbus. Die Ventilinsel erkennt aus dieser Signalfolge, welche Magnetspule betätigt werden soll und führt diesen Befehl aus.

- Ändert ein Näherungsschalter seinen Signalzustand, so sendet die Ventilinsel bzw. das Sensoranschlussmodul eine Signalfolge an die speicherprogrammierbare Steuerung. Diese erkennt die Änderung und berücksichtigt sie bei der Programmbearbeitung.

Über den Feldbus werden neben dem Zustand der Ein- und Ausgänge weitere Informationen ausgetauscht, die z. B. verhindern, dass SPS und eine Ventilinsel oder zwei Ventilinseln gleichzeitig senden.

Es ist ebenfalls möglich, die SPS von zwei elektropneumatischen Steuerungen über ein Feldbussystem miteinander zu vernetzen, damit beide SPS untereinander Informationen austauschen können.

Feldbustypen

Es gibt zahlreiche Feldbustypen. Sie unterscheiden sich:

- bezüglich der Verschlüsselung und Entschlüsselung der Information,
- bezüglich des elektrischen Anschlusses,
- bezüglich der Übertragungsgeschwindigkeit.

Die Feldbussysteme lassen sich einteilen in firmenspezifische Bussysteme und offene Bussysteme, die von unterschiedlichen SPS-Herstellern eingesetzt werden (z. B. Profibus). Ventilinseln und Sensoranschlussmodule sind für eine Vielzahl von Feldbussystemen erhältlich. Es dürfen nur Steuerungen und Ventilinseln miteinander kombiniert werden, die für den gleiche Feldbus ausgelegt sind.

Die elektrische Installation eines Feldbussystems beschränkt sich auf das Einstecken eines Verbindungskabels zwischen jeweils zwei Komponenten einer elektropneumatischen Steuerung. Bei mehr als zwei Feldbusteilnehmern werden sämtliche Geräte in Form einer Kette miteinander verbunden.

- In Bild 9.9a ist eine Verbindung zwischen Ventilinsel und Sensoranschlussmodul dargestellt. Das Kabel von der SPS zur Ventilinsel ist nur teilweise abgebildet.

Bei Verwendung des Feldbus entfallen der Klemmenkasten und sämtliche Klemmenleisten (siehe Bild 9.15c).

Das Aktor-Sensor-Interface ist ein spezielles Feldbussystem. Es wurde entwickelt, um Ventile mit elektrischer Betätigung, Sensoren und elektrische Antriebe kleiner Leistung zu verdrahten.

Bild 9.11 zeigt ein Wegeventil, das über eine Kombidose an das AS-Interface angeschlossen ist. Über das Interface werden die beiden Magnetspulen dieses Ventils betätigt. Zusätzlich können über dieses Interface zwei binäre Sensoren mit Energie versorgt und ausgewertet werden.

Eine elektropneumatische Steuerung mit AS-Interface ist folgendermaßen aufgebaut:

- Eine durchlaufende Zweidrahtleitung (gelbes, d. h. helles Flachbandkabel in Bild 9.11) verbindet die SPS mit sämtlichen Sensoren und Ventilen. Diese Zweidrahtleitung versorgt die Busteilnehmer mit elektrischer Energie und dient gleichzeitig zur Übertragung der Signale.

- Die Busteilnehmer werden direkt auf die Zweidrahtleitung geklemmt, Stecker werden nicht benötigt (Bild 9.11).

Muss der Busteilnehmer auch dann mit elektrischer Energie versorgt werden, wenn NOT-AUS anliegt, oder sind Ventile mit hoher elektrischer Leistungsaufnahme an den Bus angeschlossen, so ist eine zusätzliche Energieversorgung erforderlich. Sie erfolgt über das schwarze Flachbandkabel in Bild 9.11. Die Energieversorgung über die gelbe Leitung wird bei NOT-AUS abgeschaltet.

Verdrahtung eines Feldbussystems

Verdrahtung mit dem Aktor-Sensor-Interface (AS-i)

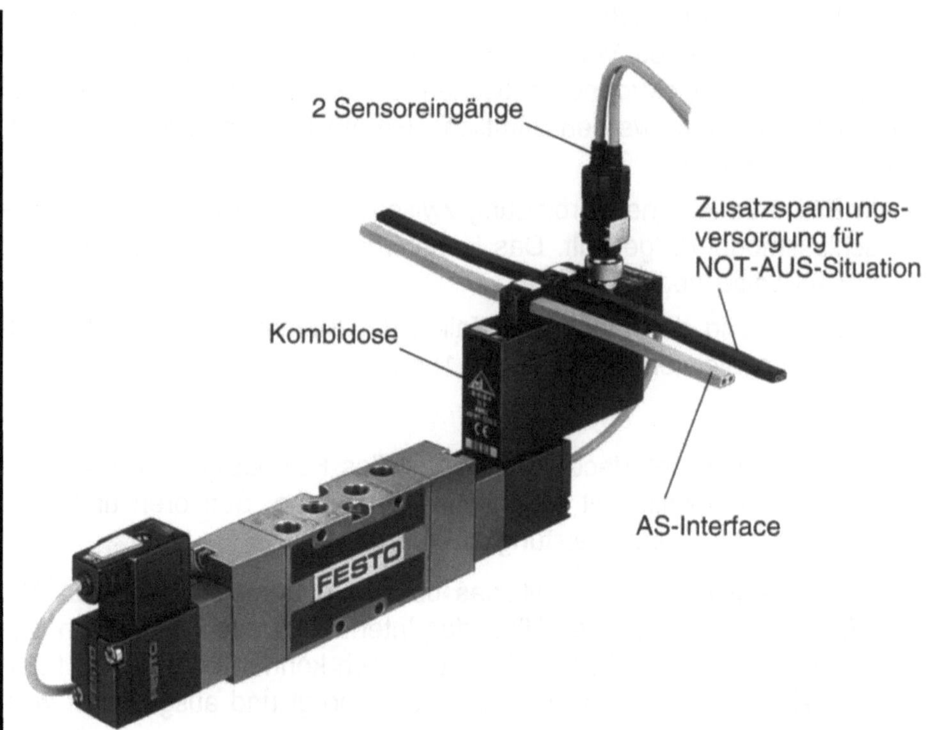

Bild 9.11:
Wegeventil mit
AS-Interface

Das AS-Interface ist so konzipiert, da nur kleine Einheiten angeschlossen werden können. Maximal vier Ein- bzw. Ausgangssignale pro ASI-Anschluss sind möglich. In Tabelle 9.2 sind verschiedene Bauformen von Ventilinseln, Kombidosen und Ein/Ausgangsmodulen mit AS-i-Anschluss aufgelistet.

Tabelle 9.2:
Beispiele für Ventilinseln,
Kombidosen und
Ein-/Ausgangsmodule mit
ASI-Anschluss

Ventilinseln mit AS-i-Anschluss	a) 4 Ventile mit jeweils 1 Magnetspule (z. B. federrückgestellte 3/2- oder 5/2-Wegeventile)
	b) 2 Ventile mit jeweils 2 Magnetspulen (z. B. Magnetimpuls- oder 5/3-Wegeventile)
	c) 1 Wegeventil mit 2 Magnetspulen + 2 Wegeventile mit jeweils 1 Magnetspule und Federrückstellung
Kombidosen mit AS-i-Anschluss	a) 1 Spulenanschluss, 2 Sensoranschlüsse
	b) 2 Spulenanschlüsse, 2 Sensoranschlüsse
	c) 4 Spulenanschlüsse
Ein-/Ausgangsmodule mit AS-i-Anschluss	a) 2 Sensoranschlüsse + 2 Ausgänge
	b) 4 Sensoranschlüsse

Im Vergleich zu anderen Feldbussystemen weist das AS-Interface folgende Vorteile auf:

- Die Information kann sehr schnell übertragen werden, so dass der Bus auch bei einer hohen Anzahl von Busteilnehmern nicht überlastet wird.

- Die Elektronik zur Signalumwandlung, das Buskabel sowie die Verbindung zwischen dem Buskabel und den angeschlossenen Komponenten sind insgesamt kostengünstiger.

Dank umfangreicher Entwicklungsaktivitäten im Bereich Ventilinsel und Bussysteme gibt es zahlreiche Möglichkeiten, die Komponenten einer elektropneumatischen Steuerung anzuordnen und anzuschließen. Sie sind in Bild 9.12 zusammengefasst dargestellt.

Vorteile des Aktor-Sensor-Interfaces

Anordnung und Anschluss der Steuerungskomponenten

Sensorschnittstelle

- **Klemmenleiste im Klemmenkasten**
  Einzelverdrahtung
- **separates Eingangsmodul**
  Multipol, Feldbus oder AS-i
- in **Ventilinsel integriertes Eingangsmodul**
  Multipol, Feldbus, AS-i oder Direktanschluss (bei Ventilinsel mit integrierter SPS)

Wegeventile

- **einzeln**, Einzelverdrahtung
- **Blöcke**, Einzelverdrahtung
- **Ventilinsel**
  Multipol, Feldbus, AS-i oder Direktanschluss (SPS in Insel integriert)

Anordnung und elektrischer Anschluss von Steuerungskomponenten

SPS

- **im Schaltschrank**
  Klemmleiste, Multipol, Feldbus oder AS-i
- **auf Ventilinsel**
  Direktanschluss der übrigen Steuerungskomponenten (Anschluss zusätzlicher Komponenten über Feldbus oder AS-i möglich)

Schnittstelle für Binärausgänge

- **Klemmenleiste im Klemmenkasten**
  Einzelverdrahtung
- **separates Ausgangsmodul**
  Multipol, Feldbus oder AS-i
- in **Ventil- bzw Installationsinsel integriertes Ausgangsmodul**
  Multipol, Feldbus, AS-i oder Direktanschluss (SPS in Insel integrieren)

Bild 9.12:
Anordnungs- und Anschlussmöglichkeiten der Steuerungskomponenten

Auswahl der
Bauelemente und des
Installationskonzepts

Die Komponenten einer elektropneumatischen Steuerung müssen so ausgewählt werden, dass die Summe aus Geräte-, Installations- und Wartungskosten möglichst gering ist (Bild 9.13). Welche Bauteilanordnung, -verschlauchung und -verdrahtung gewählt wird, hängt von vielen Einflussfaktoren ab (Bild 9.14). Da sich elektropneumatische Steuerungen bezüglich Anordnung und Anzahl der Antriebe sehr stark unterscheiden, kann keine allgemeingültige Empfehlung gegeben werden, sondern die Entscheidung muss für jede Steuerung neu getroffen werden.

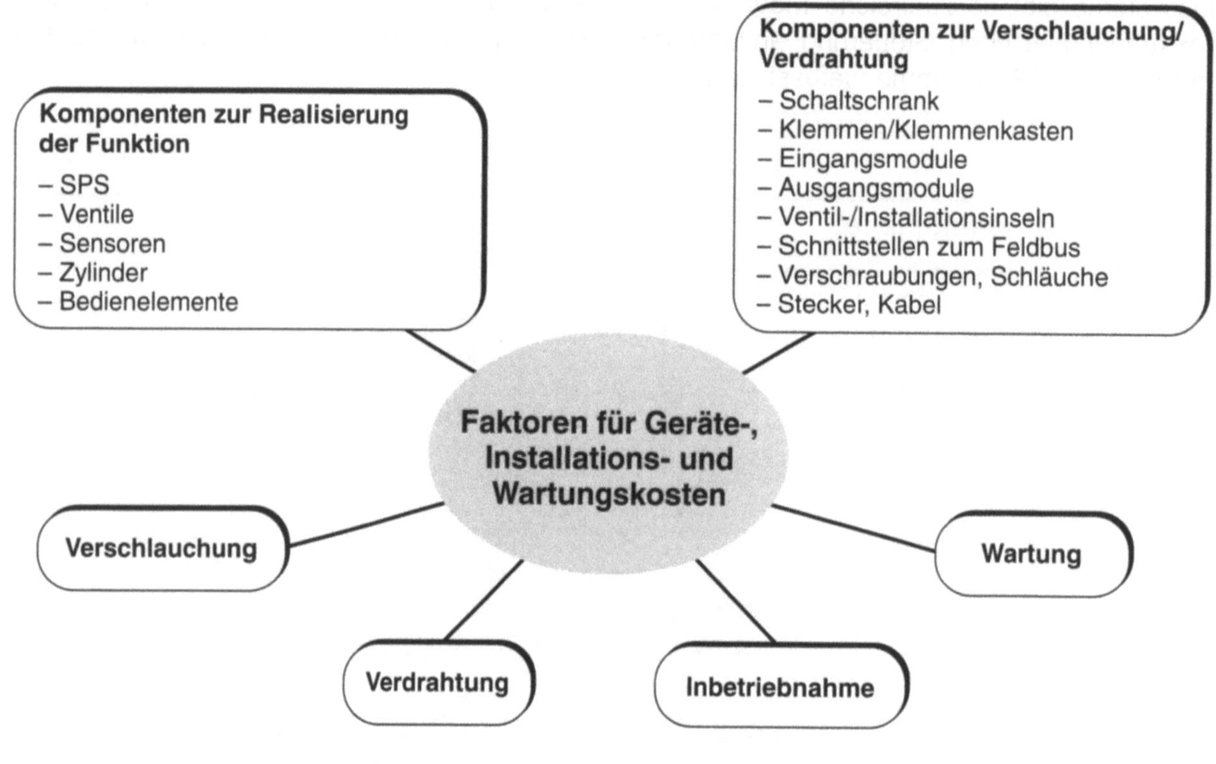

Bild 9.13:
Faktoren für Geräte-, Installations- und Wartungskosten einer elektropneumatischen Steuerung

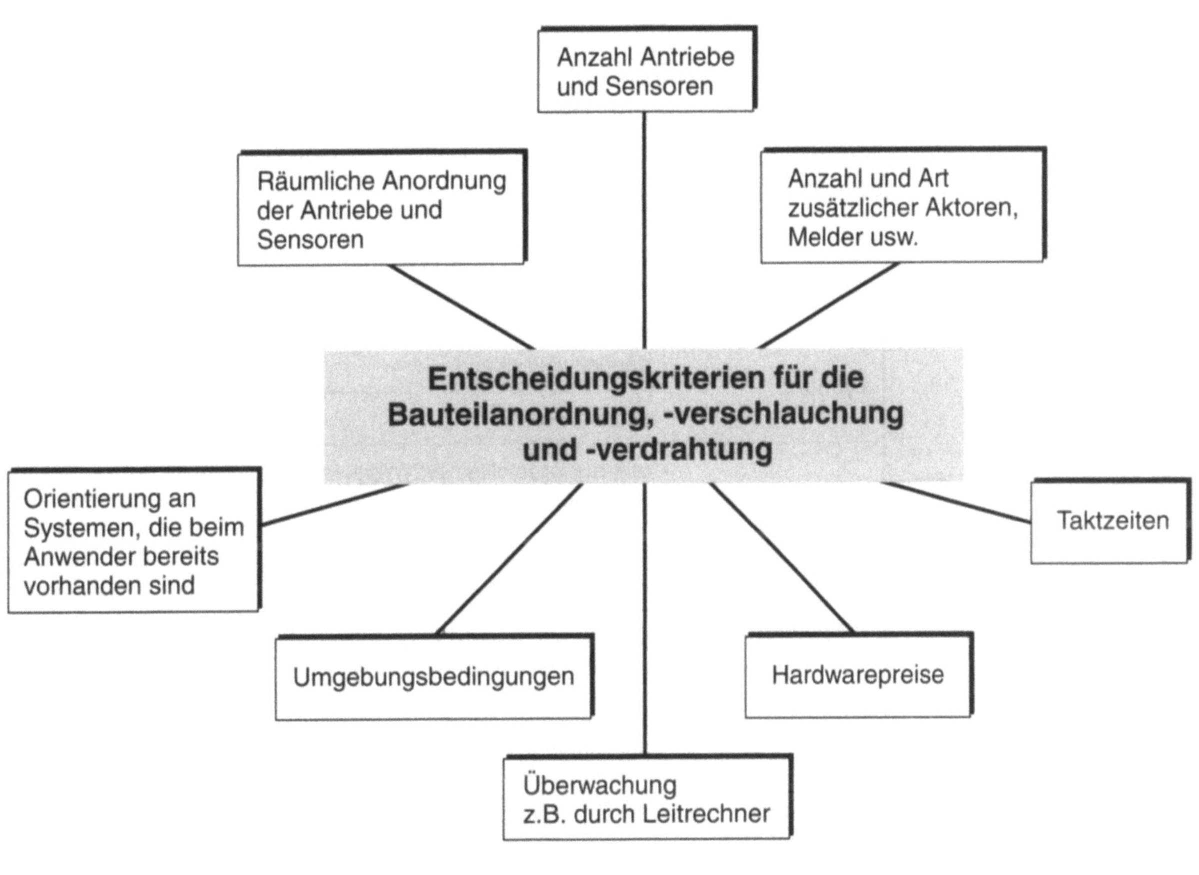

Bild 9.14:
Entscheidungskriterien zur Ermittlung der optimalen Bauteilanordnung, -verschlauchung und -verdrahtung

Steuerungsbeispiel

Um die Vorteile moderner Installationsverfahren und die Vorgehensweise bei der Komponentenauswahl aufzuzeigen, werden nachfolgend verschiedene Konzepte am Beispiel der Steuerung für eine Palettiervorrichtung miteinander verglichen. Die Steuerung umfasst insgesamt 12 pneumatische Steuerketten, davon 10 doppeltwirkende und 2 einfachwirkende Zylinder. In Tabelle 9.3 sind die Bauelemente dieser Beispielsteuerung aufgelistet.

		Anzahl
Zylinder	doppeltwirkenkend	10
	einfachwirkend	2
Elektro-pneumatische Wegeventile	federrückgestelltes 3/2-Wegeventil zur Druckluftversorgung (Einschaltventil)	1
	federrückgestellte 5/2-Wegeventile (für doppeltwirkende Zylinder)	5
	5/2-Wege-Magnetimpulsventile (für doppeltwirkende Zylinder)	5
	federrückgestellte 3/2-Wegeventile (für einfachwirkende Zylinder)	2
Elektrische Bauelemente	Näherungsschalter	24
	SPS	1

Tabelle 9.3: Bauelemente der Beispielsteuerung

Werden die Wegeventile sämtlicher Steuerketten zusammen auf einem Anschlussblock oder auf einer Ventilinsel montiert, so reicht ein Schlauch zur Druckluftversorgung aller Steuerketten, und zwei Schalldämpfer übernehmen die Führung der gesamten Abluft. Dadurch werden im Vergleich zur Einzelmontage zahlreiche Schlauchverbindungen und Schalldämpfer sowie ein Druckluftverteiler eingespart. Dementsprechend verringert sich der Arbeitsaufwand für die Verschlauchung.

Tabelle 9.4 verdeutlicht, wie viele Bauelemente bei der Beispielsteuerung durch blockweise Ventilmontage eingespart werden.

9.7 Reduzierung des Verschlauchungsaufwands

	Einzelmontage der Wegeventile	blockweise Montage der Wegeventile (Anschlussblock bzw. Ventilinsel)	Einsparung bei blockweiser Montage
Schläuche			
Anzahl Schläuche für die Druckluftzuführung zum Einschaltventil	1	1	–
Anzahl Druckluftverteiler	1	0	1
Anzahl Schläuche zur Versorgung des Druckluftverteilers	1	0	1
Anzahl Schläuche zur Druckluftversorgung der Steuerketten	12	1	11
Anzahl Schläuche zwischen Wegeventilen und Zylindern	22	22	–
Schalldämpfer			
Anzahl Schalldämpfer für Einschaltventil	1	1	–
Anzahl Schalldämpfer für Steuerketten	22	2	20

Tabelle 9.4:
Reduzierung des Verschlauchungsaufwands der Beispielsteuerung durch blockweise Ventilmontage

Verschlauchung von räumlich verteilten Steuerungen

Trotz ihrer unbestreitbaren Vorteile führt die blockweise Ventilmontage bei weit voneinander entfernt angeordneten Zylinderantrieben zu unerwünschten Nebeneffekten:

- Zwischen Wegeventilen und Zylindern sind lange Schläuche erforderlich. Dies hat große Signallaufzeiten zur Folge (bei zehn Metern Schlauchlänge z. B. ca. 30 ms). Die Zylinder reagieren verzögert. Die elektropneumatische Steuerung arbeitet dementsprechend langsam.

- Das große Schlauchvolumen zwischen Ventil und Zylinder führt zu erhöhtem Druckluftverbrauch.

- Durch zahlreiche lange Schläuche wird der Gesamtaufbau sehr unübersichtlich. Im Fehlerfall ist der Austausch der Schläuche aufwendig.

Wegeventile sollten deshalb nur dann blockweise montiert werden, wenn die zugeordneten Zylinderantriebe relativ dicht beieinander liegen, oder wenn die oben aufgeführten Nachteile toleriert werden können.

Bei der klassischen Anschlusstechnik werden die Komponenten einer elektropneumatischen Steuerung über Klemmenleisten verdrahtet (Bild 9.15a). Tabelle 9.5 zeigt den Verdrahtungsaufwand für die Beispielsteuerung bei konventioneller Verdrahtungstechnik.

9.8 Reduzierung des Verdrahtungsaufwands

a) **b)** **c)**

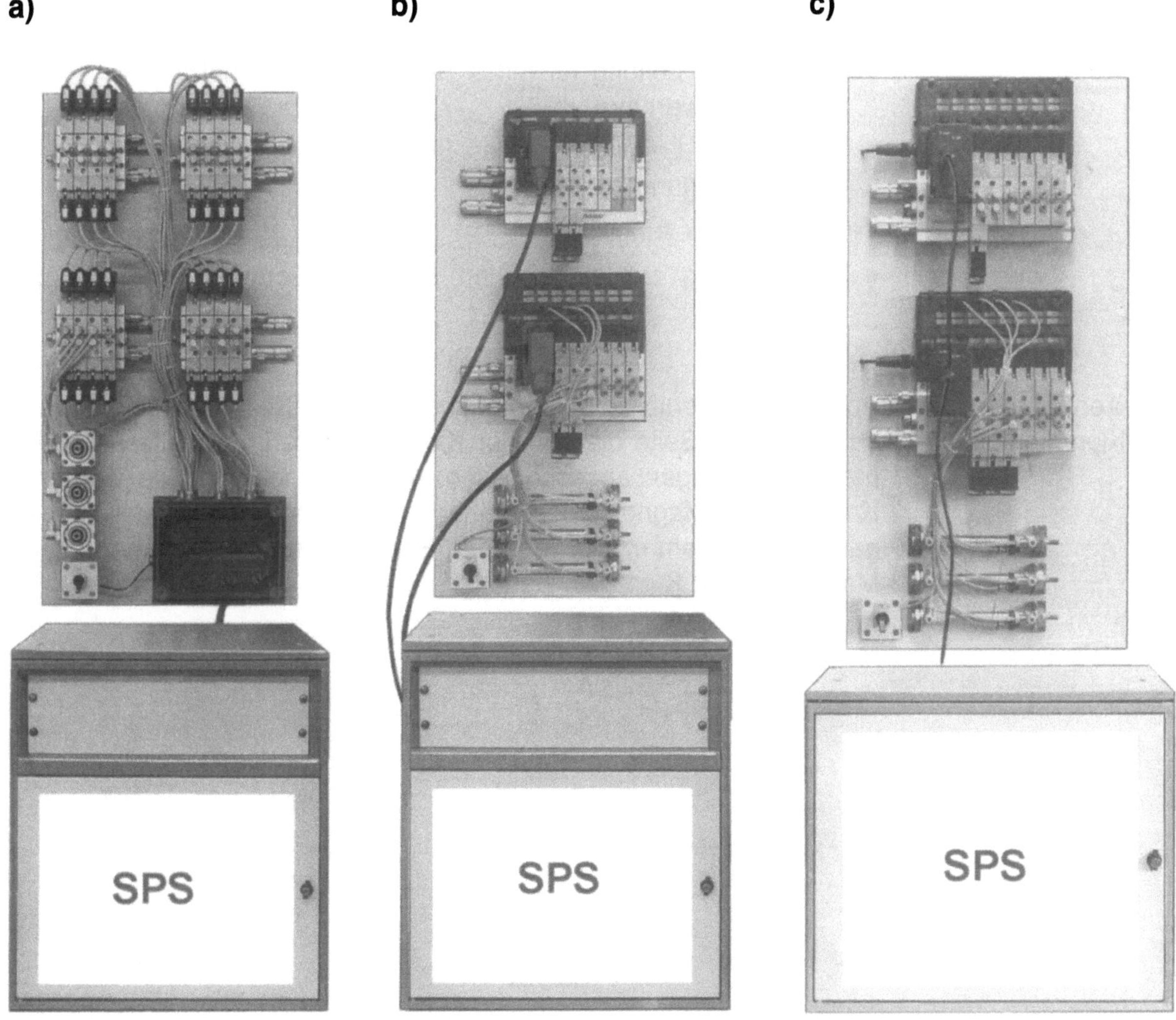

Bild 9.15:
Systemaufbau einer elektropneumatischen Steuerung

a) Ventilblöcke mit konventioneller Verdrahtung (Verdrahtungskonzept 1)

b) Ventilinsel mit Multipolanschluss (Verdrahtungskonzept 2)

c) Ventilinsel mit Feldbusanschluss (Verdrahtungskonzept 3)

Schaltschrank- verdrahtung	An der Klemmenleiste 1 (= Klemmenleiste im Schaltschrank) werden auf der einen Seite die Spannungsversorgung und die Ein- und Ausgänge der SPS angeklemmt. Auf der anderen Seite wird das Verbindungskabel zum Klemmenkasten angeschlossen.

Verbindung
Schaltschrank-
Klemmenkasten

Vom Schaltschrank zum Klemmenkasten werden folgende Leitungen geführt:

- jeweils eine Leitung für jedes SPS-Eingangssignal (Sensorauswertung),

- jeweils eine Leitung für jedes SPS-Ausgangssignal (Ventilbetätigung),

- eine Masseleitung,

- eine Leitung zur elektrischen Energieversorgung der Näherungsschalter.

Verdrahtung des
Klemmenkastens

An der Klemmenleiste 2 (= Klemmenleiste im Klemmenkasten) werden auf der einen Seite die von der Klemmenleiste im Schaltschrank kommenden Leitungen angeschlossen. Auf der anderen Seite werden die Kabel zu den Magnetspulen, Näherungsschaltern und zusätzlichen Ausgängen angeklemmt. Für für jeden Sensor werden 3 Klemmen, für jede Magnetspule 2 Klemmen benötigt.

	Masseleitung	1 Klemme
Klemmenleiste 1 (im Schaltschrank)	Versorgungsspannung (24 V)	1 Klemme
	18 SPS-Ausgänge (Betätigung der Magnetspulen)	18 Klemmen
	24 SPS-Eingänge (Auswertung der Näherungsschalter)	24 Klemmen
Klemmenleiste 1, gesamt		44 Klemmen
Kabel vom Schaltschrank zum Klemmenkasten	Kabel zwischen den Klemmenleisten 1 und 2	1 Kabel bzw. 1 Kabelbaum mit 44 Adern
Klemmenleiste 2 (im Klemmenkasten)	24 Näherungsschalter * 3 Adern pro Näherungsschalter	72 Klemmen
	18 Elektromagnete * 2 Adern pro Elektromagnet	36 Klemmen
Klemmenleiste 2, gesamt		108 Klemmen
Kabel zu den Wege- ventilen und Sensoren	Anschluss der Magnetspulen	18 Kabel mit jeweils 2 Adern
	Anschluss der Sensoren	24 Kabel mit jeweils 3 Adern

Tabelle 9.5:
Verdrahtungsaufwand der Beispielsteuerung (konventionelle Verdrahtung)

Moderne Ver-
drahtungskonzepte

Für die Beispielsteuerung (Tabelle 9.4) werden 5 Verdrahtungskonzepte miteinander verglichen:

- konventionelle Verdrahtung (Verdrahtungskonzept 1, Bild 9.15a),
- Ventilinsel mit Multipolanschluss (Verdrahtungskonzept 2, Bild 9.15b),
- Ventilinsel mit Feldbusanschluss (Verdrahtungskonzept 3, Bild 9.15c),
- Ventilinsel mit integrierter SPS (Verdrahtungskonzept 4),
- Verdrahtung mit AS-i-Bus (Verdrahtungskonzept 5).

In Tabelle 9.6 ist der Verdrahtungsaufwand für die 5 unterschiedlichen Konzepte dargestellt.

	Konzept 1	Konzept 2	Konzept 3	Konzept 4	Konzept 5
Schaltschrank	1	1	1	–	1
Klemmenleiste 1	1 (44 Kl.*)	1 (44 Kl.*)	–	–	–
Klemmenkasten	1	–	–	–	–
Klemmenleiste 2	1 (108 Kl.*)	–	–	–	–
Kabel zu den Magnetspulen	17 (34 Ad.*)	–	–	–	–
Kabel zu den Sensoren	24 (72 Ad.*)	24 (72 Ad.*)	24 (72 Ad.*)	24 (72 Ad.*)	24 (72 Ad.*)

Kl. = Klemmen; Ad. = Adern

Tabelle 9.6:
Gegenüberstellung des Verdrahtungsaufwands der Beispielsteuerung

Konzept 1: Konventionelle Verdrahtung
Konzept 2: Ventilinsel mit Multipolanschluss
Konzept 3: Ventilinsel mit Feldbusanschluss
Konzept 4: Ventilinsel mit integrierter SPS
Konzept 5: Aktor-Sensor-Interface

Sämtliche Ventile und Sensoranschlüsse der Steuerung werden auf einer Ventilinsel angeordnet. Beim Anschluss der Ventilinsel über einen Multipolstecker entfallen im Vergleich zur konventionellen Verdrahtung der Klemmenkasten, die Klemmenleiste 2 und die Kabel zu den Magnetspulen (Tabelle 9.6).

Verdrahtungskonzept 2: Multipol

Bei Verwendung eines Feldbussystems reduziert sich der Verdrahtungsaufwand im Vergleich zum Multipolanschluss erheblich (Tabelle 9.6). Die Klemmenleiste im Schaltschrank fällt weg.

Verdrahtungskonzept 3: Feldbus

Bei Verwendung einer Ventilinsel mit integrierter SPS wird der Schaltschrank eingespart. Der Verdrahtungsaufwand ist sehr gering (Tabelle 9.6). Besonders Steuerungen, bei denen alle Ventile und Sensoren auf einer einzigen Insel zusammengefasst sind, können sehr kostengünstig aufgebaut werden.

Eine Ventilinsel mit integrierter SPS wird auch als programmierbare Ventilinsel bezeichnet.

Verdrahtungskonzept 4: Ventilinsel mit integrierter SPS

Sind die Antriebe einer elektropneumatischen Steuerung weit voneinander entfernt angeordnet, lassen sich die Wegeventile meist nur in kleinen Gruppen auf Ventilinseln zusammenfassen, oder sie müssen sogar einzeln angeordnet werden. Unter diesen Randbedingungen wird bevorzugt das Aktor-Sensor-Interface (AS-i) eingesetzt. Im Vergleich zu anderen Feldbussystemen ist die Konfektionierung der Kabel einfacher, da alle Teilnehmer direkt auf die durchlaufende Leitung geklemmt werden.

Verdrahtungskonzept 5: Aktor-Sensor Interface

In Tabelle 9.7 sind die Eigenschaften und Anwendungsschwerpunkte der verschiedenen Verdrahtungskonzepte gegenübergestellt. Um für einen gegebenen Anwendungsfall zu einer kostenoptimalen Lösung zu kommen, müssen die Gesamtkosten der Steuerung für unterschiedliche Verdrahtungskonzepte ermittelt und gegenübergestellt werden.

Anwendungsbereiche der verschiedenen Verdrahtungskonzepte

	Vorteile	Nachteile	Anwendungsschwerpunkte
Konzept 1: **konventionelle** **Verdrahtung**	geringe Komponentenkosten	hoher Verdrahtungsaufwand Wartung aufwendig	wird verstärkt durch moderne Konzepte verdrängt.
Konzept 2: **Ventilinsel mit** **Multipolanschluss**	reduzierter Verdrahtungsaufwand vereinfachte Wartung	erhöhte Komponentenkosten	tendenziell Steuerungen mit wenigen Ventilen und Sensoren
Konzept 3: **Ventilinsel mit** **Feldbusanschluss**	sehr geringer Verdrahtungsaufwand vereinfachte Wartung	stark erhöhte Komponentenkosten	Steuerungen mit zahlreichen Ventilen und Sensoren, besonders wenn diese sich auf wenigen Inseln zusammenfassen lassen.
Konzept 4: **Ventilinsel mit** **integrierer SPS**	sehr geringer Verdrahtungsaufwand vereinfachte Wartung Wegfall des Schaltschranks	bei mehreren Ventilinseln stark erhöhte Komponentenkosten nur für wenige SPS-Typen erhältlich.	Bei Steuerungen, für die eine einzige Ventilinsel ausreicht, günstiger als Konzept 3, sonst genaue Abwägung erforderlich.
Konzept 5: **Aktor-Sensor** **Interface**	sehr geringer Verdrahtungsaufwand vereinfachte Wartung Schnittstelle zum Bussystem besonders preisgünstig	nur maximal 4 binäre Ein- bzw. Ausgänge je Busanschluss erhöhte Komponentenkosten	Steuerungen mit räumlich verteilten Antrieben, sowohl für einfache als auch für umfangreiche Steuerungen geeignet.

Tabelle 9.7:
Eigenschaften und Anwendungsschwerpunkte verschiedener Verdrahtungskonzepte

Bei Steuerungen mit zahlreichen dicht beieinander angeordneten Steuerketten sowie zusätzlichen, räumlich weiter entfernten Komponenten kann eine Kombination verschiedener Anschlusstechniken sinnvoll sein. Bild 9.16 gibt hierfür ein Beispiel. Die Wegeventile und Sensoranschlüsse der nah beieinander angeordneten Steuerketten werden auf einer Ventilinsel zusammengefasst. Die anderen Bauelemente werden über das AS-Interface angeschlossen.

Kombination verschiedener Verdrahtungskonzepte

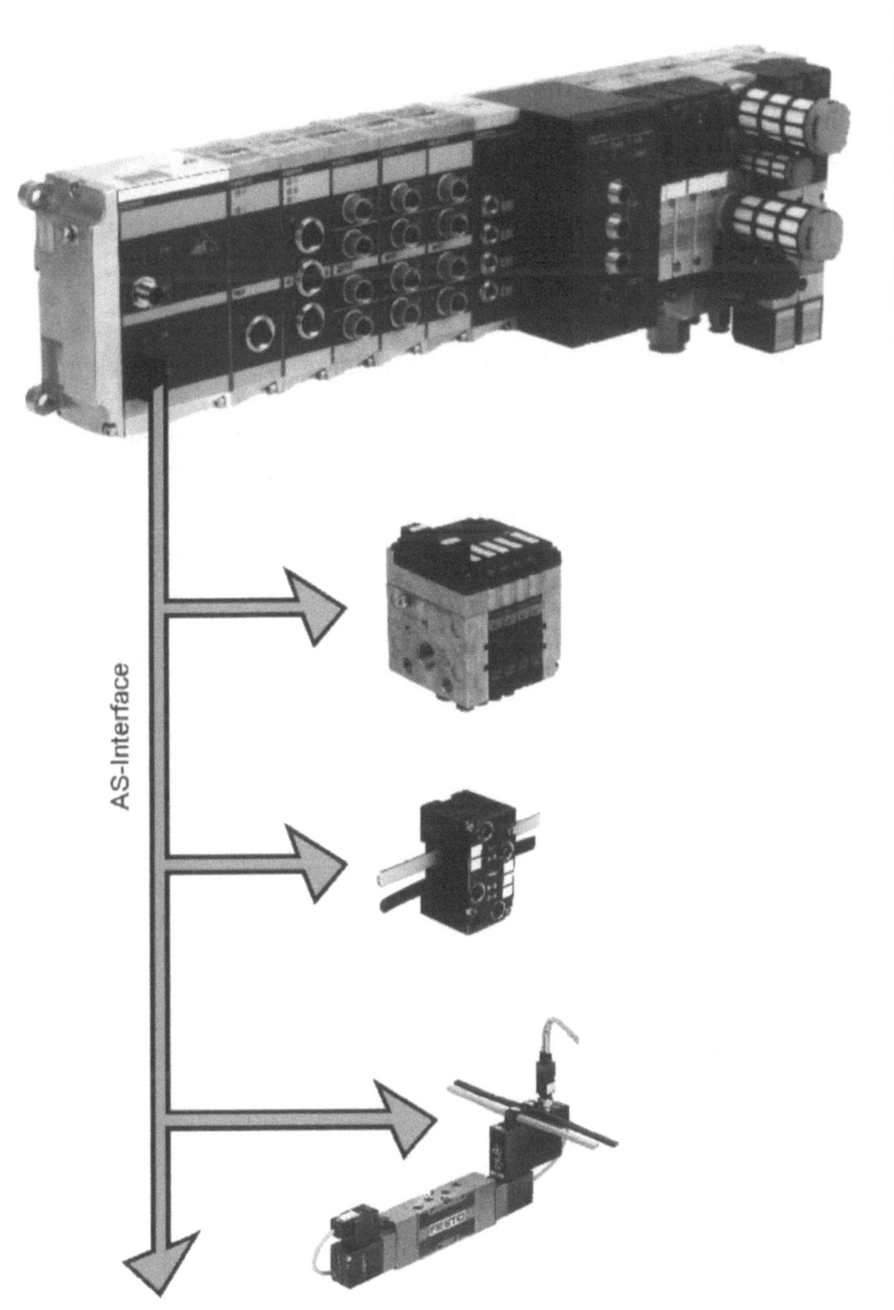

Bild 9.16:
Aufbau einer elektropneumatischen Steuerung unter Verwendung des AS-Interfaces

9.9 Proportional-pneumatik

Die Proportionalpneumatik hat schwerpunktmäßig folgende Anwendungsgebiete:

- die kontinuierliche Verstellung von Drücken und Kräften,
- die kontinuierliche Verstellung von Durchflüssen und Geschwindigkeiten,
- die Positionierung mit numerisch gesteuerten Antrieben, z. B. in der Handhabungstechnik.

Aufgabe eines Proportional-Druckregelventils

Ein Proportional-Druckventil wandelt eine elektrische Spannung als Eingangssignal in einen Druck als Ausgangssignal um. Der Druck am Verbraucherausgang kann kontinuierlich von 0 bar bis zum Maximaldruck von z. B. 6 bar verstellt werden.

Bild 9.18a zeigt Proportional-Druckregelventile mit verschiedenen Nennweiten.

Anwendung eines Proportional-Druckregelventils

In Bild 9.17a ist eine Vorrichtung zur Prüfung von Bürostühlen dargestellt. Um die Dauerhaltbarkeit der Lehnenfeder zu testen, wird der Stuhl mit einer Kraft belastet, die sich periodisch verändert. Die Maximalkraft und der Verlauf der Kraft als Funktion der Zeit lassen sich variieren, so dass unterschiedliche Prüfzyklen gefahren werden können. In Bild 9.17b sind zwei mögliche Verläufe der Kraft als Funktion der Zeit dargestellt.

a)

b)

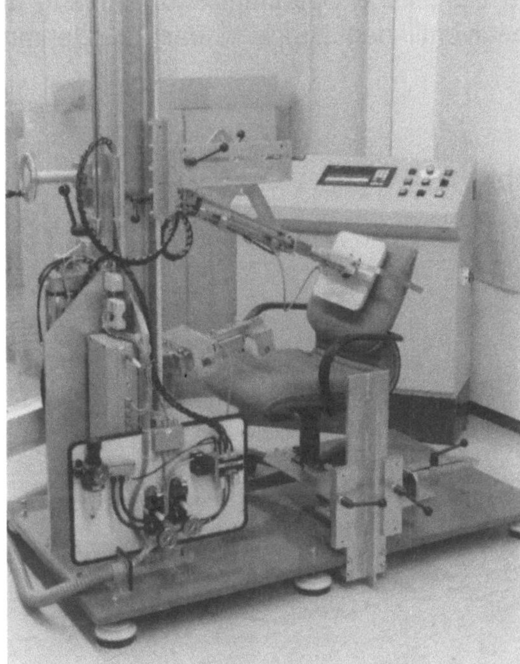

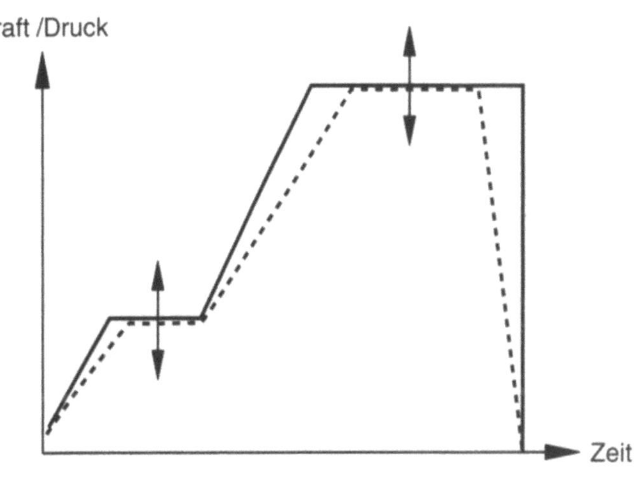

Bild 9.17:
Prüfvorrichtung für Bürostühle
a) Aufbau der Prüfvorrichtung
b) Verlauf der Kraft als Funktion der Zeit

Die elektropneumatische Steuerung der Prüfvorrichtung arbeitet nach folgendem Prinzip:

Steuerung der
Prüfvorrichtung

- Eine speicherprogrammierbare Steuerung, die zusätzlich Analogsignale verarbeiten kann, gibt einen Druck-Sollwert in Form einer elektrischen Spannung aus.

- Das Proportional-Druckregelventil erzeugt an seinem Verbraucherausgang einen Druck, der proportional zur elektrischen Spannung ist (niedrige Spannung = niedriger Druck, hohe Spannung = hoher Druck).

- Der Verbraucherausgang des Proportional-Druckregelventils ist mit der Zylinderkammer verbunden. Hoher Druck am Ausgang des Proportionalventils bedeutet hohe Kolbenkraft des Zylinders, niedriger Druck am Ventilausgang bedeutet niedrige Kolbenkraft.

Erhöht sich die elektrische Spannung am Ausgang der SPS, so vergrößert das Proportionalventil den Druck in der Zylinderkammer. Die Kolbenkraft steigt an. Sinkt die elektrische Spannung am Ausgang der SPS, verringert das Proportionalventil den Druck in der Zylinderkammer. Die Kolbenkraft fällt ab.

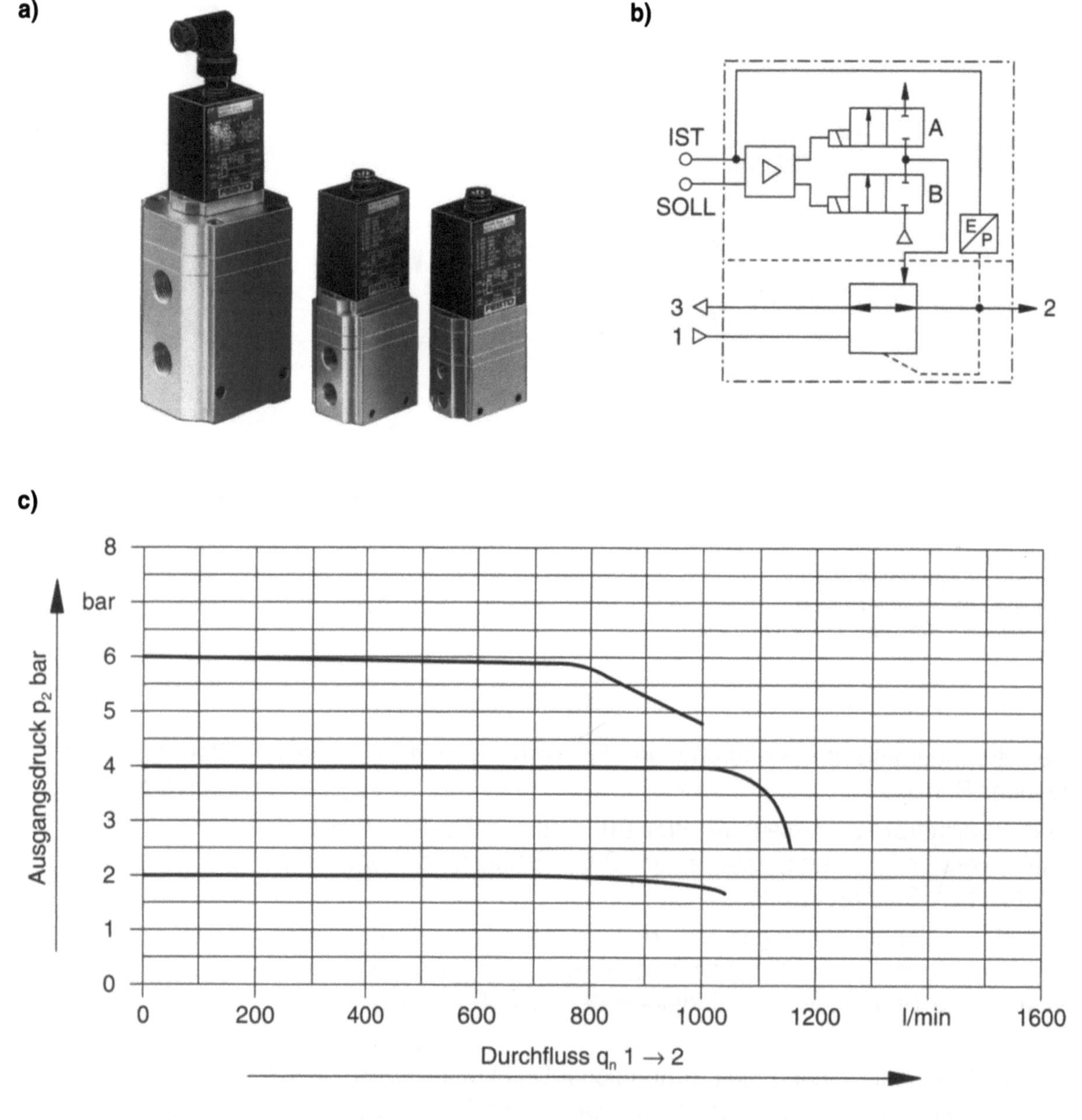

Bild 9.18:
Proportional-Druckregelventile
a) Ventile verschiedener Nennweite, b) Ersatzschaltbild, c) Druck-Durchflusskennlinien

Bild 9.18b zeigt das Ersatzschaltbild eines Proportional-Druckregelventils. Das Ventil verfügt über einen Druckluft-, einen Verbraucher- und
einen Abluftanschluss. Die beiden elektrischen Anschlüsse haben folgende Funktionen:

- Der Signaleingang des Ventils wird mit dem analogen Ausgang der
elektrischen Steuerung verbunden.

- Am Signalausgang des Ventils kann der am Verbraucherausgang
herrschende Druck als analoges elektrisches Signal abgegriffen
werden. Die Beschaltung dieses Ausgangs ist für die Funktion des
Ventils nicht erforderlich.

Der Druck am Verbraucherausgang wird mit einem Drucksensor gemessen. Der Messwert wird mit dem Druck-Sollwert verglichen.

- Liegt der Druck-Sollwert höher als der Druck-Istwert, wird das
Schaltventil A geöffnet (Bild 9.18b). Der Druck auf der Oberseite der
Druckwaage wächst an. Dadurch wird der Verbraucheranschluss mit
dem Druckluftanschluss verbunden. Druckluft strömt zum Verbrau-
cheranschluss. Der Druck am Verbraucheranschluss steigt an. Der
Druck auf beiden Flächen der Druckwaage wird angeglichen, und
die Druckwaage bewegt sich zurück in ihre Ausgangsposition. Bei
Erreichen des gewünschten Druckes schließt das Ventil.

- Liegt der Druck-Sollwert niedriger als der Druck-Istwert, wird Schaltventil B geöffnet. Der Druck auf der Oberseite der Druckwaage sinkt
ab. Der Verbraucheranschluss wird mit der Abluftseite verbunden.
Der Druck am Verbraucheranschluss sinkt, und die Druckwaage bewegt sich in ihre Ausgangsposition.

Bild 9.18c verdeutlicht den Verlauf des Druckes am Verbraucheranschluss für drei unterschiedliche, aber jeweils konstante Eingangsspan-
nungen. Der Druck wird in weiten Bereichen unabhängig vom Durchfluss durch das Ventil konstant gehalten. Erst bei sehr hohem Durchfluss sinkt der Druck ab.

Ersatzschaltbild
eines Proportional-
Druckregelventils

Funktionsweise eines
Proportional-
Druckregelventils

Aufgaben eines Proportional-Wegeventils

Ein Proportional-Wegeventil verbindet die Eigenschaften eines elektrisch betätigten schaltenden Wegeventils und einer elektrisch einstellbaren Drossel. Die Verbindungen zwischen den Ventilanschlüssen können geöffnet und abgesperrt werden. Der Durchfluss lässt sich von Null bis zum Maximalwert verstellen.

Bild 9.19a zeigt Proportional-Wegeventile mit verschiedener Nennweite.

Anwendung eines Proportional-Wegeventils

Mit einem Proportional-Wegeventil lässt sich der Ventildurchfluss und damit die Verfahrgeschwindigkeit der Kolbenstange eines Pneumatikzylinders kontinuierlich verändern. Dies ermöglicht die Optimierung des Geschwindigkeitsverlaufs, so dass hohe Geschwindigkeiten bei sanfter Beschleunigung und Abbremsung erzielt werden (Bild 9.19d). Anwendungen ergeben sich beim Transport empfindlicher Güter (z. B. in der Lebensmittelindustrie).

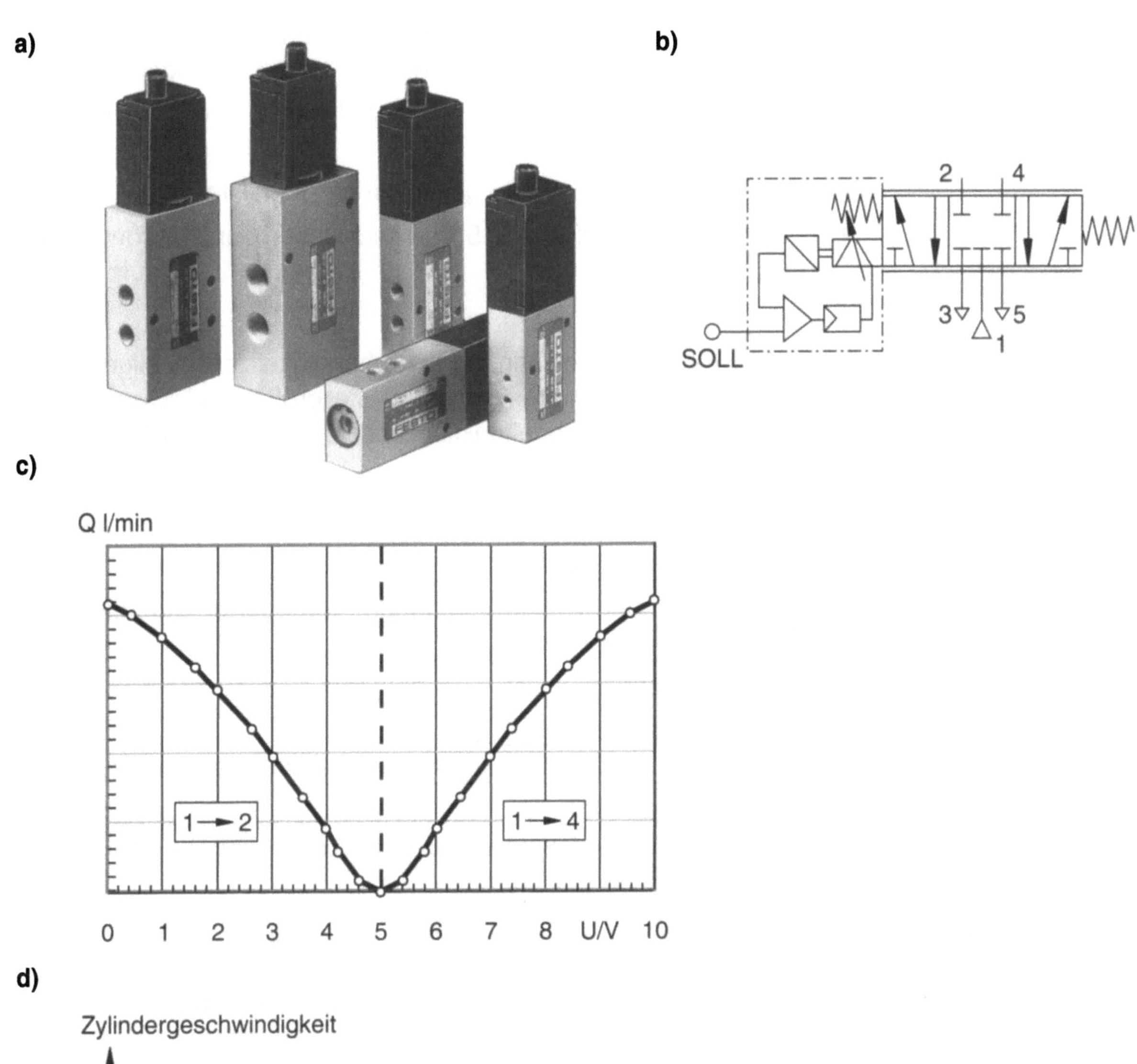

Bild 9.19:
Proportional-Wegeventile
a) Ventile verschiedener Nennweite
b) Ersatzschaltbild
c) Durchflusskennlinie (Durchfluss-Signalfunktion)
d) Beispiele für Geschwindigkeitsverläufe

| Ersatzschaltbild eines Proportional-Wegeventils | Bild 9.19b zeigt das Ersatzschaltbild eines 5/3-Wege-Proportionalventils. Abhängig von dem analogen elektrischen Eingangssignal (= Stellgröße) nimmt das Ventil unterschiedliche Schaltstellungen an: |

- Eingangssignal kleiner als 5 V: Anschlüsse 1 und 2 sowie 4 und 5 verbunden,

- Eingangssignal 5 V: Ventil geschlossen (Mittelstellung),

- Eingangssignal größer als 5 V: Anschlüsse 1 und 4 sowie 2 und 3 verbunden.

Durchfluss-Signalfunktion eines Proportional-Wegeventils

Zusätzlich wird die Ventilöffnung in Abhängigkeit der Stellgröße verändert. Der Zusammenhang zwischen Stellgröße und Durchfluss wird durch die Durchfluss-Signalfunktion beschrieben (Bild 9.19c):

- Eingangssignal 0V:
Anschlüsse 1 und 2 sind verbunden, maximaler Durchfluss,

- Eingangssignal 2,5 V:
Anschlüsse 1 und 2 sind verbunden, verringerter Durchfluss,

- Eingangssignal 5 V:
Ventil geschlossen,

- Eingangssignal 7,5 V:
Anschlüsse 1 und 4 sind verbunden, verringerter Durchfluss,

- Eingangssignal 10 V:
Anschlüsse 1 und 4 sind verbunden, maximaler Durchfluss.

Pneumatischer Positionierantrieb

Ein pneumatischer Positionierantrieb dient dazu, mehrere per Programm vorgegebene Positionen mit einem Pneumatikzylinder anzufahren. Der Kolben wird durch eine Lageregelung zwischen den Luftsäulen der beiden Zylinderkammern eingespannt. Der Kolben kann deshalb nicht nur an den Anschlägen, sondern an jeder beliebigen Stelle des Hubbereichs positioniert werden. Je nach Antrieb wird eine Positioniergenauigkeit von 0,1 mm erreicht. Dank der Lageregelung wird eine Position auch dann gehalten, wenn eine Kraft auf den Kolben wirkt.

Pneumatische Positionierantriebe werden z. B. zur Handhabung, zur Palettierung und zur Montage eingesetzt. Bild 9.20 zeigt eine Anlage, in der mit Hilfe eines pneumatischen Positionierantriebs Getränkekartons in eine Verpackung einsortiert werden.

Anwendungsbeispiel für einen pneumatischen Positionierantrieb

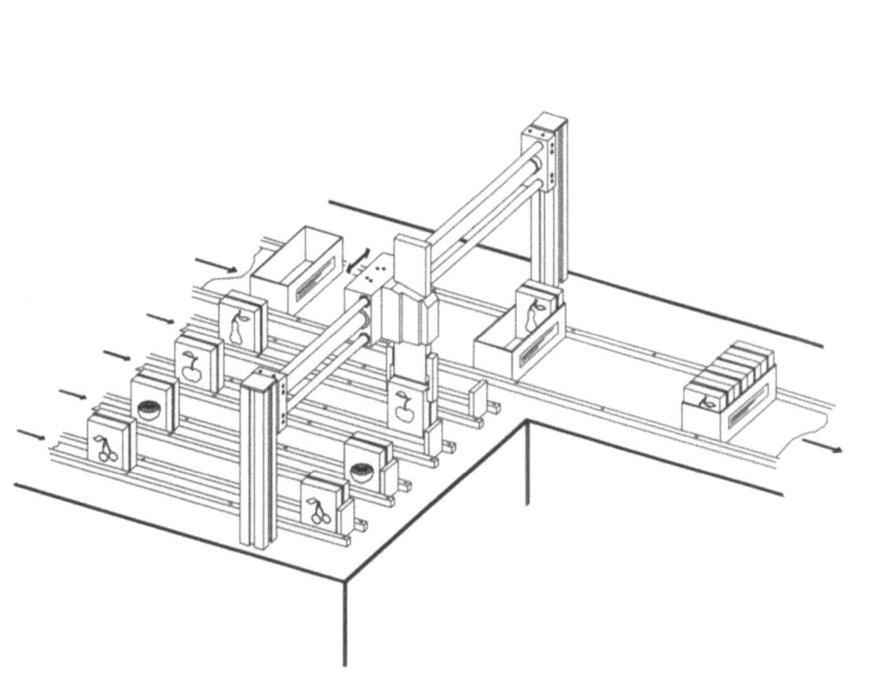

Bild 9.20:
Anwendung eines
pneumatischen
Positionierantriebs

Ein pneumatischer Positionierantrieb besteht aus folgenden Komponenten:

Aufbau eines pneumatischen Positionierantriebs

- einer numerischen Steuerung,
- einem Proportional-Wegeventil,
- einem doppeltwirkenden Pneumatikzylinder,
- einem Wegmesssystem.

Anhang

Stichwortverzeichnis

3/2-Wegeventil, direkt gesteuert 62
3/2-Wegeventil, vorgesteuert 66
5/2-Wege-Magnetimpulsventil 69
5/2-Wegeventil, vorgesteuert 68
5/3-Wegeventil, Mittelstellung 72
5/3-Wegeventil, vorgesteuert 70

A

Ablaufauswahl 124
Ablaufsteuerung 12, 199
Ablaufsteuerung für eine Hubvorrichtung
    Anwendungsbeispiel 211
    Auflistung der Relais 227
    Bedienelemente 213, 216, 218
    Hauptstromkreise 225
    löschende Taktkette 220
    Relaisschaltplan für den Ablauf 223
    Sensorauswertung 215
    Weiterschaltbedingung 222
Ablaufzusammenführung 124
Aktor-Sensor-Interface 255
    Verdrahtung mit dem 255
Analoges Signal 11
Anlagennummer 141
Anordnung der Steuerungskomponenten 257
Anschluss der Steuerungskomponenten 257
Anschlussbezeichnung von Kontakten und Relais 154
Anwendungsbeispiel
    Ablaufsteuerung für eine Hubvorrichtung 211
    Projektierung einer Hubvorrichtung 96
    Zuführvorrichtung 199
Anwendungsgebiete der Pneumatik 7
    Erschließung neuer 236
Anzeigefehler 32
Auswahl der Bauelemente 258
Auswahl des Installationskonzeptes 258
Automatischer Betrieb 178, 210

B

Bauelemente, Kennzeichnungsschlüssel 141
Bauteilnummer 142
Bedienelemente, Schaltung zur Auswertung der 208
Bedienfeld 176
Befehlsausführung 13
Befehlsfeld 120
Betätigte Kontakte und Sensoren 157
Betätigungsarten 131
Binäres Signal 11

D

Dauerzyklus, EIN/AUS 211
Digitales Signal 11
Diode 27
Dokumentation 112, 113
Doppeltwirkender Zylinder, Betätigung eines 61
Druckbereich 82
Druckschalter 46
Drucksensoren 46

E

Einfachwirkender Zylinder, Betätigung eines 60
Einschaltdauer 82
Einweg-Lichtschranke 44
Einzelbewegungen 210
Einzelzyklus 211
Ejektor 243
Elektromagnet 24
    Anwendungen 25
Energieausfall 76
Erdung 175

F

Farbliche Kennzeichnung
    der Bauelemente 179
    der Kontrolleuchten 180
Feldbussysteme 159, 253
    Verdrahtung von 255
Feldbustypen 254
Funktionsdiagramm 115
Funktionsplan 119

G

Gefährdungsbereiche bei Wechselspannung 174
Gleichrichter 36
Gleichstrom 20
Grenztaster 39

H

Handhabungstechnik 239
Handhilfsbetätigung 63
Hauptschalter 176, 210

I

Inbetriebnahme 111
Induktivität 25
Installationsaufwand 251
Installationskonzepte 251
Isolatoren 22
ISO-Ventile 81

K

Kabelbruch 76
Kapazität 26
Kennzeichnung
   der Schutzart 181
   elektrischer Bauelemente 153
   pneumatischer Bauelemente 142
Kennzeichnungsschlüssel für Bauelemente 141
Klemmenanschlussplan 158, 162
Klemmenbelegung 161
Klemmenbelegungsliste 166
Klemmennummern 165
Kondensator 26
Kostensenkung 236

L

Leistung 23
Leistungsdaten eines Ventils 78
Leistungsdaten von 5/2-Wegeventilen 81
Leistungsteil 14
Leiter 22
Logische Verknüpfungen 189
   Parallelschaltung 189
   Reihenschaltung 190
Löschende Taktkette 219
   Verriegelung der Schritte 219

M

Magnetspulen 83
   Betriebsspannung 84
   Explosionsschutz 88
   Leistungsangaben 84
   mittlere Anzugszeit 85
   Schutzbeschaltung 86
   Schutzklasse 85
   Schutzklasse 88
   Temperaturangaben 85
   Zusatzfunktionen 87
Manueller Betrieb 178, 210

Mehrstellungszylinder 238
Meldeeinrichtungen 176
Messen 28
   Fehlerquellen beim 32
   im elektrischen Stromkreis 28
Mittelstellung 72
Multipolanschluss 253

N

Näherungsschalter 40
   induktive 42
   kapazitive 43
   optische 44
Nenndurchfluss 82
Nennweite 82
Netzteil 36
NOT-AUS Schalter 176, 210

O

ODER-Verknüpfung 189
Öffner 38

P

Parallelverzweigung 123
Parallelzusammenführung 123
Pneumatische Antriebe 237
Pneumatische Greifer 241
Pneumatischer Positionierantrieb 276
Positionserfassung 245
Projektierung 92
Projektierung einer Hubvorrichtung
   Anwendungsbeispiel 96
   Auswahl der Näherungsschalter 101
   Auswahl der Wegeventile 100
   Auswahl der Zylinder 100
   Bedienung 98
   Energieversorgung 99
   Geschwindigkeitsregulierung 101
   pneumatischer Schaltplan 104
   Umgebungsbedingungen 99
   Weg-Schritt-Diagramm 103
   Zuschaltventil 101

Proportional-Druckregelventil 270
Proportionalpneumatik 270
Proportional-Wegeventil 273

Q

Quellenspannung 22

R

Reedschalter 40
Reflexions-Lichtschranke 45
Reflexions-Lichttaster 45
Relais 49
Relaissteuerungen 186
Remanenzrelais 50
Richten 210
Ruhestellung 62

SCH

Schalter 37
Schaltgliedertabelle 156
Schaltkreis-Nummer 141
Schaltplan, elektrischer 144
Schaltplan, pneumatischer 127
Schaltung zur Auswertung der Bedienelemete 208
Schaltzeichen 74
   allgemeine Bauelemente und Druckschalter 138
   Arbeitselemente 136
   Drosselventile 133
   Druckventile 134
   Druckversorgung 128
   elektrische 146
   elektromechanische Antriebe 148
   pneumatische 127
   Proportionalventile 135
   Relais und Schütze 149
   Rückschlagventile 133
   Schaltglieder 147
   Schnellentlüftungsventile 133
   Sensoren 150
   Ventile 129
   Wegeventile 130

Schaltzeiten 83
Schließer 37
Schrittfeld 120
Schutz gegen direktes Berühren 175
Schutzart, Kennzeichnung der 181
Schutzbeschaltung 86
Schutzkleinspannung 175
Schutzmaßnahmen 170
Schütz 53
Schwenk-Lineareinheit 240

S

Selbsthalteschaltung
   dominierend rücksetzend 195
   dominierend setzend 195
Sensoren 39
   elektronische 41
Sensorik 245
Sicherheitsvorschriften 171
Signal
   analoges 11
   binäres 11
   digitales 11
Signalausgabe 13, 56
Signaleingabe 13, 56
Signalfluss 13
Signalspeicherung 192
   durch Magnetimpulsventil 192
   durch Relaisschaltung mit Selbsthaltung 195
Signalsteuerteil 14, 56
Signalverarbeitung 13, 56, 246
Spannungsmessung 30
Spannungsregelung 36
Speicherprogrammierbare Steuerung 55
Stellschalter 37
Steuerung 8
   eines doppeltwirkenden Zylinders 188
   eines einfachwirkenden Zylinders 186
   elektropneumatische 16
   Signalfluss in einer 13

Steuerungsentwicklung 90
Steuerungsrealisierung 109
Stromkreis 20
Stromlaufplan 144
Strommessung 30
Strompfade 151
Stromrichtung, technische 21

T

Tastschalter 37
Technische Information 143
Transformator 36
Trends in der Elektropneumatik 236

U

Übergangsbedingung 121
    Verknüpfung von 122
Umwelteinflüsse 181
UND-Verknüpfung 190

V

Vakuumerzeugung 243
Vakuumsaugdüse 244
Ventilanschlüsse 79
Ventilbezeichnung 62
Ventile für die Blockmontage 248
Ventilinsel 250
Ventiltypen 74
Verbesserung der Leistungsdaten 237
Verdrahtung 158
    mit Klemmleisten 160
    einer elektropneumatischen Steuerung 167
Verdrahtungsaufwand 263
Verdrahtungskonzepte 266
Verknüpfungssteuerung 12
Verschlauchungsaufwand 261
Verzögerung 198
Vorsteuerung 65

W

Wechselstrom 20
Wechsler 38
Wegeventil, modularer Aufbau 77
Wegeventile 60, 62
    Betätigungsarten 131
    Kennzeichnung der Anschlüsse 132
    Optimierung von 247
Weg-Schritt-Diagramm 116
Weg-Zeit-Diagramm 117
Widerstand 22
    induktiver 25
Widerstandsmessung 31
Wirkung des elektrischen Stroms 172

Z

Zeitrelais 51
Zuführvorrichtung
    Ablaufschritte 204
    Anwendungsbeispiel 199
    Entwurf des Relaisschaltplans 202
    pneumatischer Schaltplan 201
    Sensorauswertung 203
    Weg-Schritt-Diagramm 200

Normen

DIN/EN 292-1	Sicherheit von Maschinen; Grundbegriffe, allgemeine Gestaltungsleitsätze, Teil 1: Grundsätzliche Terminologie, Methodik
DIN/EN 292-2	Sicherheit von Maschinen; Grundbegriffe, allgemeine Gestaltungsleitsätze, Teil 2: Technische Leitsätze und Spezifikationen
DIN/EN 418	Sicherheit von Maschinen; NOT-AUS-Einrichtungen, funktionelle Aspekte
DIN/VDE 0470 (EN 60 529)	Schutzarten durch Gehäuse (IP-Code)
DIN/VDE 0611-1 (EN 60 947-7-1)	Niederspannungs-Schaltgeräte; Reihenklemmen für Kupferleiter
DIN/VDE 0660-200	Niederspannungsschaltgeräte, Teil 5-1: Steuergeräte und Schaltelemente; Elektromechanische Steuergeräte
DIN/VDE 0660-210	Niederspannungs-Schaltgeräte; Sicherheit von Maschinen; Elektrische NOT-AUS-Einrichtungen; Sicherheitsbezogene Baubestimmungen
DIN/EN 983	Sicherheitstechnische Anforderungen an fluidtechnische Anlagen und deren Bauteile; Pneumatik
DIN/ISO 1219-1	Fluidtechnik; Graphische Symbole und Schaltpläne, Teil 1 und Teil 2
ISO/DIS 11727	Pneumatic fluid power – Identification of ports and control mechanisms of control valves and other components (Anschlußbezeichnungen für Pneumatikgeräte)
DIN 19226	Regelungstechnik und Steuerungstechnik, Teil 1 bis Teil 6
DIN 24558	Pneumatische Anlagen, Ausführungsgrundlagen
DIN 40719	Schaltungsunterlagen, Teil 2: Kennzeichnung von elektrischen Betriebsmitteln
DIN 40719 (IEC 848 modifiziert)	Schaltungsunterlagen,e Teil 6: Regeln für Funktionsplän
DIN/EN 50005	Industrielle Niederspannungs-Schaltgeräte; Anschlußbezeichnungen und Kennzahlen: Allgemeine Regeln

DIN/EN 50011	Industrielle Niederspannungs-Schaltgeräte; Anschlußbezeichnungen, Kennzahlen und Kennbuchstaben
DIN/EN 50044	Induktive Näherungsschalter; Kennzeichnung der Anschlüsse
DIN/EN 60073 (VDE 0199)	Codierung von Anzeigegeräten und Bedienteilen durch Farben und ergänzende Mittel
DIN/EN 60204 (VDE 0113)	Elektrische Ausrüstung von Maschinen Teil 1: Allgemeine Anforderungen
DIN/EN 60617-2 (IEC 617-2)	Grapische Symbole für Schaltpläne Teil 2: Symbolelemente, Kennzeichen und andere Schaltzeichen für allgemeine Anwendungen
DIN/EN 60617-4 (IEC 617-4)	Graphische Symbole für Schaltpläne Teil 4: Schaltzeichen für passive Bauelemente
DIN/EN 60617-5 (IEC 617-5)	Graphische Symbole für Schaltpläne Teil 5: Schaltzichen für Halbleiter und Elektronenröhren
DIN/EN 60617-7 (IEC 617-7)	Graphische Symbole für Schaltpläne Teil 7: Schaltzeichen für Schalt- und Schutzeinrichtungen
DIN/EN 60617-8 (IEC 617-8)	Graphische Symbole für Schaltpläne Teil 8: Schaltzeichen für Meß-, Melde- und Signaleinrichtungen
DIN/EN 61082-1 (IEC 1082-1)	Dokumente der Elektrotechnik Teil 1: Allgemeine Regeln
DIN/EN 61082-2 (IEC 1082-1)	Dokumente der Elektrotechnik Teil 2: Funktionsbezogene Schaltpläne
DIN/EN 61082-3 (IEC 1082)	Dokumente der Elektrotechnik Teil 3: Verbindungspläne, Verbindungstabellen und Verbindungslisten